Introduction of
Architectural
Engineering

권인규 지음

건축공학개론

도서출판 동화기술

Preface... 건축공학개론이란 . . .

건축이란 무형의 공간 이미지를 유한한 공간으로 창출해내는 고도의 지식활동이라 표현할 수 있으며, 인류의 탄생과 더불어 현재까지 다양하고 지속적인 발달을 계속해오고 있다. 건축은 무형적 사고(思考)에서 유형적 실존화를 추구하는 실용적 학문으로서 크게 건축계획/건축설계분야, 건축구조분야, 건축환경/건축설비분야, 건축시공/재료분야 등으로 구분한다. 물론 분야의 구분에 대해서는 전문가에 따라 다소 이견이 있을 수 있지만, 본 교재에서는 창조적 원천기술이라 표현할 수 있는 건축계획/건축설계분야와 건축구조물의 원론적인 안전성 확보에 기반을 둔 건축구조분야, 건축의 성능과 기능을 충분히 활용할 수 있는 건축설비분야와 건축 생산성의 효율화를 추구하는 건축시공/건축재료 분야를 간략하면서도 충실하게 표현하도록 노력하였다.

본 건축공학개론은 대학에서 건축공학분야를 처음으로 공부하는 학생, 특히 소방과 방재분야에서 건축을 공부하는 학생, 그리고 다양한 산업계층에서 건축에 대해 관심이 많으신 독자를 대상으로 하여, 쉽고 이해하기 용이하며 현장 실무에 활용이 가능하도록 집필하였다.

건축물의 형태

소방과 방재분야에서 건축물이 차지하는 비중은 상당히 높다. 매년 약 3만 건의 화재와 자연재해로 인하여 수많은 인명과 귀중한 재산의 손실이 지속되고 있는 것은 매우 안타까운 현실이며, 이러한 재해/재난은 대부분 건축물과 연관되어 발생되고 있다. 따라서 건축물 화재 및 안전에 관한 정보의 체계화는 건축이란 존재를 보다 많이 이해함으로써 가능할 것으로 판단된다.

건축공학의 구성요소

건축물 화재와 건축 구조물의 균열, 붕괴 등에 연관되는 안전성 확보, 평가 및 유지관리는 건축적인 형태와 적용된 재료 및 시공법에 관한 자료를 통하여 보다 효율적인 관리가 가능할 것이다. 예로써, 우리나라 전통 목재 문화재의 구조와 재료 및 시공법 등은 일반인은 물론이고 소방 관계자들이 접하기에 다소 쉽지 않은 건축공학적 분야였기 때문에 숭례문의 아픈 역사를 가슴에 묻어야 하고, 지진과 홍수 그리고 바람 등과 같은 자연재해에 의한 건축물의 균열과 붕괴 등은 많은 인명과 재산피해를 수반할 수 있는 잠재성을 가지고 있다. 따라서 자연 및 인적 재해와 재난에 의한 피해를 최소화하고, 인명의 구조와 구급의 효율성을 높이기 위해서는 기본적인 건축물의 구성요소를 보다 폭 넓게 인식하는 것이 필요하다고 판단된다.

아무쪼록 본 교재에 언급된 건축공학의 기본 요소를 충실히 이해하고, 향후 건축공학분야 그리고 건축분야와 연관된 소방과 방재 및 다양한 산업분야에서 전문가로 활동하기를 기원한다.

본 교재가 출간되기까지 자료정리와 교정 등의 쉽지 않은 일은 적극적으로 도와준 강현주, 정소미, 박미선, 이종성, 홍화영과 좋은 교재를 만들어주신 도서출판 동화기술 관계자 여러분께 감사의 말씀을 전한다.

삼척캠퍼스의 따스한 연구실에서
저자 씀

제1장 건축계획과 설계

제2장 건축구조

제3장 건축설비

차 례

제4장 건축시공

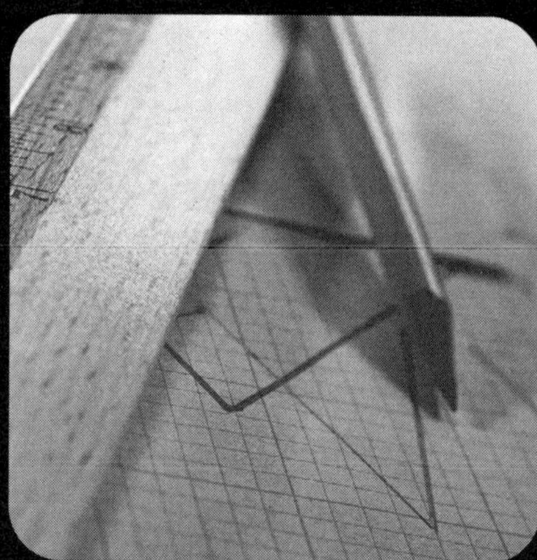

제 1 장
건축계획과 설계

1-1 건축의 기본 요소와 건축 관계자

1. 건축의 기본 요소

건축물을 형성하는 기본 요소에는 크게 기능(機能), 구조(構造) 그리고 미(美)가 있다. 물론 이 세 가지 요소에서 어느 한 요소가 다른 요소에 비해 더 중요한 가치를 가지는 것은 아니다. 즉, 세 가지 요소는 상호 독립적이면서 보완적인 관계를 가진다(그림 1-1). 다만, 설계자 또는 건축주가 의도하는 목적성에 따라 세 가지 중에 어느 한 요소가 (더 중요한) 가중치를 가질 수는 있을 것이며, 또한 시대적 상황에 따라서도 가중치가 변화될 수 있을 것이다. 즉, 원시시대의 주거 목적성을 지닌 건축물은 기능적 요소와 구조적 요소를 미적 요소보다 우선했었을 것이며, 바람과 지진 등의 자연적 현상이 많이 발생되는 위치에 건설되는 건축물은 기능적 요소와 미적 요소보다는 구조적 요소를 강조할 수도 있다는 것이다. 그러나 최근 현대 건축물의 일부는 기능적, 구조적 요소보다 미적 요소가 크게 작용하는 경우가 많다. 즉, 나만의 건축물이 가지는 독특한 미적 우월성을 강조하는 건축으로의 경향성을 보이고 있다. 또한 건축물 자체만이 가지는 가치성보다 그 건축물이 포함되어 있는 공간(구역)의 가치성을 더 중요하게 여기는 상황에서는 미적인 요소가 크게 부각되어야 하는 것이 일반적인 생각일 수 있다.

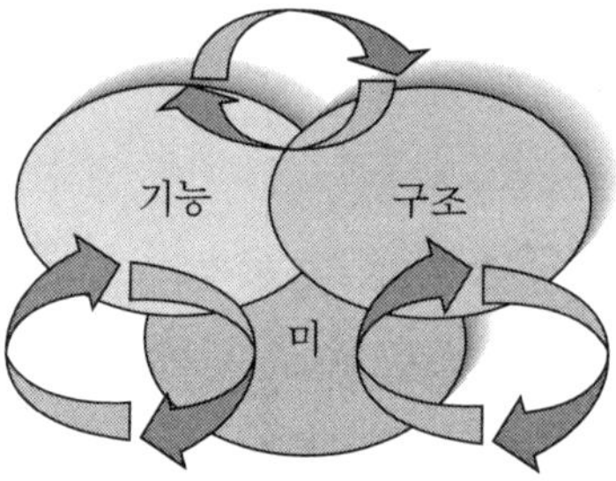

그림 1-1 건축의 3대 요소

1) 기능(Function)

사전적 의미로서 기능이란 개체가 임의의 주어진 목적을 달성하기 위하여 영향을 미칠 수 있는 능력을 의미한다. 건축물에서의 기능의 의미는 매우 다양하고 포괄적으로 사용되고 있으며, 가장 중요한 기능의 항목으로는 주거와 보관의 기능을 들 수 있다. 즉, 해당 건축물의 용도와 쾌적한 실내 환경을 유지하기 위한 건축설비의 편리성, 안전성, 쾌적성 및 경제성 등을 제공하는 것이다. 건축물의 용도를 유지시키기 위해서는 실내 체적, 실내 바닥면적, 천장높이에 적합한 설비적 기능에 관한 사항 그리고 각 건축물의 용도에 소요되는 공간을 수평적, 수직적으로 연결할 수 있는 동선이 요구된다. 또한 지역 사회에 영향을 미치게 되는 건축물은 지역 사회적 역할과 안전성 확보를 위한 구조 내력상의 기능과 재해와 재난에 대비할 수 있는 방재기능이 요구되고 있으며, 건축물의 설계, 시공 및 유지관리의 효율성 측면에서 가장 경제적으로 건축 생산할 수 있는 경제성 기능이 요구된다.

(1) 주거 기능

- 인류의 의식주(衣食住) 중 주(住)에 해당되는 사항
- 건축물 내부의 쾌적성 유지 및 외력(기후적 요소, 하중적 요소 등)으로부터의 안전
- 인류의 지속적 존재가치 부여
- 각 실(室)간의 동선 확보

(2) 보관 기능

- 생산물 및 수확물의 안정적 보관
- 건축물 내적 및 외적 불안정 요소로부터의 회피(기후, 물리적 영향 등)
- 보관 및 소비의 원활한 동선 유지
- 주거부분과 원활한 동선 유지

(3) 용도 기능

- 건축적 공간의 확보(해당 실의 체적, 바닥면적, 높이 등)
- 건축재료의 최적화 유지(구조재료, 마감재료 등)
- 실내 최적화 유지(공기조화설비, 각종 전기 및 기계 설비)

(4) 설비 기능

- 공기조화설비(냉난방, 공기정화 등)
- 전기설비(조명, 전원 등)

(5) 방재 기능

- 소방설비(내화구조, 방화구조, 소방시설[1) 등)
- 방재설비(중앙관제센터, 방송설비 등)

(6) 경제성 기능

- 설계, 시공 및 유지관리 단계별 가장 적은 비용으로 최대의 효과를 달성하는 기능
- 생태 건축물의 도입(그린 빌딩[2) 추구)

2) 구조(Structure)

사람이 두 발로 움직이면서 외적인 영향을 적게 받으며 활동하게 해주는 중요한 요소 중의 하나는 인체의 일부인 뼈가 아주 합리적으로 조직화되어 있기 때문이다. 즉, 우리가 외적으로부터 물리적 힘을 받고 있다면 우리 인체, 즉 뼈는 이에 대응하는 노력의 결과로서 내부에 힘을 발생시킨다. 이 내부의 힘이 두 발을 통하여 땅으로 전달됨으로써 우리의 인체는 큰 손상(변형)없이 안정된 생활을 영위할 수 있는 것이다. 이와 같은 맥락에서 건축물은 인체의 뼈와 같은 구성 요소인 구조체로서 외적인 도전으로부터 견디도록 설계된다. 즉, 건축물의 주요 구조부재인 기둥부재, 보부재 그리고 바닥부재 등은 외적인 힘으로부터 건축물이 안전하게 기능할 수 있도록 서로 일체로 구성되어있다. 이와 같이 건축물은 각종 기능을 원활하게 유지시켜 주기 위해서 일정한 공간을 형성하고(주거, 보관 등), 외부의 물리적 영향으로부터 건축물을 안전하게 유지시켜주는 역할을 하고 있다(용도, 방

---

1) 소방시설 설치 및 유지관리에 관한 법률에 언급된 사항
2) 건물의 효율성을 높이면서 사용 에너지량을 최소화할 수 있는 기능을 가진 건물 (태양광 활용, 지열 적용 등)

재 등).

건축물을 형성하는 구조의 형태는 구성적 분류와 재료적 분류로 구분할 수 있다.

(1) 구성적 분류

- 가구식 구조 : 가구를 짜듯이 기둥부재와 보부재로 형성하는 구조. 여기에는 목구조, 강구조 등이 해당된다.
- 일체식 구조 : 기둥부재와 보부재 등의 주요 구조부재를 한 개의 부재로 형성하는 구조. 철근콘크리트구조, 철골철근콘크리트구조가 해당된다.
- 조적식 구조 : 구성 재료를 한 개씩 쌓으면서 골조를 형성하는 구조. 블록조, 벽돌조, 석조 등이 해당된다.
- 입체 구조 : 골조자체가 한 공간을 형성하는 구조. 입체 트러스, 볼트(vault)구조 등이 있다.

(2) 재료적 분류

- 철골조 : 구조용 강재로 기둥부재 및 보부재를 형성하는 구조
- 철근콘크리트조 : 철근과 콘크리트의 상호 보완적 역할에 의하여 형성되는 구조
- 철골철근콘크리트조 : 철골, 철근 및 콘크리트가 유기적으로 결합되어 형성되는 구조
- 목조 : 나무를 이용하여 건축물의 구조를 형성하는 구조
- 블록조 : 블록을 쌓아서 각 부재를 형성하는 구조
- 벽돌조 : 벽돌과 모르타르를 결합하여 부재를 형성하는 구조
- 석조 : 석재를 사용하여 일정한 형태의 부재를 형성하는 구조

3) 미(Aesthetics)

건축은 그 시대의 문화, 철학, 예술 등에 관련된 아름다움을 표현하는 종합 예술이다. 따라서 건축 생산활동은 그 시대에 사용되는 재료의 구조적 특징을 최대한 활용하여 미적으로 표현함으로써 발전하고 있다. 예로써, 원시시대의 움집 등은 그 시대의 재료인 나무, 볏짚 등을 활용하여 원뿔의 모양을 나타냈으며, 이후 그리스 · 로마 시대에서는 그 지역에

서 생산되는 풍부한 석재를 활용한 건축물이 나타났다. 석재 건축물로서는 비례와 균형이 조화를 이룬 파르테논 신전이 유명하다(그림 1-2).

그림 1-2 파르테논 신전

석재 건축물과 목조 건축물의 경우, 건축물의 위엄성과 공간 활용성 증대를 목적으로 층고를 높게 한다. 따라서 기둥부재의 단면이 크고, 길이가 길게 된다. 이와 같은 요소는 해당 건축물의 기둥부재 중심부가 시각적으로 가늘게 보이게 하여 건축물 전체가 불안전하게 보인다. 이를 보완하기 위하여 기둥부재의 중심부를 양단부보다 더 크게 만들어서 건물의 안전성을 도모하고 있다. 석조 건축물의 기둥부재의 안정성을 높이기 위하여 기둥의 중심 단면을 양단부보다 다소 크게 만드는 방식을 엔타시스(Entasis, 배흘림)라고 하며, 목조 건축물 기둥부재 중앙부 단면을 크게 한 방식을 배흘림 방식이라 한다.

기둥부재의 단면 방식은 크게 세 가지로 구분할 수 있다. 첫 번째는 기둥 단면의 양단부의 단면의 변화가 없는 원통 기둥방식, 두 번째는 기둥 상단의 단면이 기둥 하단의 단면보다 작은 민흘림 기둥방식, 세 번째는 기둥 중앙부의 단면이 양단부의 단면보다 큰 배흘림 기둥방식으로 구분된다(그림 1-3).

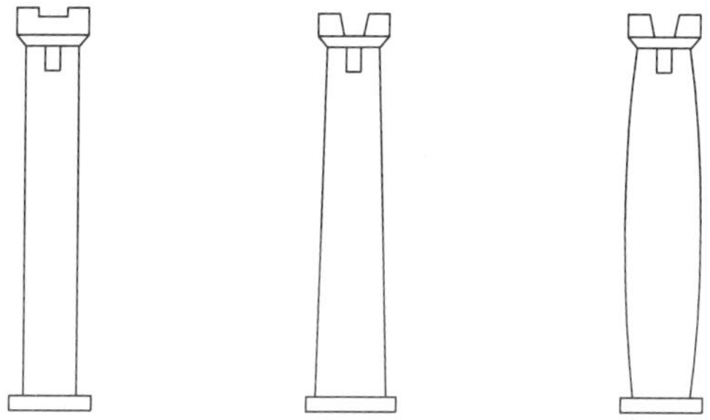

그림 1-3 기둥의 형식

일반적으로 건축물에서의 미적 요소로서는 통일성, 균형성, 비례성, 조화성, 변화성 등이 고려된다.

2. 건축 관계자

무형에서 유형으로 전개되는 건축물의 생산과정에는 많은 관계자들이 등장하며, 건축물의 생산 단계별로 관계자들이 나타나게 된다. 건축생산 단계는 크게 두 가지로 구분된다. 첫째는 건축계획 및 설계단계, 두 번째는 시공단계이다. 물론 건축계획 및 설계단계를 건축, 설비, 기계, 토목, 조경 등으로 세분화할 수 있으나 본 교재에서는 건축분야에 한정한다. 또한 두 번째 시공단계도 토공사, 기초공사, 구체공사 및 마감공사 등으로 세분화할 수 있으나 포괄적인 개념으로 정리한다.

1) 건축계획 및 설계 단계

- 건축주 : 건축공사를 발주하는 자 또는 건축 등의 행위를 직접 시행하는 자
- 설계자 : 건축주의 의뢰를 받아 무형의 건축물을 형태화 작업(도면작업)을 행하는 자
- 건축사(건축가) : 건축주의 의뢰를 받아 법률적 행위(심의, 허가)와 설계 작업을 행하는 자

• 구조 설계자 : 건축도면의 진행 및 완료된 상태에서 해당 건축물의 골조와 단면을 결정하고 이에 따라 각 구조도면 작업을 행하는 자

2) 공사단계

• 시공자 : 건설업법 등에 등록을 한 자로서 공사를 수주하여 시공하는 건설업자 또는 하도급자
• 도급자 : 건축주로부터 발주된 공사를 수주한 자
• 하도급자 : 도급자로부터 발주된 공사를 수주한 자
• 감리자 : 설계자가 설계한 도면대로 건축이 이루어지고 있는지를 지도·감독하는 자

3) 건축사의 역할

(1) 조사기획 업무

건축주의 의뢰에 따라 건축물을 구상하는 단계

• 부지 조사
• 기후 분석
• 접근성 분석
• 경제성 분석
• 재원 조달 계획수립(Financing)

(2) 설계업무

• 건축행위를 진행하기 위해 도면화하는 단계
• 계획설계(기본계획)
• 기본설계(허가용)
• 실시설계(착공용)

(3) 인허가 업무

건축행위의 법률적 행위를 수행하는 단계

• 건축허가 신청, 심의업무

(4) 공사감리 업무

건축공사에서의 지도, 감독을 하는 단계

• 공사 규모가 크지 않을 경우 자체 공사감리 수행

1-2 건축계획과 설계

1. 건축계획과 건축설계의 정의

건축계획이란 건축설계를 원활하게 수행하기 위해 필요한 설계 자료를 만들어내는 과정이다. 즉, 설계에 요구되는 각종 요소들을 조사, 분석하고 적용할 수 있도록 준비하는 과정이다.

건축계획은 건축설계 진행방법, 건축프로그래밍 방법 및 건축계획 결정방법으로 구성된다. 건축설계 진행방법이란 무형단계에서 유형단계로 진행되는 과정을 의미한다. 즉 건축계획, 건축설계, 설계감리, 공사 및 유지관리의 단계를 말한다.

건축 프로그래밍이란 건축주의 의뢰사항을 만족시킬 수 있는 정보를 수집하여 건축계획에 반영할 수 있는 과정으로서 건축설계의 과정에 요구되는 각종 정보의 처리 방법에 관한 단계이다.

건축계획 결정방법이란 건축공간의 규모, 기능, 용도 등의 최적화를 도출하기 위한 단계이다.

건축설계란 건축계획 과정에서 도출된 안을 구체화시키는 과정을 의미하며, 여기에는 실제 건축 생산 활동에 필요한 각종 도면화 작업이 이루어지게 된다.

2. 건축계획의 구성 요소

건축주 또는 설계자가 의도하는 건축물을 완성해 나가기 위해서는 다양한 구성 요소들의 분석, 정리 및 적용이 요구된다. 여기에 소요되는 각 구성요소들을 서술하면 다음과 같다.

(1) 사용자

실제 건축물을 사용하는 대상자에 대한 분석이 요구되는데, 일반적으로 주택의 용도에서는 가족의 구성원에 대한 분석이 요구된다. 즉 가족의 구성원에 대한 조사, 구성원 개개인의 특성, 선호도 등이 필요하게 된다. 오피스의 용도에서는 어떤 업무가 주된 업종인지, 해당 업종에 관련된 지원체계를 어떻게 구성되어야 하는지, 하루의 업무량이 얼마나 되는지, 해당 업종에 종사하는 인원수와 성별 그리고 내방객의 규모와 빈도수 등과 같이 다양한 세분화에 대한 조사, 분석 및 체계화가 필요하다. 이의 결과를 토대로 공간의 배치, 실간의 배치, 수직 및 수평 동선의 분리 등의 계획 수립이 가능하다.

(2) 단위 공간

주택에서의 단위공간은 가족 구성원에 따라서 변화하게 된다. 가족 수에 따라 방의 규모와 숫자, 거실의 규모, 주방의 규모 및 위치 등이 달리 결정된다.

(3) 모듈계획

건축물의 각 요소에는 사람에게 가장 편리한 치수의 배율이 적용되고 있다. 즉, 창문 및 개구부의 치수는 모든 가정용품의 출입이 용이하도록 크기가 적용되고 있다. 이와 같이 사람과 물건의 움직임에 가장 효율적인 치수가 적용되는데 이를 기준치수(module)라고 한다. 우리나라에서는 30 cm를 기준치수로 사용하는 경우가 많다.

(4) 규모계획

사용자의 범위에 따라 결정되는 계획으로서 수평적 확장과 수직적 확장으로 구분할 수 있다. 사용의 빈도수와 연관성이 높은 용도는 수평적으로 확장되며, 용도가 서로 다를 경우에는 수직적 차별화로 계획할 수 있다. 사용자의 규모에 따라서 수직 동선의 매개체인 엘리베이터의 대 수, 속도 및 위치, 계단의 유효면적이 결정된다.

(5) 동선계획

동선이란 건축물 내에서 사람이나 물건 등이 이동하는 길을 의미한다. 동선은 빈도, 속도, 하중의 요소로 구성된다. 빈도는 얼마나 자주 그 길을 왕래하는가를 나타내며, 속도는 이동에 따른 빠르기를 의미하고, 하중은 움직임의 주체가 가지는 중량을 나타낸다. 따라서 건축물에서의 동선계획에서 가장 빈도가 높은 공간은 가급적 가까운 거리에 위치하게 함으로써 손실을 최소화할 수 있다. 또한 서로 다른 종류의 동선은 가능한 분리시킨다.

주택설계에 있어서 동선계획의 가장 중요한 관점은 주부의 동선이다. 하루 가사 활동 에너지를 경감시킬 수 있는 방법은 가장 짧은 거리에서 가사 활동이 이루어지게 배치하는 것이다.

동선 계획은 복도를 매개체로 이루어지는 수평동선과 계단, 엘리베이터로 구성되는 수직 동선으로 구분된다.

1-3 건축설계 프로세스

1. 건축물의 생산과정

(1) 기획

건축물의 사용목적, 장소, 규모, 공사시기, 예산 등의 구상을 바탕으로 건축물에 대한 계획의 개요를 세우는 것을 의미한다.

(2) 설계

기획에 따라서 건축주의 의도나 요구에 따라 건축에 대한 전문적 지식과 기술을 이용하여 설계도면과 시방서의 설계 도서를 만드는 과정이며, 건축을 중심으로 토목, 구조, 전기, 기계, 조경 등 제반 분야의 협의 하에 설계가 이루어진다. 단계별 설계에 따라 심의, 허가

등 행정절차가 이루어진다.

(3) 시공

건축주로부터 도급받은 시공자가 설계도서에 따라 정해진 장소에서 공사를 행하는 것을 의미하고, 공사는 건축, 토목, 전기, 기계, 조경 등 공사의 종류별로 이루어진다.

2. 건축설계의 프로세스

설계과정은 계획설계(기본계획), 기본설계(허가용), 실시설계(착공용)로 구분되고 각각의 상세는 다음과 같다.

(1) 계획설계

가장 기초적인 단계이고, 건축법 및 관련법에 적법하게 규모, 용도 등을 계획하며 디자인 개념이 포함된 기본적인 외장 디자인, 단면계획 등이 포함된다.

건축허가 전까지의 과정을 의미하며, 건축주가 적당한 건축가를 물색하여 설계를 의뢰한다. 건축가는 건축주와 협의과정을 통하여 설계를 진행하여 새로 지을 건축물의 계획안을 구체화하여 건축주에게 제시하고, 건축주와 협의를 통하여 건축안을 확정한다.

(2) 기본설계

기본설계에서는 건축을 기본으로 하여 구조, 설비 등을 고려하여 배치, 평면, 입면, 단면계획의 기본적인 구상이 완성된다.

① 대지분석(Site analysis)

건물이 세워질 대지와 주변사항에 대해 조사, 분석함으로써 어떤 제약조건이 있는지, 어떤 공간적 특성을 갖는지 등을 파악하는 것을 의미한다.

② 타당성 조사(Feasibility study)

요구사항과 대지분석의 결과를 연관하여 법적, 공간적, 경제적, 사회적 타당성을 검토하는 과정이다.

③ **기본계획안**(Schematic design and plan)

대지분석, 기능설정, 법규분석 등을 바탕으로 구조, 토목, 전기, 설비 등의 기초적인 고려와 함께 기본적인 안을 완성한다. 여기에는 배치, 평면, 입면, 단면, 건축물의 개요 등이 포함된다.

(3) 실시설계

기본설계 단계를 거쳐 건축허가를 득한 설계내용을 가지고 건축에 관한 세부 마감설계, 구조설계, 전기설비, 기계설비, 토목설계 등의 시공에 관한 도면을 작성하며, 착공신고까지의 설계과정을 의미한다. 기본설계에 의거하여 견적서를 보다 상세히 작성하고 공사계약의 내용 및 공사시행을 명확하게 하기 위해 상세 설계도를 작성하며, 시공을 하기 위해 분야별로 장비신택, 자재선택, 구체적인 마감방법이 요구된다. 따라서 도면의 내용을 부연설명하기 위하여 시방서, 각종 계산서 등의 작업이 소요된다.

① **실시 설계도의 구성**

- 일반도면 : 배치도, 평면도, 입면도, 단면도, 전개도, 창호도, 투시도, 각종 상세도 등
- 구조도면 : 기초 평면도, 바닥 평면도, 지붕틀 평면도, 기둥, 보 일람표, 배근도, 각부 상세도
- 설비도면 : 전기, 소방, 위생, 냉난방, 환기, 승강기 등
- 시공도면 : 시공 상세도
- 기타도면 : 토목도면, 조경도면, 내부 인테리어 도면

② **부대서류**

- 시방서(표준시방서, 특기시방서)
- 내역서, 일위대가표 [3)]
- 각종 계산서

3) 단위 물량의 공사에 수행하는데 소요되는 자재비와 인건비의 비용 산출표(예 : 천장텍스공사(m^2) 등)

3. 건축설계의 진행과 적용

1) 대지분석

건축설계에 있어서 첫 번째 중요한 작업이고, 건물의 형태 및 위치 그리고 건물 내부와 외부 공간에 대한 접근성 등을 고려하여야 한다.

(1) 대지분석의 요소와 방법

① 위치의 파악

위치도, 교통 현황도, 지적도 등을 입수하여 도면상의 대지를 파악하고, 대지의 위치에 대하여 관련이 있는 주변 시설물과의 거리, 이동시간에 관한 정보를 직접 체험해서 수집한다.

② 주변 지역의 파악

주변지역에 대한 발전 전망, 기존 건물과 외부 공간의 이용 상태 검토 그리고 건축패턴, 기 개발지와 개발 예정지와의 관계, 곧 변경되는 중요한 건물, 가로의 조명, 건물의 조명, 건물의 방향 등을 파악한다. 또한 부지 주변의 계획교통과 기존 상태에서의 교통정보를 파악하고, 지형 및 하수 패턴, 공동구를 점검한다.

③ 대지의 크기

대지를 직접 답사하여 자료를 수집하고, 측량이나 해당 지적도 또는 도시계획 확인원을 이용하고, 경계선의 위치가 불명확한 경우 해당 지적공사에 경계명시 측량을 요구하여 정확한 경계를 확인한다.

④ 지역 및 지구에 관한 모든 내용 파악

임의의 용도에 대한 건축가능 유무에 대한 검토, 건축선 지정, 고도제한, 건폐율, 용적율, 주차 요구사항 등을 파악한다.

⑤ 관련법규

관계되는 법의 종류를 검토하여 대지에 관련된 대부분의 법적 규제내용을 정리한다. 건축 관계법에는 건축법, 시행령, 시행규칙, 각 지방자치단체조례 등이 있다.

⑥ 자연적인 물리적 특성(지형, 기후, 일조, 향 등)

지방 관상대의 데이터분석, 방향별, 계절별 분석, 지역인과의 인터뷰, 자연재해의 파악 등이 필요하다.

⑦ 유틸리티

전기, 가스, 통신 등 모든 유틸리티의 인입에 대한 내용 검토

2) 대지의 법직 분석

건축물의 설계에 있어 대지의 법적 검토는 법적 요구사항에 따라 건축물의 기능, 규모, 건축가능 여부 결정되기 때문에 무엇보다 중요하다. 대지 및 건축물의 법적 검토 문서는 다음 표 1-1과 같고, 토지 및 건축물 대장은 다음 그림 1-4와 같다.

표 1-1 대지 및 건축물의 법적 검토 문서

구 분	확인사항	
토지이용계획 확인서	도시계획사항, 토지형상, 도로현황, 지목 및 방위	
토 지 대 장	토지면적, 소유자	
건축물 대장	면적, 층수, 구조, 용도, 지역, 지구, 건폐율, 용적률, 호별 전용면적 및 공용면적	
등기부등본	표제부	대지면적, 건물면적
	갑 구	소유자, 압류, 가압류, 가처분, 경매상황
	을 구	근저당권, 전세권

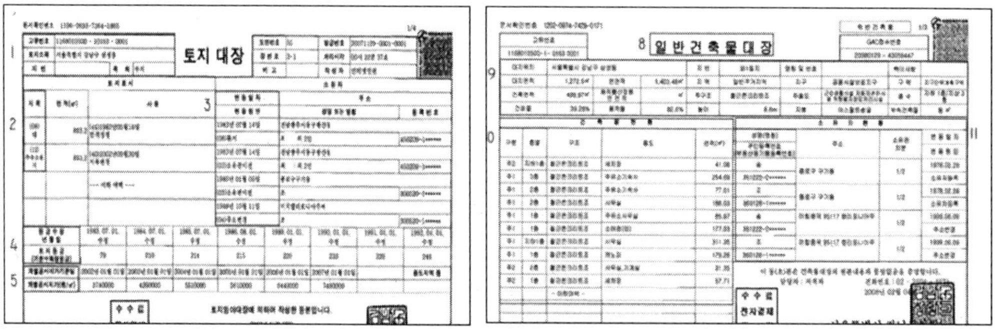
토지 대장

일반건축물대장

그림 1-4 토지 및 건축물 대장의 사례

1-4 건축법규

건축물에 관한 최소한의 요구사항이 건축법규에 언급되어 있으며, 건축설계에 관한 사항을 규정한 건축법규를 용어 중심으로 설명한다.

1. 건폐율

건폐율이란 해당 대지에 지을 수 있는 건축범위의 비율을 의미하여 그 땅에 지을 수 있는 규모를 수평투영적 방법(건축면적)으로 산정하여 평면적인 범위를 정하는 것이다. 건폐율을 설정하는 이유는 적정한 지표면적을 확보하여 쾌적한 도시환경을 조성하기 위함이다.

- 계산방식

  건폐율(%) = (건축면적/대지면적) × 100

건폐율은 국토의 계획 및 이용에 관한 법률에서 한계를 정하고, 각 지방자치단체(삼척시, 동해시, 태백시 등)의 조례에서 실정에 맞게 규정을 설정하고 있다.

2. 건축면적

건축면적의 산정방법은 다음과 같다(그림 1-5).

- 건축물의 외벽 중심선으로 둘러싸인 부분의 수평투영면적
- 외벽이 없는 경우에는 외곽부분의 기둥을 말한다.
- 지표면으로부터 1 m 이하에 있는 부분은 제외한다.
- 처마, 차양, 발코니, 기타 이와 유사한 것으로서 돌출된 것은 그 끝에서 1 m(창고는 3 m, 한옥은 2 m) 후퇴한 선으로 산정한다.

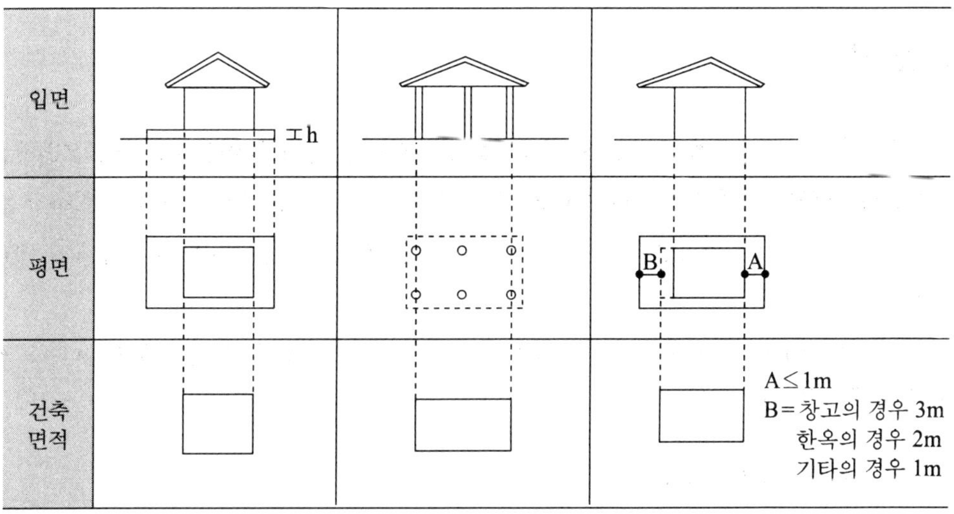

그림 1-5 건축면적 산정방법

3. 용적율

용적율의 개념은 대지에 지을 수 있는 지상층 연면적의 비율(%)로서, 대지에 지을 수 있는 입체적인 규모의 범위를 정하는 것이고, 도시의 밀도를 조정하기 위한 법적 규정이다.

- 계산방식

  용적율(%) = [지상층 연면적(m^2)/대지면적(m^2)] × 100

4. 바닥면적

건축물의 바닥면적은 건축물의 각층 또는 그 일부로서 벽, 기둥, 기타 이와 유사한 구획의 중심선으로 둘러싸인 부분의 수평투영면적으로 한다. 연면적 산정방법은 건축물의 각층 바닥면적의 합계로 한다. 단, 용적율 산정에 있어서 지하층의 면적과 당해 건축물의 부속용도에 한하여 그 지상층의 주차장 사용면적을 제외한다. 용적율은 도시계획법에서 한계를 정하고, 각 지방자치단체의 도시계획조례에서 자치단체의 실정에 맞게 규정을 두고 있다.

5. 높이제한

높이제한은 어떤 대지에 건축할 수 있는 높이를 산정할 때 토지이용계획상에 고도제한이 있는 경우에는 그 제한에 따라야 하고, 고도제한의 규정이 없더라도 대지가 접하고 있는 전면도로에 따른 높이제한의 규정이 있으므로 건축할 수 있는 층수 혹은 높이에 영향을 미친다.

높이제한의 종류는 고도제한에 따른 높이제한과 도로 사선에 의한 높이제한, 그리고 일조권 확보를 위한 높이제한으로 구분된다.

① 고도제한에 따른 높이제한

도시계획적인 차원에서 일정지역 또는 일정 토지에 최저고도 또는 최고고도가 지정될 수 있다. 이 경우에는 토지이용계획 확인원에 표시가 된다.

② 도로사선에 의한 높이제한(그림 1-6) [2015. 5. 18 삭제]

건축하고자 하는 대지는 건축법으로 최소 2 m 이상 도로에 접해야 한다. 이렇게 접한 도로를 기준으로 건물의 각 부분의 높이는 그 부분에서 도로 반대편까지 수평거리의 1.5배를 초과할 수 없다.

③ 정북방향의 일조 확보를 위한 높이제한

전용주거지역 또는 일반주거지역 안에서 정북방향으로 인접대지경계선에서 건축조례가

정하는 거리 이상을 띄어 건축해야 한다. 건물높이 4 m 이하는 1 m 이상, 건물높이 8 m 이하는 2 m 이상, 건물높이 8 m 초과부분은 해당높이의 1/2 이상을 띄어 건축한다.

그림 1-6 도로사선제한

1-5 건축도면 작성

1. 건축도면의 작성

건축도면이란 건축주의 의뢰를 받아 무형의 아이디어에서 도출된 유형의 목적물을 표현한 결과이다. 따라서 건축도면이란 최종 목적물을 2차원으로 표현한 것이며, 이를 바탕으로 시공이라는 행위를 통하여 3차원의 건축물이 완성된다. 또한 건축도면은 건축행위를 위한 법률적인 행위의 필요수단으로써 작용을 하며, 건축허가 및 준공, 그리고 건축동의에 필요하다.

1) 건축도면 작성 종류

최근 건축도면은 컴퓨터에 의해서 그 작업이 이루어지는 것이 보통이다(CAD). 그러나 컴퓨터가 보급되기 전에는 제도판과 T자 그리고 삼각자에 의해서 수평, 수직 및 사선의 조합으로 도면작업이 진행되었다.

(1) 수작업 도면작업

현재는 거의 사용되지 않는 작업방법이나 현장에서의 수시 작업에 의한 도면이 필요할 경우 또는 컴퓨터의 사용이 제한적인 장소에서의 도면이 요구되는 경우 수작업에 의한 도면작업이 필요하다. 수작업 도면작업에 소요되는 도구로서는 제도판, T자, 삼각자 및 윤형자 등이 있으며, 제도판에 자가 달려있는 경우도 있다(그림 1-7).

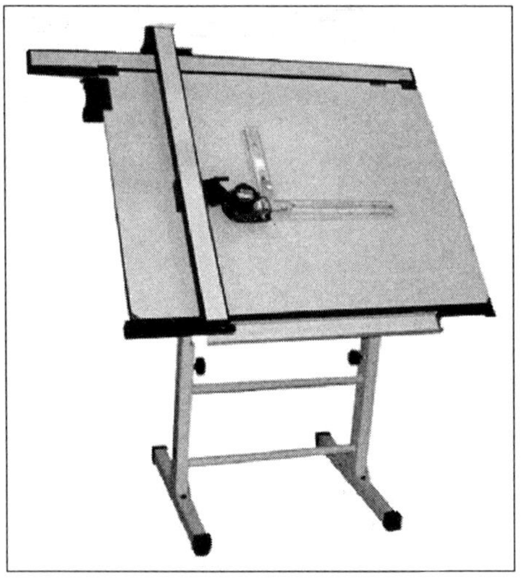

그림 1-7 제도판 및 제도 도구

도면작업 순서는 먼저 중심선을 원하는 위치에 설정하고, 이후 벽체 등의 중심선을 작도한 이후에 중심선을 기준으로 요구되는 두께, 폭만큼 이동하여 마감선을 그린다. 처음에 선을 그릴 경우에는 약하게 그리며, 이후 완성되었을 때 벽체 등의 마감선을 강하게 다시 입히는 과정을 거친다.

(2) CAD

수작업에 의한 도면 작성은 오류 시 수정작업이 다소 불편하고, 보편적이나 동일 작업 시에 더 큰 작업량이 요구되는 비능률적인 측면이 강하다. 반면 컴퓨터에 의한 도면작업은 수정, 반복 작업의 효율성 및 저장, 복사 기능 등이 매우 우수하므로 그 용도가 매우 다양하다. 즉, 건축물의 도면작성 뿐만 아니라 조선, 항공 및 정보통신 모든 분야에 활용 가능하다. 물론 건축물의 도면에 포함되는 기계, 전기, 소방 등 모든 요소의 도면작성이 가능하다. 컴퓨터에 의한 도면작업(CAD)의 초기 화면은 그림 1-8과 같다.

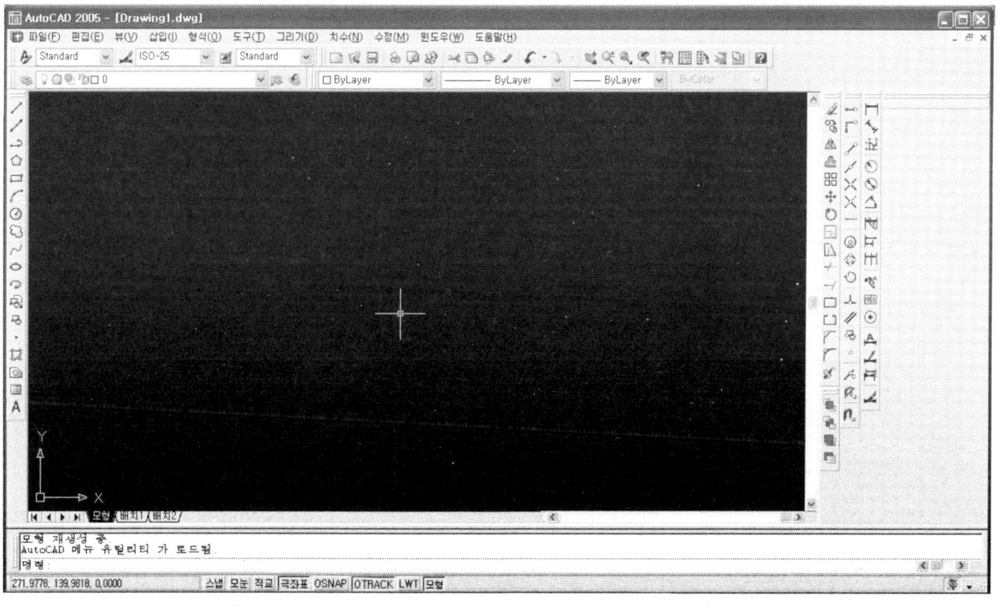

그림 1-8 CAD초기 화면

2) 도면의 종류 및 작성기준

(1) 배치도

건물 부지 내에 위치되는 모든 건물을 표현하는 도면이다(그림 1-9). 따라서 건물 부지를 최대한 활용하고, 출입구에서부터 각 건물간의 동선을 최대한 짧고 명료하게 표현하는 것이 바람직하다. 배치도에 요구되는 일반적인 사항은 다음 항목과 같다.

- 가급적 상부가 북측이 되도록 할 것
- 방위표 표시
- 반드시 표시해야 될 치수 : 경계선에서 건물까지의 거리, 건물의 크기

- 대지 각부의 레벨, 경사면 표시
- 주차장 : 주차구획, 주차대수 표시
- 설비용 시설 : 정화조 위치(점선으로 표기) 및 용량, 맨홀
- 출입구 : 주출입구, 부출입구, 화물 출입구, 주차장 출입구 등을 표기
- 설계개요 : 가급적 배치도에 표기하며 표기할 사항이 많을 경우는 별도의 도면에 표기
- 허가 신청에 관계되는 사양 : 기존 건물, 담장, 옹벽, 국기 게양대 등
- 지하층의 범위 : 점선으로 표기

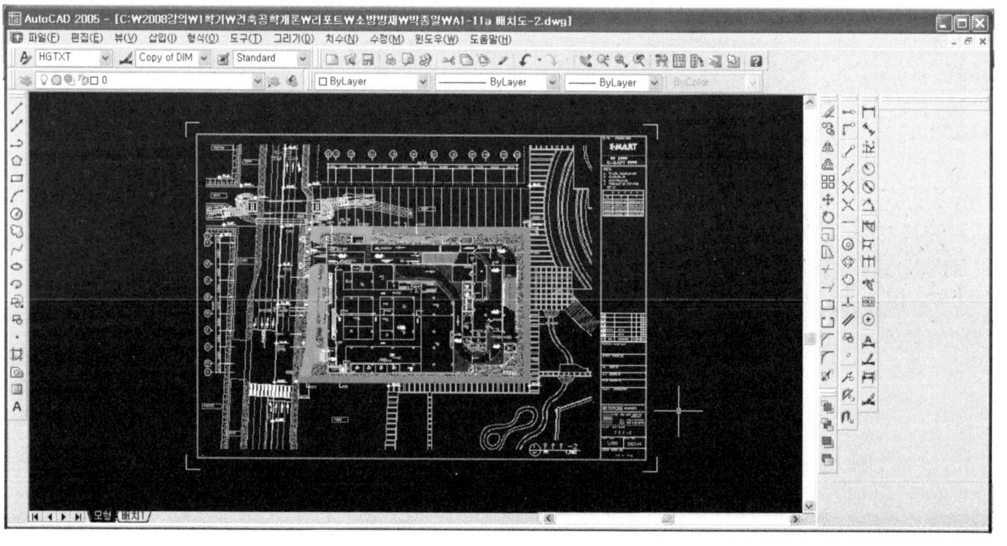

그림 1-9 배치도 사례

(2) 평면도

평면도는 건물 각층의 바닥으로부터 1미터 높이에서 아래로 내려다 본 공간의 표현이다(그림 1-10). 따라서 평면도에는 벽체의 두께와 벽체 등으로 둘러싸인 공간이 표현된다. 평면도에 표현되는 부분은 아래의 항목과 같다.

- 바닥, 벽 마감재의 마감선 및 재료명 기입
- 보이지 않는 부분, 상부 돌출부분(쿨링타워 등)은 점선으로 표기
- 경사로 구배표기

- 주차장의 주차 동선 표기
- 방화문
- PS(Pipe Shaft), EPS(Electric Pipe Shaft), AD(Air Duct) 등

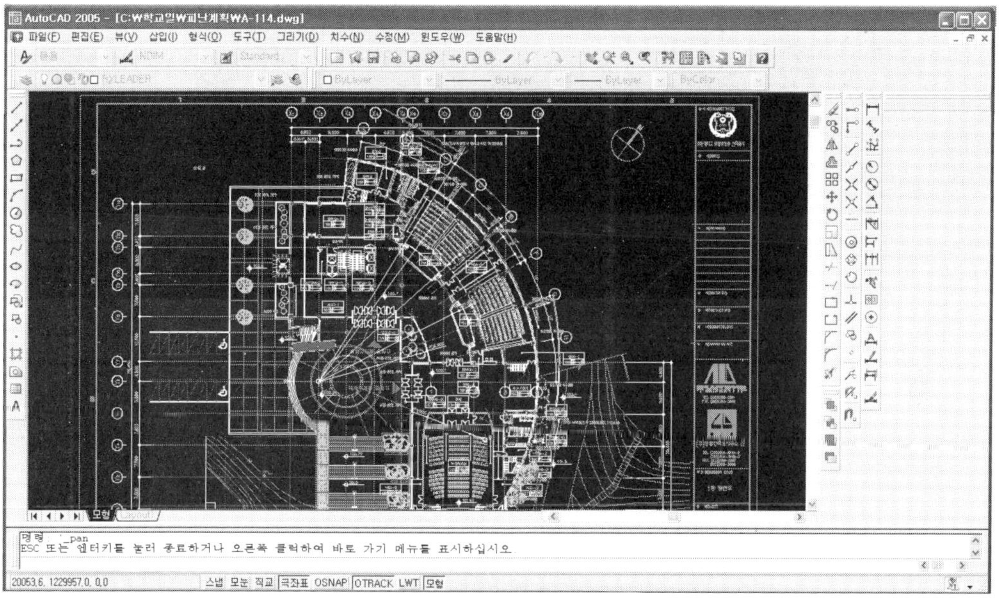

그림 1-10 평면도 사례

(3) 입면도

건물을 외부에서 바라본 관점으로 표현한 도면으로서(그림 1-11) 다음과 같은 항목이 표기된다. 최근에는 건물의 외관을 중시하는 경향이므로 다양한 형태와 색상 등이 혼합된 입면을 볼 수 있다.

- 마감재의 구분을 명확히 표현한다.
- 축열번호 : 그림 내에서는 축선을 희미하게 표현한다.
- 층 표기 : 그림 내에서는 층의 기준선을 희미하게 표현한다.
- 항공 장애등의 위치 : 공사구분 표기, 설치되는 곳의 보강상세 고려한다.
- 선홈통

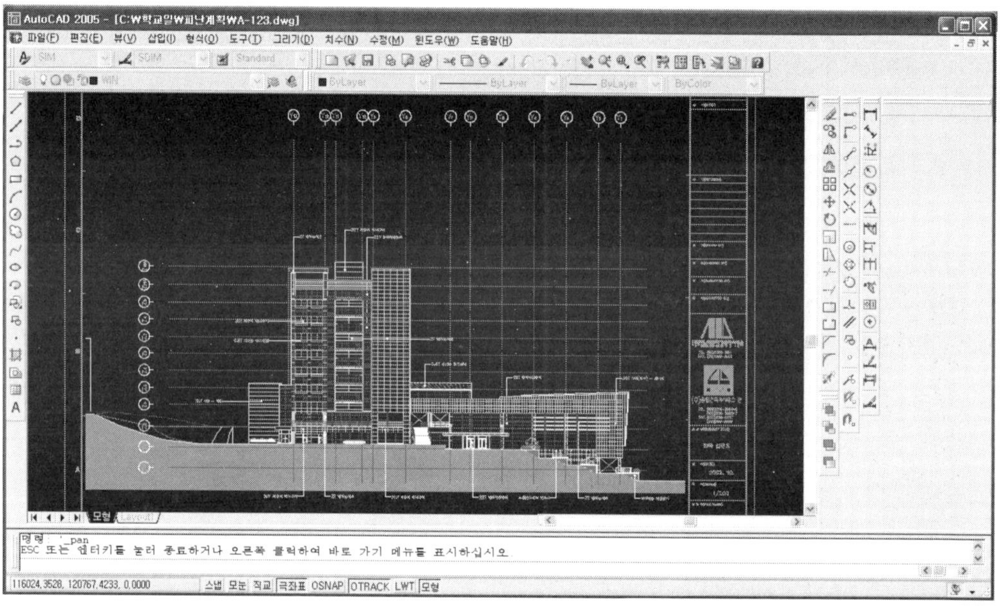

그림 1-11 입면도 사례

(4) 단면도

건물의 내부를 일정한 위치에서 절단하고, 정면으로 바라본 부분에 대한 도면으로서 주로 건축물의 시공에서 많이 활용되는 도면이다(그림 1-12). 단면도에는 다음과 같은 원칙과 내용이 포함된다.

- 축척은 가급적 평면, 입면과 동일하게 한다.
- 천장고 표기, 천장 선은 단선으로 할 것
- 지반 레벨 표기
- 높이 표기

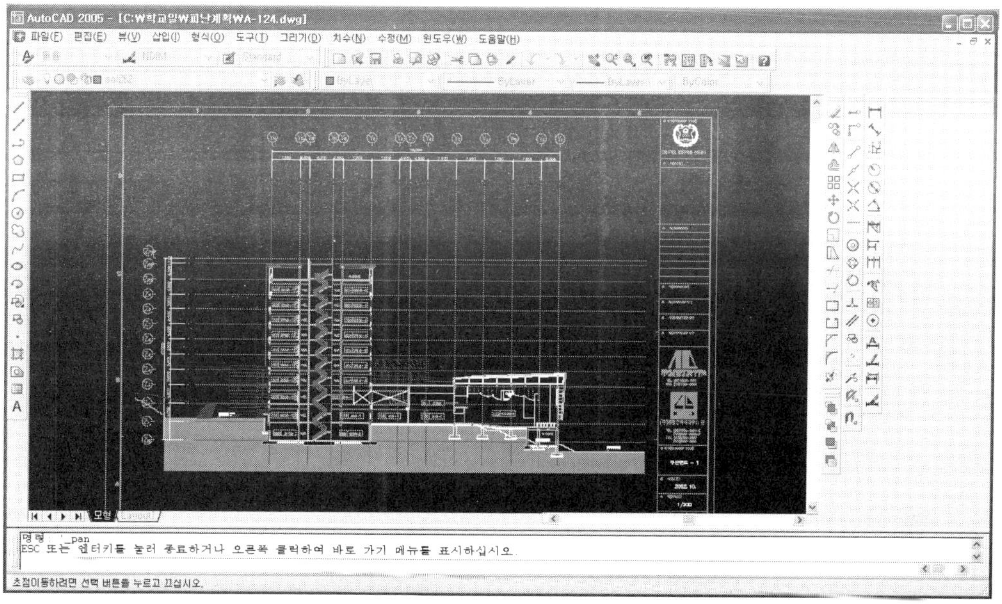

그림 1-12 단면도 사례

(5) 기타

부분 상세도, 창호도 및 조경계획 등이 포함된다.

부분 상세도는 건축 각 요소의 내용을 평면도와 단면도에서 표현하기 어려운 경우, 확대하여 해당되는 부분만을 표현하여 도면의 이해를 돕고, 실제 시공할 때 정확한 치수 및 각 재료의 연결 상황을 파악할 수 있게 한다.

창호도는 개구부의 크기, 위치 및 재질을 표현하는 도면이다.

참고문헌

1) 이재국 외, 건축학개론, 서원, 2006
2) 이광노 외, 건축학개론, 문운당, 2004
3) 양용기, 건축학개론 －건축의 의미론－, 서원, 2006
4) 김정곤 외, 건축학개론, 구미서관, 2004
5) 건축공학설계 편찬위원회, 건축공학설계개론, 기문당, 2005

제 2 장 건축구조

2-1 건축구조

1. 건축구조의 구성요소

구조(構造)는 외력으로부터 건축물을 안전하게 유지, 보전하면서 고유의 기능을 지속시킬 수 있는 능력이라 할 수 있다. 이러한 능력은 건축물의 외부 및 내부로부터 작용하는 힘에 잘 견딜 수 있도록 프레임(Frame)을 형성해야 한다. 즉, 건축물은 건축물 내부로부터 작용되는 중력방향의 자체 하중과 바람과 지진 등과 같이 외부로부터 작용하는 횡하중으로부터 붕괴되지 않아야 한다. 또한 사람이 생활을 유지할 수 있는 정도의 변형과 처짐의 일정한 범위에서 안정된 상태로 유지되어야만 한다.

물에서 살아가는 조개와 소라의 껍데기는 내부 생명체가 외부로부터의 영향을 최소화시키면서 살아갈 수 있도록 두 가지 조건이 요구된다. 첫 번째로는 자기 자신보다 크고 위험한 생명체로부터 자신을 보호해야 하는 것과 두 번째로는 수압에 견딜 수 있어야 하는 것이다. 이와 같은 조건을 충족시키기 위한 크기와 두께가 요구된다(그림 2-1).

그림 2-1 소라의 껍데기

1) 하중

건축물에 작용하여 부재를 휘게 하거나 줄어들게 하고 늘어나게도 하며, 극단적으로는 붕괴에 도달시킬 수 있는 힘을 하중(Load)이라고 한다. 이와 같은 하중은 건물의 외측에서 작용하므로 외력(外力, External force)이라고도 한다. 이와 같이 건축물에 작용하는 하중의 종류는 매우 다양하다.

하중의 분류에는 여러 가지 방법이 있다. 첫째는 작용하는 시간의 길고 짧음에 따라 장기하중과 단기하중으로 구분한다. 장기하중은 건축물이 존재하는 기간 동안 항상 작용하기 때문에 상시하중이라고도 한다. 여기에는 건축물 자체의 중량, 재실자 및 이용자 그리고 마감 재료의 중량이 포함된다. 단기하중은 일시적으로 작용했다가 시간이 지나면 소멸하는 것을 의미하며, 바람과 지진이 포함된다.

- 장기하중 : 고정하중, 적재하중, 적설하중
- 단기하중 : 풍하중, 지진하중, 충격하중, 온도하중

둘째는 하중의 크기가 시간에 따라 변화되는 유무에 따라 정하중(靜荷重)과 동하중(動荷重)으로 구분한다. 정(靜)하중은 건축 구조물을 형성하는 재료와 건축물의 기능과 미를 충족시키기 위해서 설치되거나 이동되는 고정하중과 적재하중 그리고 일정한 체적을 가지는 적설하중이 있다. 동(動)하중은 시간경과에 따라 작용하는 크기가 변화되는 하중을 의미하며, 여기에는 풍하중, 지진하중 그리고 온도하중이 포함된다.

- 정(靜)하중 : 고정하중, 적재하중, 적설하중 등
- 동(動)하중 : 풍하중, 지진하중, 온도하중, 피로하중 등

셋째는 작용하는 방향에 따라 구분하는 연직하중과 수평하중으로 구분한다. 연직하중은 고정하중, 적재하중 및 적설하중처럼 작용방향이 수직, 즉 중력방향으로 작용하는 것을 의미하고, 수평하중은 풍하중과 지진하중과 같이 건물의 수평방향으로 작용하는 것을 나타낸다.

- 연직하중 : 고정하중, 적재하중, 적설하중 등
- 수평하중 : 풍하중, 지진하중 등

일반적으로 건축물에 작용하는 하중은 두 가지 이상이 동시에 복합적으로 작용하는 경우가 많다. 위에서 설명한 하중 이외에 건축물에 영향을 미치는 하중으로서는 물의 압력에 의한 수압과 흙의 밀도로 발생되는 토압, 충격, 피로 등의 하중이 있으며, 이러한 하중은 각각의 영향을 고려할 필요가 있는 건축물에 각각 적용된다.

건축물의 단면 결정에 큰 영향을 미치는 하중의 종류와 특징은 다음과 같다.

(1) 고정하중

건축물은 다양한 재료의 조합에 의해 구조체와 마감재로 이루어진다. 건축물의 주요 구조부[4]에 사용되는 재료로는 콘크리트, 강재 및 목재 등이 있다. 건축물의 마감을 위한 재료로는 석고보드, 목재판, 시멘트판 등이 있으며, 건축물에 고정되어 있으면서 그 자체의 무게(自重)를 지니고 있다. 이와 같이 기둥, 보, 슬래브, 벽체 및 기초와 같은 부재의 자중 그리고 건축물에 영구적으로 설치되는 기계설비, 전기설비, 칸막이벽, 마감재의 무게 등 모든 구성 요소들의 무게를 고정하중이라 한다. 고정하중은 중력방향으로 영향을 미치기 때문에 중력하중이라고도 한다.

건축물에 작용되는 고정하중은 다음 표 2-1에 주어진 단위체적당 무게를 이용하여 계산한다. 개략적인 고정하중 계산에는 한 층의 단위 면적당 분포하는 고정하중의 크기를 전체 면적으로 환산하여 계산한다.

한 층의 단위면적당 분포하는 평균 고정하중의 크기

- 철골 구조물 : 2.5 ~ 4.0 kN/m²
- 철근콘크리트 구조물 : 5.0 ~ 7.5 kN/m²

$1\ \text{kN} = 1000 \times 0.1\ \text{kgf} = 100\ \text{kgf}$

$(1\ \text{N} = 1\ \text{kg} \cdot \text{m/sec}^2,\ f = 10\ \text{m/sec}^2)$

(2) 적재하중

건축물의 고유기능인 재실과 보관의 기능을 활성화하기 위해서는 다양한 기구와 비품 등을 필요로 하게 된다. 기구와 비품은 일정한 면적에 일정한 양이 필요하게 되고, 항상 이동이 가능한 조건으로 설치된다. 또한 재실자와 이용자도 건축물의 일정 공간에 왕래가 자유롭기 때문에 적재하중에 포함된다.

적재하중이 건축물에 영향을 미치는 형태는 집중하중 또는 등분포하중으로 작용한다.

4) 건축물의 구조적 안전성에 크게 기여하는 기둥, 보, 바닥, 내력벽체 등의 부재

집중하중은 바닥판에 한 점으로 작용하는 경우를 의미하고, 등분포하중은 해당 바닥판 전체에 고르게 작용하는 것을 의미한다(그림 2-2).

표 2-1 주요 재료의 단위체적당 무게(kN/m^3)

재 료		비중	재 료		비중
석재	사암	22～24	콘크리트	경량콘크리트	15.5～19
	안산암	23		무근콘크리트	23
	화강암, 대리석	26～29		철근콘크리트	24
	정판암	27		철골철근콘크리트	25
목재	삼목	4	금속	알루미늄	27
	소나무, 낙엽송, 솔송나무	5		아연	71
	밤나무, 느티나무, 물푸레나무	6		주철	73
	단풍나무	7		철	79
	대나무	3～4		황동	85
벽돌	경량벽돌	11		동, 니켈	89
	공동벽돌	13		은	105
	보통벽돌	19		납	113
	내화벽돌	20		수은	136

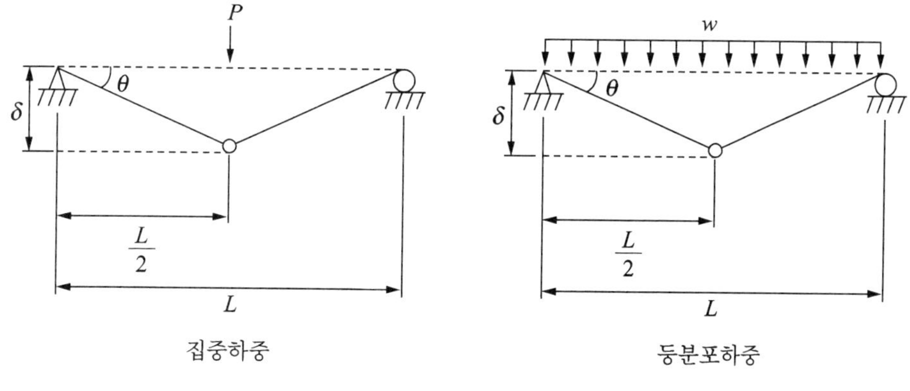

그림 2-2 하중의 작용형태

건축물의 구조기준 등에 관한 규칙에는 건축물에 작용되는 적재하중을 다음 표 2-2와 같이 규정하고 있다. 표에 제시된 적재하중은 최소한의 크기를 제시하고 있으므로 충격과 진동이 예상되거나 보다 안전한 건축물의 설계를 위해서는 적재하중의 증가도 고려할 수 있다.

표 2-2 건축물의 적재하중(kN/m^2)

종 류		건축물의 구분	적재하중
1	주택	가. 주거용 건축물의 거실, 공용실, 복도 나. 공동주택의 발코니	2 3
2	병원	가. 병실과 해당복도 나. 수술실, 공용실과 해당복도	2 3
3	숙박시설	가. 객실과 해당복도 나. 고용실과 해당복도	2 5
4	사무실	가. 일반 사무실과 해당복도 나. 로비 다. 특수용도 사무실과 해당복도 라. 문서 보관실	2.5 4 5 5
5	학교	가. 교실과 해당복도 나. 로비 다. 일반실험실 라. 중량물 실험실	3 4 5 5
6	판매장	가. 상점 및 백화점(1층 부분) 나. 상점 및 백화점(2층 부분) 다. 창고형 매장	5 4 6
7	집회 및 유흥장	가. 로비, 복도 나. 무대 다. 식당 라. 주방(영업용) 마. 극장 및 집회장(고정식) 바. 집회장(이동식) 사. 연회장, 무도장	5 7 5 7 4 5 5
8	체육시설	가. 체육간 바닥, 옥외경기장 나. 스탠드(고정식)	5 4

			다. 스탠드(이동식)	5
9	도서관		가. 열람실과 해당복도 나. 서고	3 7.5
10	주 차 장	옥내 주차구역	가. 승용차 나. 경량트럭 및 빈 버스용도 다. 총중량 18톤 이하의 터럭용도	4 8 12
11		옥내 차로와 경사로	가. 승용차 전용 나. 경량트럭 및 빈 버스용도 다. 총중량 18톤 이하의 터럭용도	6 10 16
12		옥외	가. 승용차, 경량트럭 및 빈 버스용도 나. 총중량 18톤 이하의 터럭용도	12 16
13	창고		가. 경량품 저장고 나. 중량품 저장고	6 12
14	공장		가. 경공업 공장 나. 중공업 공장	6 12
15	지붕 및 옥상		가. 접근이 곤란한 지붕 나. 적재물이 거의 없는 지붕 다. 정원 및 집회용도 라. 헬리콥터 정착대(대형인 경우 제외)	1 2 5 5
16	기계실		공조실, 전기실, 기계실 등	5
17	광장		옥외 광장	12

(3) 적설하중

적설하중은 눈(雪)의 무게에 의해서 구조물에 작용하는 하중을 의미한다. 일반적으로 눈의 자중은 매우 미미한 수준이지만 결빙 그리고 누적에 의한 무게의 증가는 상당하다. 따라서 적설하중의 크기는 건축물이 위치한 지형이나 지역, 그리고 지붕의 형태와 지붕재료 등에 따라서 매우 다르게 나타난다. 우리나라에서는 계절적인 영향으로 서해안과 영서지역에 많은 눈이 내려 공작물 붕괴 등의 피해가 발생하고 있다(그림 2-3).

지붕을 설계할 경우, 적설하중이 지붕의 적재하중보다 크면 적설하중을 주(主)하중으로 고려해야 한다.

그림 2-3 눈(雪)에 의한 피해

평지붕에서의 적설하중 계산은 다음 식 (1)과 같이 한다. 표 2-3은 각 지역별 적설하중을 나타내고 있다.

$$S_f = C_b C_e C_t I_s S_g \tag{1}$$

여기서, S_f : 평지붕 적설하중(kN/m²)

C_b : 지붕 적설하중계수(0.7)

C_e : 노출계수

C_t : 온도계수

I_s : 중요도계수

S_g : 지붕적설하중(kN/m²)

표 2-3 지상 적설하중(S_g)

지 역	지상 적설하중(kN/m^2)
서울, 수원, 춘천, 서산, 청주, 대전, 추풍령, 포항, 군산, 대구, 전주, 울산, 광주, 부산, 충무, 목포, 여수, 제주, 서귀포, 진주, 울진, 이천	0.5
인천	0.8
속초	2.0
강릉	3.0
울릉도, 대관령	7.0

표 2-4 노출계수(C_e)

주 변 환 경	노출계수
지형, 높은 구조물, 나무 등 주변 환경에 의해 모든 면에서 바람막이가 없이 노출된 지붕이 있는 거센 바람이 부는 지역	0.8
약간의 바람막이가 있는 거센 바람이 부는 지역	0.9
바람에 의한 눈의 제거가 지형, 높은 구조물 또는 근처의 몇몇 나무들 때문에 지붕의 하중 감소를 기대할 수 없는 위치	1.0
바람의 영향이 많지 않은 지역 및 지형과 높은 구조물 또는 몇몇 나무들에 의하여 지붕에 바람막이가 있는 지역	1.1
바람의 영향이 거의 없는 조밀한 숲 지역으로서 촘촘한 침엽수 사이에 위치한 지붕	1.2

표 2-5 온도계수(C_t)

난 방 상 태	온 도 계 수
난방 구조물(적설하중 제어구조)	1.0
비난방 구조물(적설하중 제어구조)	1.2

표 2-6 중요도계수(I_s)

중요도	건축물의 용도와 규모	중요도 계수(I_s)
특	• 연면적이 1,000m² 이상인 위험물 저장 및 처리시설, 종합병원, 방송국, 전신전화국, 발전소, 소방서, 공공업무시설 및 노약자시설 • 15층 이상 아파트 및 오피스텔	1.2
1	• 연면적이 5,000m² 이상인 관람집회시설, 운동시설, 운수시설, 전시시설 및 판매시설 • 5층 이상인 숙박시설, 오피스텔, 기숙사 및 아파트 • 3층 이상의 학교	1.1
2	• 중요도 (특), (1), (3)에 해당되지 않는 건축물	1.0
3	• 가설건축물, 농가 건축물, 소규모 창고	0.8

노출계수는 표 2-4, 온도계수는 표 2-5, 그리고 중요도 계수는 표 2-6과 같다.

노출계수는 설계하고자 하는 건축물에 눈이 얼마나 많이 쌓일 있는 조건인지를 판단하는 자료이다. 예를 들면, 바람이 전혀 없으며 숲속에 있는 경우(노출계수 1.2)는 높은 지형이면서 거센 바람이 부는 지역(노출계수 0.8)에 비해서 많은 눈이 쌓일 수 있다.

해당 구조물이 눈을 녹여서 흘러내리게 할 수 있는 건물은 눈을 녹일 수 없는 비난방 구조물에 비해서 눈이 쌓일 수 있는 가능성이 낮아진다.

눈이 쌓여 구조물에 영향을 미쳤을 때 해당 건축물의 용도와 인구 밀집도에 따라 안전율에 높은 가중치를 부여한 항목이 중요도 계수이다. 즉, 규모가 큰 건물이 일반 소규모 건축물에 비해서 안전율이 높게 설정되어있다.

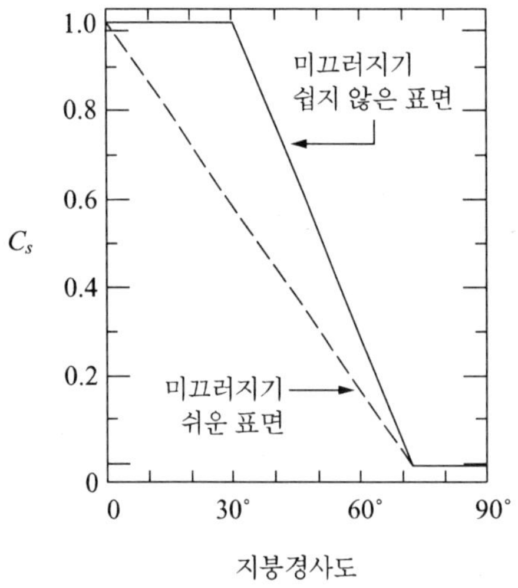

(a) 따뜻한 지붕 $C_t = 1.0$

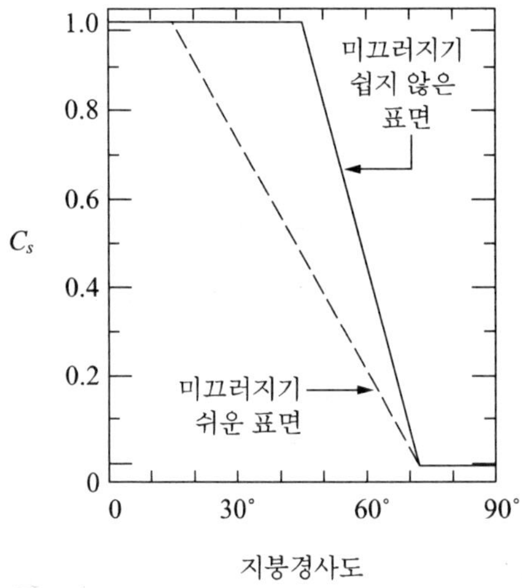

(a) 차가운 지붕 $C_t > 1.0$

그림 2-4 지붕의 적설하중 계산 도표

경사지붕의 적설하중은 평지붕 적설하중에 경사도 계수를 곱하여 산출한다(식 2). 지붕의 경사도 계수는 그림 2-4에 제시된 값을 도표에서 찾아서 사용한다. 표에서 보는 바와 같이 따뜻한 지붕의 경우와 미끄러지기 쉬운 지붕 마감재에서는 평지붕보다 높은 적설하중의 감소를 보이고 있다.

$$S_s = C_s S_f \tag{2}$$

여기서, S_s : 경사지붕 적설하중(kN/m²)

C_s : 지붕의 경사도계수

(4) 풍하중

풍하중은 바람에 의해서 건축의 층간 변위[5]를 발생시키는 하중을 나타낸다. 풍하중은 구조 골조 설계용 풍하중, 지붕골조 설계용 풍하중 및 외장재 설계용 풍하중으로 구분하고, 각각의 설계풍압을 구하여 해당 면적을 곱하여 계산한다.

① 계산과정

가. 구조골조 설계용 풍하중(W_f)

$$W_f = p_f A \tag{3}$$

여기서, W_f : 풍하중(N)

p_f : 구조 골조용 설계 풍압(N/m²)

A : 유효수압면적(m²)

㉮ 밀폐형 건축물의 구조골조 설계용 설계풍압

밀폐형 건축물의 구조골조 설계용 설계풍압은 다음 식 (4)와 같이 계산한다.

$$p_f = q_z G_f C_{pe1} - q_h G_f C_{pe2} \tag{4}$$

여기서, q_z : 지표면의 임의높이 z에 대한 설계 속도압(N/m²)

q_h : 지붕 높이 h에 대한 설계 속도압(N/m²)

G_f : 구조 골조 및 지붕골조 설계용 가스트 영향계수

C_{pe1} : 풍상 벽의 외압계수

C_{pe2} : 풍하 벽의 외압계수

5) 다수의 층으로 구성된 건축물에서 횡력이 작용하여 수평으로 이동된 경우, 층과 층 사이의 변형된 길이

㉯ 개방형 건축물 및 기타 구조물의 구조골조 설계용 설계풍압

개방형 건축물 및 기타 구조물의 구조골조 설계용 설계풍압은 다음 식 (5)에 의해서 계산한다.

$$p_f = q_z G_f C_f \qquad (5)$$

여기서, q_z : 지표면의 임의높이 z에 대한 설계 속도압(N/m^2)

G_f : 구조골조 및 지붕골조 설계용 가스트 영향계수

C_f : 풍력계수[6)]

㉰ 지붕골조 설계용 풍하중

건축물의 구조골조를 설계하는 경우, 지붕의 종류는 평지붕, 경사지붕, 곡면지붕을 대상으로 하고, 지붕경사가 10도 미만인 경우는 평지붕으로 설계해도 무방하며 식 (6)과 같이 계산한다.

$$W_r = p_r A \qquad (6)$$

여기서, p_r : 지붕골조 설계용 설계풍압(N/m^2)

A : 유효 수압면적(m^2)

㉠ 밀폐형 건축물 및 일부 개방향 건축물의 지붕골조 설계용 설계풍압(p_r)

밀폐형 건축물 및 일부 개방향 건축물의 지붕골조에 영향을 미치는 풍압은 건축물 지붕의 외부에서 작용하는 외압과 내부에 작용하는 내압을 동시에 고려해야 하며, 다음 식 (7)과 같이 계산한다.

$$p_r = q_h G_f C_{pe} - q_h G_f C_{pi} \qquad (7)$$

여기서, q_h : 지붕 높이 h에 대한 설계 속도압(N/m^2)

G_f : 구조골조 및 지붕골조 설계용 가스트 영향계수

C_{pe} : 외압계수

C_{π} : 내압계수

6) 건축물에 작용하는 풍압을 외압과 내압의 합으로 나타내는 계수

㉡ 독립 편지붕의 설계풍압

독립 편지붕의 설계풍압은 다음 식 (8)에 따라 계산한다.

$$p_r = q_h \, G_f \, C_f \tag{8}$$

여기서, q_z : 지표면의 임의높이 z에 대한 설계 속도압(N/m²)

G_f : 구조 골조 및 지붕골조 설계용 가스트 영향계수

C_f : 풍력계수

나. 설계속도압

㉮ 설계속도압 산정

속도압은 바람이 가진 단위체적당 운동에너지를 말한다. 따라서 속도압은 건축물에 작용하는 풍압력을 계산하는 기본이 된다. 공기밀도는 15℃, 표준대기압이 1,013 hPa인 ρ = **1.25 kg/m³을 사용한다. 설계높이에 대한 설계속도압(q_z)과 지붕면 평균 높이에 대한 설계속도압(q_h)은 다음 식 (9)와 식 (10)에 따라 계산한다.**

$$q_z = \frac{1}{2} \rho \, V_z^{\,2} \tag{9}$$

$$q_h = \frac{1}{2} \rho \, V_h^{\,2} \tag{10}$$

여기서, ρ : 공기밀도(1.25 kg/m³)

V_z : 설계지역 지표면에서의 임의높이 z에 대한 설계풍속(m/sec)

V_h : 설계지역 지표면으로부터 지붕면 평균높이 h에 대한 설계풍속(m/sec)

설계풍속(V_z, V_h)은 기본풍속, 풍속의 고도분포계수, 지형에 의한 풍속할증계수 및 중요도 계수를 고려하여 다음 식 (11)에 따라 산정한다.

$$V_z = V_0 \, K_{zr} \, K_{zt} \, I_w \tag{11}$$

여기서, V_0 : 기본풍속

K_{zr} : 풍속의 고도분포계수

K_{zt} : 지형에 대한 풍속할증계수

I_w : 건축물의 중요도계수

㉯ 기본풍속

기본풍속은 설계풍속을 구할 때 적용되는 기본으로 다음 표 2-7과 같다.

표 2-7 기본풍속(지역별)

지 역		V_0 (m/sec)
서울특별시 인천광역시 경기도	서울, 인천, 김포, 부천, 구리, 오산, 송탄, 평택, 시흥, 가천, 안양, 수원, 안산, 군포, 의왕, 안성, 강화	30
	양평, 성남, 하남, 용인, 의정부, 동두천, 포천, 파주, 광주, 기흥, 미금, 여주, 이천, 신갈, 장호원	25
강원도	속초, 강릉, 양양, 주문진	40
	거진, 간성, 동해, 삼척, 원덕	35
	춘천, 화천, 양구, 철원, 김화, 인제, 영월, 정선, 태백, 원주, 평창, 홍천	25
대전광역시 충청남북도	장항	40
	태안, 서산, 청주, 대천, 서천, 안면도, 조치원, 천안, 홍성, 광천, 아산	35
	대전, 당진, 합덕, 상환, 진천, 증평, 온양	30
	음성, 청양, 금산, 영동, 공주, 논산, 제천, 충주, 부여, 보은, 단양, 괴산, 옥천	25
부산광역시 대구광역시 경상남북도	포항, 울릉도, 구룡포, 오천, 흥해, 감포	45
	부산, 기장, 장안, 연일, 외동, 가덕도	40
	울산, 통영, 거제, 고성, 진해, 김해, 마산, 창원, 양산, 진영, 울진, 평해, 안강, 경주, 남해, 삼천포	35
	건천, 가야, 삼랑진, 영덕, 사천	30
	대구, 영주, 구미, 김천, 영천, 안동, 봉화, 풍기, 예천, 청송, 영양, 하양, 경산, 청도, 남지, 의령, 추풍령, 상수, 선산, 군위, 의성, 문경, 점촌, 함창, 진주, 거창, 함양, 산청, 고령, 창녕, 합천, 밀양	25
광주광역시 전라남북도	군산, 미성	40
	목포, 여수, 완도, 진도, 옥구, 노화, 익산, 금일, 해남, 관산, 대덕, 도양, 고층	35
	광주, 나주, 화순, 영암, 일노, 강진, 장흥, 보성, 벌교, 순천, 광양, 무안, 함평, 영광	30
	전주, 함열, 진안, 무주, 삼례, 담양, 부안, 남원, 순창, 구례, 고창, 정주, 장수, 태안	25
제주도	전 지역	40

㉰ 노풍도

노풍도는 바람에 노출된 정도를 의미하고, 구분은 설계 대상 건축물이 위치하는 주변 지역의 지표면 상태에 따라 표 2-8에 의한다.

표 2-8 노풍도

노풍도 구분	주변지역의 지표면 상태
A	대도시 중심부에서 10층 이상의 대규모 고층건축물이 밀집해 있는 지역
V	높이 3.5 m 정도의 주택과 같은 건축물이 밀집해 있는 지역 중층건물이 산재해 있는 지역
C	높이 1.5～10 m 정도의 장애물이 산재해 있는 지역 저층건축물이 산재해 있는 지역
D	장애물이 거의 없고, 주변의 장애물의 평균높이가 1.5 m 이하인 지역 해안, 초원, 비행장

㉱ 풍속의 고도분포계수

풍속은 지표면에서 감소되고, 상부로 올라갈수록 빨라진다. 이는 지표면에서는 마찰력에 의해서 감소되며 상부로 갈수록 마찰력이 줄어들기 때문이다. 이러한 풍속의 고도분포계수는 노풍도와 대기경계층 시작높이[7] 및 기준경도풍 높이[8]에 따라 표 2-9 및 표 2-10으로 정해진다.

표 2-9 노풍도에 따른 풍속의 고도분포계수

지표면으로부터의 높이 z(m)	노풍도 구분			
	A	B	C	D
$z \le Z_b$	0.58	0.81	1.0	1.13
$Z_b < z \le Z_g$	$0.22z^{\alpha}$	$0.45z^{\alpha}$	$0.71z^{\alpha}$	$0.97z^{\alpha}$
Z_b : 대기경계층의 시작높이(m), Z_g : 기준경도풍높이(m), α : 풍속의 고도분포지수				

7) 지표면의 영향을 받아(마찰) 풍속이 변화되는 대기층의 높이

8) 지표면의 마찰의 영향을 받지 않는 높이

표 2-10 대기경계층의 시작높이(Z_b), 기준경도풍높이(Z_g) 및 풍속의 고도분포계수(α)

노풍도 구분	A	B	C	D
대기경계층의 시작높이 Z_b(m)	20	15	10	5
기준경도풍 높이 Z_g(m)	500	400	300	250
풍속의 고도분포지수 α	0.33	0.22	0.15	0.10

㉤ 구조 골조 및 지붕골조 설계용 가스트 영향계수(G_f)

강풍이 불었을 때의 건축물 변위와 평상시 변위와의 비율인 구조체의 가스트 영향계수[9]는 다음 표 2-11에 따른다.

노풍도 A의 경우는 평상시 건축물 변위가 크지 않으나, 강풍이 불 경우에는 건축물의 변위가 크다. 따라서 노풍도 A 방향으로 가스트 영향계수가 크다.

표 2-11 구조 골조 설계용 가스트 영향계수(G_f)

노풍도 구분	A	B	C	D
가스트 영향계수	2.5	2.2	1.9	1.8

㉥ 지형에 따른 풍속 할증계수(K_{zt})

산, 언덕 및 경사의 영향을 받지 않는 지역에서는 기본적으로 1.0의 수치를 가진다. 일반적으로 산의 정상이나 경사지 등에서는 지형의 영향으로 풍속이 증가된다. 따라서 설계하고자 하는 건축물의 부지가 산의 능선이나 경사지에 위치한 경우는 실측에 의해서 풍속을 측정할 필요가 있다.

산, 언덕의 정상 이상 경사지에서와 같이 풍속이 증가되는 곳에서의 풍속할증계수는 다음 표 2-12에 따르고 적용범위는 표 2-13과 같다. 또한 수직 경계면과 수직 경계면은 다음 그림 2-5와 같다.

9) 강풍이 부는 경우 건축물에 발생되는 최대변위와 평균변위의 비

표 2-12 지형에 따른 풍속 할증계수(K_{zt})

풍상측 중 가장 불리한 경사 ϕ	풍속할증계수	
	경사지($\phi_d \leq 0.05$)	언덕, 산($\phi \leq 0.1$)
0.05	1.05	1.11
0.1	1.09	1.21
0.2	1.18	1.41
$\geq$ 0.3	1.27	1.61

(주) 언덕, 산의 경우 풍하측의 경사가 $0.05 < \phi_d < 0.1$일 때는 경사지와 언덕 또는 산의 사이 값을 직선 보간하여 사용할 수 있다.

여기서, ϕ : 풍상측[10]에서 가상 불리한 소선의 경사$\left(\phi = \dfrac{H}{2L_u}\right)$

ϕ_d : 언덕, 산, 경사지의 정점으로부터 풍하측[11] 빗변으로 $5H$되는 거리까지의 평균경사

표 2-13 지형에 따른 풍속 할증계수(K_{zt}) 적용범위(m)

지역 구분	적용높이 및 거리	적용 범위	
		풍상측	풍하측
언덕, 산	풍속할증 수직거리(지표면에서)	L_u, $1.7H$ 중 큰 값	
	풍속할증 수평거리(정면에서)	$1.5L_u$, $2.5H$ 중 큰 값	
경사지	풍속할증 수직거리(지표면에서)	L_u, $1.7H$ 중 큰 값	
	풍속할증 수평거리(정면에서)	$1.5L_u$, $2.5H$ 중 큰 값	$3L_u$, $5H$ 중 큰 값

(주) 언덕, 산의 경우 풍하측의 경사가 $0.05 < \phi_d < 0.1$일 때는 경사지와 언덕 또는 산의 사이 값을 직선 보간하여 사용할 수 있다.

여기서, ϕ : 풍상층에서 가장 불리한 조건의 경사$\left(\phi = \dfrac{H}{2L_u}\right)$

ϕ_d : 언덕, 산, 경사지의 정점으로부터 풍하측 빗변으로 $5H$되는 거리까지의 평균경사

H : 언덕, 산, 경사지의 높이, m

L_u : 언덕, 산, 경사지의 정점 중앙으로부터 아래로 $H/2$인 지점에서 풍상 경사지 지점까지의 수평거리, m

10) 바람이 불어와 맞닿는 측

11) 바람이 불어와 맞닿는 측의 반대측으로 바람이 빠져나가는 측

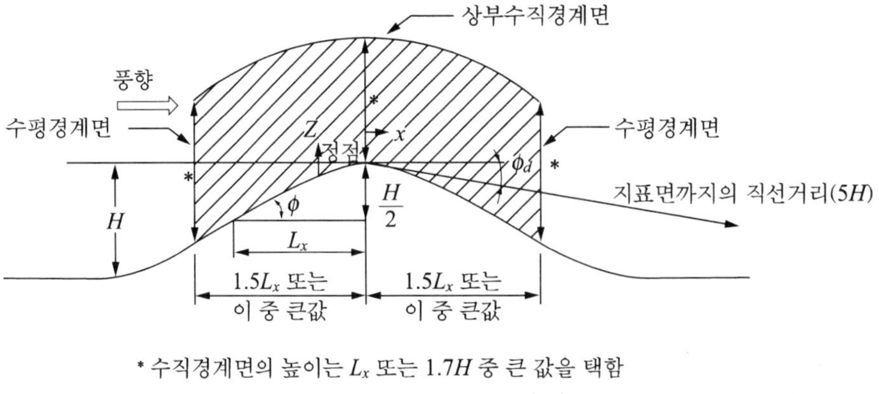

(a)

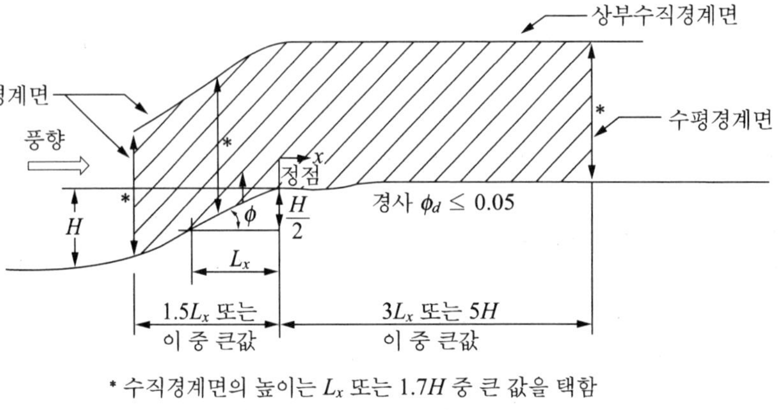

(b)

그림 2-5 수직경계면과 수평경계면

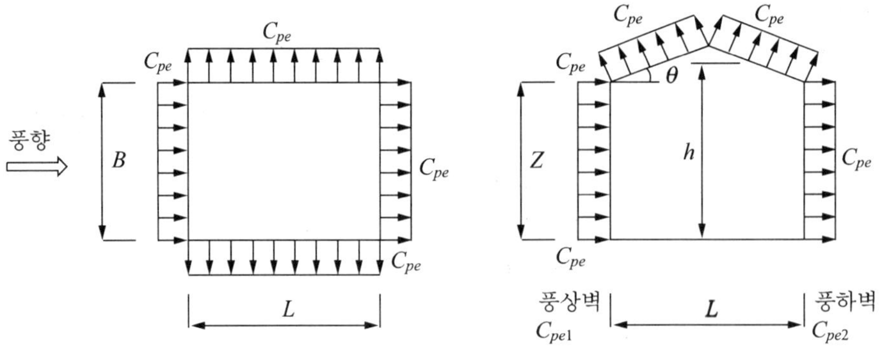

그림 2-6 밀폐형 건축물의 외압계수

표 2-14 지붕면의 외압계수

풍향	풍상면 (h/L)	경사각(θ) 0	10~15	20	30	40	50	≥ 60	풍하면
용마루 직각	≤ 0.3	−0.7	0.2	0.2	0.3	0.4	0.5	0.01θ	−0.7
			−0.9						
	0.5	−0.7	−0.9	−0.75	−0.2	0.3	0.5	0.01θ	
	1.0	−0.7	−0.9	−0.75	−0.2	0.3	0.5	0.01θ	
	≥ 1.5	−0.7	−0.9	−0.9	−0.2	−0.35	0.2	0.01θ	
용마루 방향	h/B 또는 $h/L \le 2.5$	−0.7							−0.7
	h/B 또는 $h/L > 2.5$	−0.8							−0.8

B : 건물의 풍직각 방향 길이, m
L : 건물의 풍방향 길이, m
Z : 지표면으로부터의 임의높이, m
h : 지붕면 평균높이, m
q_z : 지표면에서의 높이 z에 대한 설계 속도압 N/m²
q_h : 지붕면 평균높이 h에 대한 설계 속도압 N/m²
θ : 지붕경사각, °

㉦ 밀폐형 및 일부 개방형 건축물의 구조골조 및 지붕 골조 설계용 외압계수

밀폐형 건축물에 작용하는 외압계수는 그림 2-6 및 표 2-14, 표 2-15와 같다. 지붕의 외압계수는 표 2-14를 적용하고, 벽체의 외압계수는 표 2-15를 적용한다. 외벽면 풍상벽에 대한 적용 속도압은 지표면 설계높이에 대한 속도압(q_z)으로 하며, 풍하측 및 측벽에 대한 적용 속도압은 지붕면 평균높이의 설계 속도압(q_h)으로 한다. 지붕면 외압계수는 경사에 따라 표 2-14를 적용한다.

표 2-15 벽면의 외압계수

	L/B	외압계수	적용 속도압
풍상벽	모든 값	0.8	q_z
풍하벽	0～1	−0.5	q_h
	2	−0.3	
	≥ 4	−0.2	
측 벽	모든 값	−0.7	q_h

q_z : 지표면에서의 높이 z에 대한 설계 속도압 N/m²
q_h : 지붕면 평균높이 h에 대한 설계 속도압 N/m²

㉧ 중요도 계수

중요도 계수는 건축물의 용도, 사회성, 경제성 및 중요도에 따라 표 2-16으로 설정한다.

표 2-16 중요도계수(I_E)

중요도	건축물의 용도와 규모	중요도 계수(I_E)
특	• 연면적이 1,000m² 이상인 위험물 저장 및 처리시설, 종합병원, 방송국, 전신전화국, 발전소, 소방서 • 15층 이상 아파트 및 오피스텔	1.10
1	• 연면적이 5,000m² 이상인 관람집회시설, 운동시설, 운수시설, 전시시설 및 판매시설 • 5층 이상인 숙박시설, 오피스텔, 기숙사 및 아파트 • 3층 이상의 학교	1.00
2	• 중요도 (특), (1), (3)에 해당되지 않는 건축물	0.95
3	• 가설건축물, 농가 건축물, 소규모 창고	0.81

(5) 지진하중

지진하중은 지진활동에 의해서 전파되는 횡파의 크기를 정량화하는 것이며, 건물은 이러한 횡력에 저항하도록 설계 및 시공되어야 한다.

지진하중을 고려해야 하는 대상 건축물은 다음과 같다.

① 지지하중 고려 대상 건축물

가. 기존 건축물의 증축

기존 건축물의 구조물에 연이은 증축 구조물(즉, 구조적으로 독립적이지 않은 건축물)이 다음 사항을 만족하지 못할 경우는 전체 구조물은 신축 구조물로서 설계 및 시공되어야 한다.

- 증축이 신축 구조물에 대한 규정을 만족시켜야 한다.
- 증축이 기존 부재에 작용하는 지진하중을 5% 이상 증가시키지 않는다. 증가된 하중이 기존 부재의 내력을 초과한 경우도 이에 포함된다.
- 사용승인서를 교부받은 후 5년이 지난 건축물의 증축(연면적의 1/10 이내의 증축 또는 1개 층의 증축에 한한다) 및 일부 개축의 경우

나. 용도변경

용도변경으로 구조물이 보다 높은 내진 중요도 그룹으로 분류될 경우, 해당 구조물은 변경된 그룹에 속하는 구조물에 대한 하중기준을 만족하여야 한다.

다. 구조변경

기존 구조물의 구조변경 시 다음 조건을 만족할 경우에는 해당 규정을 만족할 필요는 없다.

- 구조변경이 구조의 비정형성을 발생시키지 않거나 기존 구조의 비정형성을 더욱 악화시키지 않는다.
- 구조변경에 의해 증가된 하중을 받는 부재의 능력이 이 지진하중의 규정을 만족하지 못하더라도 구조변경이 기존 부재에 작용하는 지진력을 5% 이상 증가시키지 않는다.
- 구조변경이 기존 구조물을 구성하는 구조부재의 내진성능을 이 지진하중 규정에서 요구하는 수준 이하로 저감시키지는 않는다.
- 구조변경이 불안전한 상태를 초과하지 않는다.

② 지진위험도 결정

가. 지진지역 및 지역계수

우리나라의 지진지역 및 이에 따른 지역계수는 표 2-17과 같다.

표 2-17 지진구역 및 지역계수(A)

지진지역	행 정 구 역	지역계수(A)
1	지진구역 2를 제외한 전 지역	0.11
2	강원도 북부, 전라남도 남서부, 제주도	0.07

* 강원도북부(군, 시) : 홍천, 철원, 화천, 횡성, 평창, 양구, 인제, 고성, 양양, 춘천시, 속초시
전라남도 남서부(군, 시) : 무안, 신안, 완도, 영광, 진도, 해남, 영암, 강진, 고흥, 함평, 목포시

나. 지반의 분류

지진은 횡으로 전달되며 주요 매개체는 지반이다. 따라서 토질과 지표 등의 영향을 고려하기 위하여 표 2-18과 같이 구분한다.

표 2-18 지반의 분류

지반 종류	지반종류의 호칭	상부 30 m에 대한 평균 지반특성		
		전단파속도 (m/s)	표준관입시험 $\overline{N}$ (타격횟수/300 mm)	비배수전단강도 $\overline{s_u}$ (10^{-3} N/mm^2)
S_A	경암 지반	1500 초과	-	-
S_B	보통암 지반	760~1500		
S_C	매우 조밀한 토사지반 또는 연암지반	360~760	> 50	> 100
S_D	단단한 토사지반	180~360	15에서 50	50에서 100
S_E	연약한 토사지반	180 미만	< 15	< 50

표 2-19 단주기 설계스펙트럼 가속도 S_{DS}

지반종류		S_A	S_B	S_C	S_D	S_E
지진지역	1	2.0 MA*	2.5 MA	3.0 MA	3.6 MA	5.0 MA
	2	1.8 MA	2.5 MA	3.0 MA	4.0 MA	6.0 MA

$*M = 1.33$ (이 경우 스펙트럼 가속도의 크기는 재현주기 2400년에 대한 2/3 수준의 극한하중임)

표 2-20 단주기 설계스펙트럼 가속도 S_{D1}

지반종류		S_A	S_B	S_C	S_D	S_E
지진지역	1	0.8 MA	1.0 MA	1.6 MA	2.3 MA	3.4 MA
	2	0.7 MA	1.0 MA	1.6 MA	2.3 MA	3.4 MA

다. 설계스펙트럼[12] 가속도

주기 1초와 단주기의 설계 스펙트럼 가속도는 다음 표 2-19와 표 2-20에서 구할 수 있다. 구조물에 작용하는 지진하중은 지진에 의한 가속도와 구조물의 질량에 의해서 발생되는 관성력이다. 따라서 지진에 의한 내진설계에서 응답스펙트럼은 구조물의 고유진동주기에 따른 가속도의 변화로 정의된다.

라. 설계스펙트럼 가속도 작성

지진의 설계응답가속도 스펙트럼은 다음의 식으로 구하고 그림 2-7과 같이 작성한다.

- $T \leq T_o$일 때 스펙트럼 가속도 S_a는 식 (12)로 구한다.
- $T_o \leq T \leq T_S$일 때, 스펙트럼 가속도 S_a는 S_{DS}와 같다.
- $T > T_S$일 때, 스펙트럼 가속도 S_a는 식 (13)으로 구한다.

$$S_a = 0.6\,\frac{S_{DS}}{T_o}\,T + 0.4\,S_{DS} \tag{12}$$

12) 지진이 발생되었을 때 구조물의 반응은 구조물의 동적 특성을 나타내는 고유진동주기에 따라서 다르게 나타난다. 이러한 구조물의 최대지진응답을 고유진동주기의 변화에 대해 나타낸 함수 또는 그림을 응답스펙트럼이라 한다.

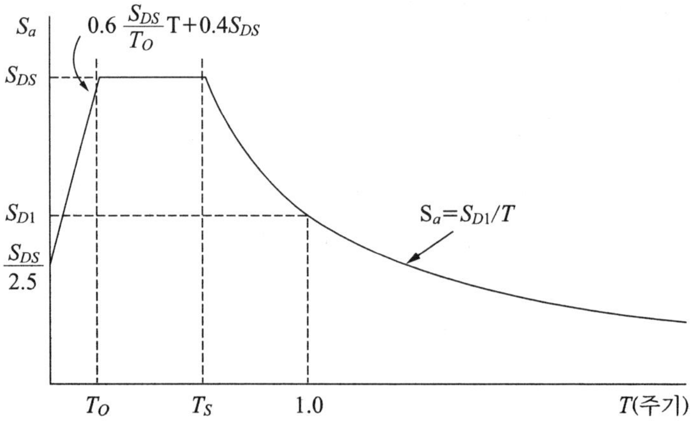

그림 2-7 설계 스펙트럼 가속도

$$S_a = \frac{S_{D1}}{T} \tag{13}$$

여기서, T : 구조물의 고유주기(초)

T_o : $0.2S_{D1}/S_{DS}$

T_S : S_{D1}/S_{DS}

마. 건물의 내진등급과 중요도 계수

설계 대상의 구조물은 다음의 내진등급 중의 하나로 분류되고, 해당 구조물의 중요도계수는 표 2-21에 의해서 분류된다.

표 2-21 내진등급과 중요도 계수

내진등급		용도 및 규모	중요도계수(I_E)	
			도시계획구역	그 외 구역
(특)	지진 후 피해복구에 필요한 중요시설을	• 연면적이 1천 제곱미터 이상인 위험물 저장 및 처리시설, 병원, 방송국, 전신전화국, 소방서, 발전소, 국가 또는 지방자치단체의 청사, 외국공관, 아동관련 시설, 노인복지시설, 사회복지시설 및 근로복지시설 • 15층 이상 아파트 및 오피스텔	1.5	1.2

(특)	갖추고 있거나 유해 물질을 다량 저장하고 있는 구조물	• 연면적이 1천 제곱미터 이상인 위험물 저장 및 처리시설, 병원, 방송국, 전신전화국, 소방서, 발전소, 국가 또는 지방자치단체의 청사, 외국공관, 아동관련 시설, 노인복지시설, 사회복지시설 및 근로복지시설 • 15층 이상 아파트 및 오피스텔	1.5	1.2
I	지진으로 인한 피해를 입은 경우 대중에게 큰 위험을 초래할 수 있는 구조물	• 연면적이 5천 제곱미터 이상인 공연장, 집회장, 관람장, 전시장, 운동시설, 판매 및 영업시설 • 5층 이상인 숙박시설, 오피스텔, 기숙사 및 아파트 • 3층 이상의 학교	1.2	1.0
II	내진등급(특)이나 I 어디에도 해당되지 않는 구조물	• 내진등급 (특) 및 I 에 해당하지 않는 건축물	1.0	0.8

바. 내진설계범주의 결정

구조물은 내진등급과 설계 스펙트럼 S_{DS}, S_{D1}에 따라 표 2-22와 표 2-23에 의하여 내진설계범주를 정한다. 표 2-22와 표 2-23에 따라 결정된 내진설계범주가 다를 경우에는 높은 내진설계범주를 선택한다.

구조해석은 내진설계범주에 따라 다음과 같은 방법으로 행한다.

㉮ 내진설계범주 A, B에 해당되는 해석법 : 등가정적 해석법에 의해서 설계할 수 있다.

표 2-22 단주기 설계 스펙트럼 가속도에 따른 내진설계범주

S_{DS}의 값	내 진 등 급		
	특	I	II
$0.50 \le S_{DS}$	D	D	D
$0.33 \le S_{DS} < 0.50$	D	C	C
$0.17 \le S_{DS} < 0.33$	C	B	B
$S_{DS} < 0.17$	A	A	A

표 2-23 주기 1초에서 설계 스펙트럼 가속도에 따른 내진설계범주

S_{D1}의 값	내진등급		
	특	I	II
$0.20 \le S_{D1}$	D	D	D
$0.14 \le S_{D1} < 0.20$	D	C	C
$0.07 \le S_{D1} < 0.14$	C	B	B
$S_{D1} < 0.07$	A	A	A

㉯ 내진설계범주 C에 해당되는 해석법 : 등가정적 해석법에 의해서 설계할 수 있으며, 다음 중의 하나인 경우에는 동적 해석법을 사용하여야 한다.

- 높이 70 m 이상 또는 21층 이상의 정형 구조물
- 높이 20 m 이상 또는 6층 이상의 비정형 구조물

㉰ 내진설계범주 D에 해당되는 해석법

표 2-24에 지정된 해석방법 또는 그보다 정밀한 해석방법을 사용한다.

표 2-24 내진설계범주 D에 대한 해석법

구조물의 형태	내진설계를 위한 해석방법
1. 3층 이상인 경량골조 구조와 각 층에서 유연한 격막을 갖는 2층 이하인 기타 구조로서 내진등급 II의 구조물	등가정적 해석법 또는 동적 해석법
2. 상기 1항 이외의 높이 70 m 미만의 정형 구조물	등가정적 해석법 또는 동적 해석법
3. 비정형성이면서 높이가 5층 또는 20 m를 초과하는 구조물 또는 높이가 70 m를 초과하는 정형 구조물	동적 해석법
4. 평면 및 수직 비정형성을 가지는 기타 구조물	동적 해석법

사. 등가정적 해석법

㉮ 밑면 전단력

지진에 의한 건물의 밑면 전단력은 다음 식 (14)에 의해서 구한다.

$$V = C_s W \qquad (14)$$

여기서, C_s : 지진응답계수

W : 고정하중과 다음에 서술한 하중을 포함한 유효건물 중량

- 창고로 쓰이는 공간은 적재하중의 최소 25%(공용차고와 개방 주차장의 적재하중은 포함하지 않음)
- 바닥하중 산정시 간막이 하중이 포함될 경우, 간막이의 실제중량과 0.5 kN/m² 중 큰 값
- 영구설비의 총 하중
- 적설하중이 1.5 kN/m²이 넘는 평지붕의 경우, 평지붕 적설하중의 20%

㉯ 지진응답계수

지진응답계수는 다음 식 (15)로 구한다.

$$C_s = \frac{S_{D1}}{\left(\frac{R}{I_E}\right)T} \qquad (15)$$

식 (15)에 의해서 산출된 지진응답계수는 다음 값(식 16)을 초과하지 않아도 된다.

$$C_s = \frac{S_{DS}}{\left(\frac{R}{I_E}\right)} \qquad (16)$$

그러나 지진응답계수는 다음 값(식 17) 이상이어야 한다.

$$C_s = 0.044\, S_{DS}\, I_E \qquad (17)$$

여기서, I_E : 건물의 중요도 계수

R : 반응수정계수

S_{DS} : 단주기 설계 스펙트럼 가속도

S_{D1} : 주기 1초에서의 설계 스펙트럼 가속도

T : 건물의 고유주기(초)

㉰ 주기산정법

건물의 기본진동주기는 다음 식 (18)에 따라 산정한다.

$$T_a = C_T h_n^{3/4} \tag{18}$$

여기서, C_T : 0.085(철근콘크리트)

0.073(철근콘크리트 모멘트골조, 철골 가새 골조)

0049(기타 다른 건물)

h_n : 건물의 밑면으로부터 최상층까지의 높이(m)

㉱ 지진력의 수직분포

밑면 전단력을 수직 분포시킨 층 횡하중은 다음 식 (19)~(20)에 따라 계산한다.

$$F_x = C_{vx} V \tag{19}$$

$$C_{vx} = \frac{w_X h_x^k}{\sum_{i=1}^{n} w_i h_i^k} \tag{20}$$

여기서, C_{vx}: 수직분포계수

k : 건물주기에 따른 분포계수

$k=1$: 0.5초 이하의 주기를 가진 건물

$k=2$: 2.5초 이상의 주기를 가진 건물(단, 0.5초와 2.5초 사이의 주기를 가진 건물에서는 k는 1과 2 사이의 값을 직선 보정하여 구한다)

h_i, h_x : 밑면으로부터 i 또는 x층까지의 높이

V : 밑면 전단력

w_i, w_x : i 또는 x층 바닥에서의 중량

n : 층수

㉲ 수평전단력분포

x층에서의 층 전단력은 다음 식 (21)에 의해서 계산한다.

$$V_x = \sum_{i=x}^{n} F_i \tag{21}$$

여기서, F_i : i층 바닥에 작용하는 지진력

㉥ 지진력 저항 시스템

밑면전단력, 부재력 및 층간변위를 계산할 때는 다음 표 2-25를 사용한다.

표 2-25 지진력 저항 시스템에 대한 설계계수

기본 지진력 저항시스템	설 계 계 수		
	반응수정계수	시스템초과강도계수	변위증폭계수
1. 내력벽시스템			
1-a 철근 콘크리트 전단벽	4.5	2.5	4
1-b 철근보강조적전단벽	2.5	2.5	1.5
1-c 무보강 조적전단벽	1.5	2.5	1.5
2. 건물골조시스템			
2-a 철골 편심 가새 골조 (모멘트저항접합)	8	2	4
2-b 철골 편심 가새 골조 (비모멘트 저항접합)	7	2	4
2-c 철골 중심 가새 골조	5	2	4.5
2-d 철골 강판 전단벽	6.5	2.5	5.5
2-e 철근콘크리트 전단벽	5	2.5	4.5
2-f 철근보강 조적 전단벽	3	2.5	2
2-g 모보강 조적 전단벽	1.5	2.5	1.5
3. 모멘트－저항 골조 시스템			
3-a 철근모멘트 골조	6	3	3.5
3-b 철근콘크리트 중간 모멘트골조	5	3	4.5
3-c 철근콘크리트 보통 모멘트 골조	3	3	2.5
4. 중간 모멘트골조를 가진 이중 골조 시스템			
4-a 철골 가새 골조	5	2.5	4.5
4-b 철근콘크리트 전단벽	5.5	2.5	4.5
4-c 철골 강판 전단벽	6.5	2.5	5
4-d 철근보강 조적 전단벽	3	3	2.5
5. 역추형 시스템			
5-a 캔틸레버 기둥 시스템	2.5	2	2.5
5-b 철골 모멘트 골조	1.25	2	2.5
6. 기타 구조			
6-a 기타 구조	3	2	2.5

2) 하중산정

건축물이 외력에 견디기 위해서는 건축물에 작용되는 내외적 외력에 충분히 견딜 수 있는 단면이 요구된다. 이러한 단면을 결정하기 위해서는 먼저 작용하는 하중의 크기를 정량화해야 한다. 다음으로는 하중에 의해서 건축물 각 구조요소에 발생되는 부재력의 결정이다. 기둥부재에 발생되는 압축력, 모멘트 및 전단력 그리고 보부재에 작용되는 모멘트, 전단력 또한 슬래브에 작용되는 모멘트 등이 부재력이다. 따라서 각 구조부재는 부재력에 견딜 수 있는 단면의 크기가 요구된다.

(1) 하중산정

하중은 건축물의 내부와 외부에 작용하는 모든 하중을 고려해야 하며, 일반적으로 건축물에 작용되는 하중은 고정하중, 적재하중, 풍하중 및 지진하중이다.

① 고정하중 및 적재하중

가. 바닥하중 산정

바닥 슬래브에 작용하는 하중으로는 철근콘크리트와 바닥마감 및 천장재료 등의 고정하중와 적재하중이다. 슬래브의 고정하중은 철근콘크리트의 단위중량(24k N/m³)에 두께를 곱하여 산출한다. 슬래브의 고정하중은 각 층별의 고정하중의 계산 후 합산으로 구한다(표 2-26, 27, 28).

표 2-26 옥상층 바닥하중

항 목	하중값	비 고
방수 및 마감	1.1	
슬래브(T=130 mm)	3.14	
천장마감	0.2	
고정하중	4.44 kN/m²	
적재하중	2.00 kN/m²	

표 2-27 각층 바닥하중

항 목	하중값	비 고
방수 및 마감	1.0	
슬래브($T=130$ mm)	3.14	
천장마감	0.2	
고정하중	4.44 kN/m²	
적재하중	2.00 kN/m²	

표 2-28 각층 바닥하중

항 목	하중값	비 고
방수 및 마감	1.0	
슬래브($T=130$ mm)	3.14	
천장마감	0.2	
고정하중	4.44 kN/m²	
적재하중	2.00 kN/m²	

나. 벽체하중 산정

간막이 벽체로 사용되는 시멘트 벽돌의 하중은 시멘트 벽돌의 쌓기 방식의 고정하중과 모르타르의 단위중량(20 kN/m³)에 벽체 두께를 곱한 고정하중을 합산하여 계산한다(표 2-29). 철근콘크리트에 의한 내력벽체는 단위중량에 벽체 두께를 곱하여 산출한다(표 2-30).

표 2-29 시멘트 벽돌 쌓기(1.0B)

항 목	하중값	비 고
시멘트 벽돌쌓기	3.8	1.0B
모르타르($T=130$ mm)	0.6	
고정하중	4.4 kN/m²	

표 2-30 철근콘크리트 내력벽

항 목	하중값	비 고
콘크리트 내력벽체($T=200$)	4.8	
모르타르($T=130$ mm)	0.6	
고정하중	5.4 kN/m²	

② 풍하중 산정

풍하중을 산정하기 위해서는 건축물이 설계되는 지역에 대한 정보가 요구된다. 따라서 본 교재에서는 4층이고(기준층의 높이는 4.7 m이고, 각 층의 높이는 4.2 m로 가정한다), 건축물 바닥의 형태는 다음 그림 2-8과 같으며, 풍하중 계산을 위한 고려사항으로서 위치는 강원도 삼척, 기본풍속 35 m/sec, 노풍도 B ($a=0.22$, $Z_g=400$ m, $Z_b=15$ m, $G_f=2.2$), 중요도계수 1.1, 지형에 따른 풍속할증계수 1.0, 건물높이 17.3 m로 가정한다.

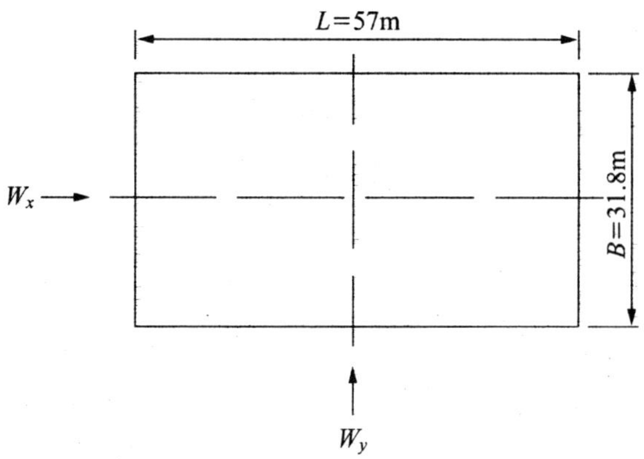

그림 2-8 해당 기준층 바닥면적

가. 지붕면에서의 설계속도압

지붕면 평균높이에 대한 설계속도압(q_h)과 설계풍속(V_h)은 다음과 같다.

$$q_h = \frac{1}{2}\rho V_h^2, \quad V_h = V_o K_{zr} K_{zt} I_w$$

따라서, $V_h = V_o K_{zr} K_{zt} I_w = 35 \times 0.843 \times 1.0 \times 1.1 = 32.45(\mathrm{m/sec})$

$$q_h = \frac{1}{2}\rho V_h{}^2 = 0.5 \times 1.25 \times 32.45^2 = 658.13(\mathrm{N/m^2})$$

㉮ x 방향의 외압계수

$L/B = 57/31.8 = 1.79$

$C_{pe1} = 0.8,\ C_{pe2} = -0.5$

㉠ x 방향의 풍하중(기준층 기준, 높이 4.2 m)

$K_{zr} - 0.81$

$V_z = V_o K_{zr} K_{zt} I_w = 35 \times 0.81 \times 1.0 \times 1.1 = 31.19$ (m/sec)

$q_z = \frac{1}{2} \rho V_z^{\,2} = 0.5 \times 1.25 \times 31.19^2 = 608.01$ (N/m²)

$p_f = q_z G_f C_{pe1} - q_h G_f C_{pe2}$

$= 608.1 \times 2.2 \times 0.8 - 658.13 \times 2.2 \times (-0.5) = 1794.19$ N

$W_f = p_f A = 1794.19 \times$ [31.8(길이) × 4.2(높이)] = 239,632N = 239.6 kN

x, y 방향의 풍하중의 크기는 다음 표 2-31, 표 2-32와 같다.

표 2-31 x 방향의 풍하중 크기

층	Z(m)	K_{zr}	V_z (m/s)	q_z (N/m²)	q_h (N/m²)	p_{fxi} (N/m²)	A (m²)	W_{fxi} (kN)
지붕층	17.3	0.843	32.45	658.13	658.13	1882.20	133.56	251.3
4	13.1	0.810	31.19	608.01		1794.19	133.56	239.6
3	8.9	0.810	31.19	608.01		1794.19	133.56	239.6
2	4.7	0.810	31.19	608.01		1794.19	149.46	268.2
합계								998.7

표 2-32 y 방향의 풍하중 크기

층	Z(m)	K_{zr}	V_z (m/s)	q_z (N/m²)	q_h (N/m²)	p_{fxi} (N/m²)	A (m²)	W_{fxi} (kN)
지붕층	17.3	0.843	32.45	658.13	658.13	1882.20	239.4	450.6
4	13.1	0.810	31.19	608.01		1794.19	239.4	429.5
3	8.9	0.810	31.19	608.01		1794.19	239.4	429.5
2	4.7	0.810	31.19	608.01		1794.19	267.9	480.6
합계								1,790.2

2. 건축구조 부재의 종류

건축물을 형성하는 부재는 수직으로 하중을 전달하는 기둥 및 벽체 그리고 하중을 수평으로 전달하는 보 및 바닥부재로 대별할 수 있다. 이와 같이 하중을 수직 및 수평방향으로 전달하여 부재를 주요 구조부재라고 한다.

1) 기둥

건축물에 작용하는 하중을 수직방향으로 전달하는 중요한 부재로서, 상부의 기둥으로부터 전달되는 하중과 각 층의 보부재에서 전달되는 하중을 모두 하부방향으로 전달하는 역할을 수행한다. 따라서 기둥부재의 손상은 전체 구조물의 안전성에 절대적으로 영향을 미치게 되므로 설계부터 시공 및 유지관리에 소홀해서는 안된다. 기둥을 형성하는 재료는 매우 다양하다. 건축물의 화재 시 인명과 재산보호를 목적으로 요구되는 내화성능 확보에서 기둥은 내력 유지성능이 요구된다. 따라서 일정 규모 이상의 건축물은 건축법규에서 요구하는 일정 시간동안 내력이 유지될 수 있는 구조로서 기둥부재를 설계, 시공하여야 한다. 기둥부재에 사용되는 주요 형식은 철근콘크리트 및 철골조 그리고 철골・철근 콘크리트가 대표적이며, 중소규모 건축물의 기둥에 사용되는 재료로서는 벽돌, 블록, 석재, 나무 등이 있다(그림 2-9).

철골기둥시공　　철골철근콘크리트기둥　　내화피복기둥

그림 2-9 기둥부재

2) 벽체

벽체는 공간을 구획하는 역할을 하고 있으며, 상부로부터의 하중을 하부로 전달하는 역할에 따라서 내력벽체와 비내력벽체로 구분된다.

(1) 힘 전달에 의한 분류

① 내력벽체

철근콘크리트벽체(그림 2-10)와 프리캐스트콘크리트벽체(PC) 및 냉간성형강재(그림

그림 2-10 철근콘크리트 내력벽체

그림 2-11 냉간성형강 내력벽체

2-11)로 구성된 스터드벽체는 상부의 하중을 아래의 구조부재로 전달하는 역할을 하므로 내력벽체라 한다. 내력벽체는 공간의 분할역할과 더불어 하중전달 역할을 수행하므로 반드시 하중에 대한 저항의 능력을 검증한 후, 적정한 단면을 사용하여야만 한다. 내력벽체는 하중의 전달역할을 수행하기 때문에 공간내부에서 임의로 해체 및 이동을 할 수 없으며, 해체 및 이동이 요구되는 경우에는 구조기술자의 검증이 요구된다. 또한 내력벽체는 화재 발생 시 내력의 지속적인 유지가 요구되고, 화재의 전파를 억제해야 한다. 따라서 내화구조로서의 내력벽체는 내력 유지성능과 차열성과 단열성이 모두 요구된다.

② 비내력벽체

비내력벽체는 하중의 전달은 하지 않고, 다만 공간의 분할역할을 한다. 따라서 공간내부에서 설치 및 이동이 용이하다. 비내력벽체는 내력적 기능보다는 주거 성능적 기능을 더 많이 요구한다. 따라서, 차음성능과 단열성능이 요구되나 내화성능 중 내력 유지성능은 요구되지 않는다. 비내력벽체를 구성하는 구조는 벽돌과 블록에 의한 조적조, 경량형강에 의한 경량간막이 등이 많이 사용되고 있다(그림 2-12).

그림 2-12 조적조 비내력벽체

3) 보

일반적으로 건축물은 수평부재(보, 바닥)와 수직부재(기둥, 벽체)로 형성되며, 수평부재는 건축물의 바닥에 작용하는 하중을 모아서 수직부재로 전달한다. 바닥에 작용하는 하중을 모아서 기둥부재로 전달하기 위해서는 바닥하부에 보부재를 형성하게 된다. 즉, 바닥에 작용하는 하중은 보부재로 전달되고, 보부재의 양단부에 설치된 기둥부재로 전달된다. 보부재는 해당 층 바닥부재에 작용되는 하중만을 전달하는 역할이므로 화재와 같은 고열상황에서는 기둥부재보다 다소 낮은 내화성능이 요구되는 것이 일반적이며, 보부재의 손상은 해당 바닥구획의 안전성에 한정된다. 보부재를 형성하는 재료는 콘크리트를 주재료를 사용하고 있으며, 강재와 목재 등이 사용된다(그림 2-13). 보부재는 휨에 저항하는 특성이 요구되므로 재료의 강도측면보다는 단면 2차 모멘트$\left(I=\dfrac{bh^2}{12}\right)$가 큰 단면이 요구된다. 따라서 보부재는 단면의 높이가 단면의 폭보다 큰 모양으로 형성된다.

그림 2-13 강재 보

4) 바닥

건축물의 주요 기능은 재실과 보관이다. 따라서 이러한 활동과 적재를 위해서는 일정한 바닥이 요구된다. 바닥에 작용하는 하중은 재실자와 해당 건축물의 용도에 적합한 비품과 물건이다. 따라서 바닥은 작용하는 하중에 구조적인 처짐에서 안전성이 확보되어야 하고, 재실자의 불쾌감을 주지 않는 정도의 휨 성능을 만족하여야 한다. 화재 발생 시의 바닥의 역할은 붕괴되지 않아야 하며(내력 유지성능), 방화적 기능이 동시에 충족되어야 한다. 즉, 차염성과 단열성이 동시에 만족되어야 한다. 바닥은 그림 2-14와 같이 철근콘크리트 구조물에서는 콘크리트와 철근에 의해서 형성되고, 철골조에서는 데크 플레이트를 이용한 바닥판이 시공된다(그림 2-15). 품질확보와 짧은 공기의 장점을 활용한 프리캐스트 콘크리트 구조에서는 PC판과 하프 PC바닥판 시공이 가능하다. 또한 일부 단 스팬의 경우는 ALC (Autoclaved Light Weighted Concrete)를 사용하는 경우도 있다.

그림 2-14 철근콘크리트 바닥

그림 2-15 데크플레이트 바닥

2-2 구조시스템 및 구조설계

1. 구조계획

건축물은 지속적인 외력의 작용에 견디도록 설계, 시공 및 유지관리가 되어야 한다. 따라서 건축구조는 다양한 구조요소의 유기적 결합으로 외력에 저항해야 하며, 건축주와 설계자의 의도를 충족시키고, 사회적 요구수준을 만족시켜야 하며 경제적으로도 효율성을 가져야 한다.

구조계획은 건축설계 단계부터 고려되어야 하는 과정으로써 건물의 용도에 적합하고 모든 외력에 대하여 안전하도록, 즉 강도[13]와 강성[14]이 유지되도록 구조 시스템을 결정하

13) 강도(強度), Strength) : 재료의 견디는 정도

14) 강성(剛性), Stiffness) : 모양이 변화되지 않는 성질

여야 한다. 동시에 시공성 및 경제성 그리고 향후 유지관리의 효율성을 고려하여 최적적의 건물설계가 가능하도록 계획하여야 한다. 이러한 요구사항을 만족시키기 위한 구조계획에는 구조시스템결정과 구조설계 과정이 필요하다.

1) 구조 시스템

구조 시스템이란 외력에 저항하는 다양한 구조 요소[15)]의 상호 결합된 형태를 의미하며, 재료에 따라 구분하는 구조체의 종류와 연결방법으로 구분하는 구조형식으로 대별된다.

- 구조체 종류 : 철골조, 철근콘크리트조, 철골철근콘크리트조 등
- 구조 형식 : 강접 골조, 골조 + 전단벽, 가새 골조 등

(1) 형태별 분류

① 강접 골조 시스템

강접 골조 시스템이란 그림 2-16과 같이 수평부재인 보와 수직부재인 기둥이 강접합 된 구조시스템을 말한다. 강접합이란 콘크리트의 일체화 시공이나 용접과 같이 두 개의 부재

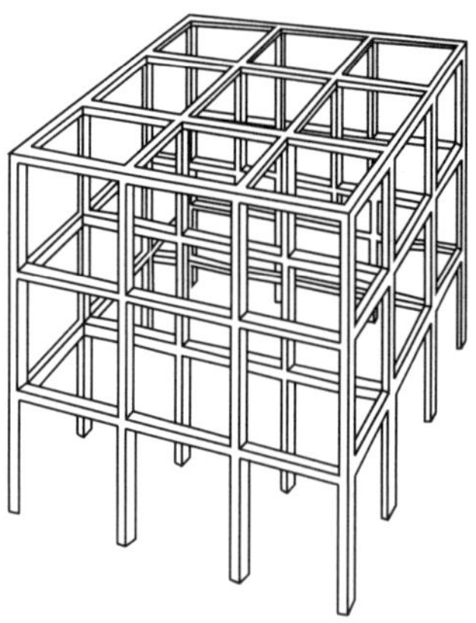

그림 2-16 강접 골조 시스템

15) 구조물을 형성하는 기둥, 보, 벽체, 슬래브 등을 말한다.

가 하나의 부재로 거동하는 일체화 접합을 의미한다. 이러한 보와 기둥의 접합은 항상 90° 의 각도를 유지하며 이러한 골조를 라멘(Rahmen)구조라고도 한다.

강접 골조 시스템은 수평력에 대한 강성이 작으므로 과다한 수평변위가 발생하기 쉬우며, 전단변형에 의한 수평변위가 크므로 기둥보다 보의 강성을 크게 할 필요가 있다. 이러한 단점을 보완하기 위해서는 골조의 중앙부에 전단벽을 보강하거나 외부에 가새를 보강하는 방법이 있다. 강접 골조 시스템으로 철근콘크리트 건물은 약 20층, 철골조 건축물은 약 30층 규모가 적합하다.

② 골조－전단벽[16] 시스템

앞서 기술한 강접 골조 시스템의 단점인 수평하중에 대한 단점을 보완하기 위하여 강접 골조 시스템을 가진 건축물의 중앙부 및 필요한 곳에 전단벽을 보강한 시스템이다(그림 2-17). 전단벽은 바람이나 지진 등으로 유발되는 횡력에 효과적으로 저항하기 위한 벽체로서 철근콘크리트나 강판보강 벽체로 설계, 시공되며 주로 엘리베이터와 계단실의 벽체로 구획된다. 골조와 전단벽 시스템으로 설계, 시공되는 규모는 약 40～50층으로 알려져 있다.

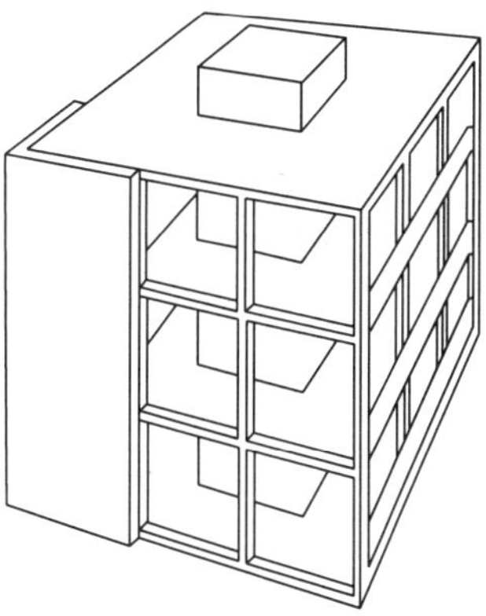

그림 2-17 골조–전단벽 시스템

16) 풍력, 지진력에 의해서 발생되는 전단력을 그 면 내에서 저항하는 벽

③ 가새 골조 시스템

가새 골조 시스템 또한 강접 골조 시스템의 단점을 보완하는 시스템이다. 강접 골조의 외주부와 필요한 공간에 인장과 압축을 동시에 전달할 수 있는 가새(Brace)부재를 시공하는 시스템이다(그림 2-18). 일반적으로 가새 골조 시스템은 약 50층 규모에 적합한 것으로 알려져 있다.

그림 2-18 가새 골조 시스템

④ 벽식 구조 시스템

우리 나라 고층 아파트의 대부분을 차지하는 형식이 벽식 구조 시스템이다. 본 시스템은 바닥하중을 전달하는 중간 매개체인 보부재가 생략된 형식이다. 따라서 슬래브의 하중을 그 하부의 내력벽체가 전달하는 시스템이다. 즉, 내력벽체와 콘크리트 슬래브로 구성된 시스템이다(그림 2-19). 벽식 구조 시스템은 단일한 공간이 수평 및 수직적으로 반복, 형성되는 아파트, 호텔, 병원 그리고 학교 등의 용도에 적합한 시스템이다.

그림 2-19 벽식 구조 시스템

(2) 재료별 분류

① 철근콘크리트 구조

철근콘크리트 구조는 철근과 콘크리트의 장점을 유기적으로 결합한 구조로서 현대 건축물에 있어서는 철골 구조와 더불어서 매우 중요한 시스템이다. 콘크리트는 압축력에 강한 특성을 가지고 있으나 인장력은 압축력의 약 1/10 수준에도 미치지 못하는 능력을 가지고 있어 휘어지는 부재 17)의 재료로서는 적용하는 것이 불가능하다. 따라서 인장력이 작용되는 위치에는 인장력에 강한 특성을 가지는 재료를 설치함으로써 그 단점을 보완하는 새로운 시스템의 개발이 요구되었다. 이러한 단점을 보완할 수 있는 재료로서는 철근과 구조용 플라스틱이 가능하지만 대량생산과 경제성의 이유로 철근이 사용되고 있다.

그림 2-20에서는 철근 콘크리트 구조체의 거동 메커니즘에 대해서 간단하게 설명하고 있다. 그림의 (a)는 콘크리트로 만들어진 보부재이며, 작용하는 힘이 아래 방향에서 윗 방향으로 작용하게 되면(윗면이 볼록하게 됨), 보부재의 아래쪽은 압축력이 작용하고 반대

17) 휘어진다는 것은, 부재의 한쪽에는 인장력이 작용하고 다른 한쪽에는 압축력이 작용한다는 의미를 가진다.

측은 인장력이 작용하게 된다. 이러한 상황에서 보 아래쪽의 콘크리트는 압축력에 상당한 저항력을 보이게 되어 건전한 상태를 유지하는 반면, 위쪽은 인장력이 발생함으로써 콘크리트는 저항능력이 거의 없는 상태로 진전된다. 따라서 보부재의 상부측은 인장력이 작용하는 방향의 직교방향으로 균열이 가기 시작하여 최종적으로는 파단에 이르게 된다. 이러한 단점을 보완하기 위하여 콘크리트 상단의 인장 측에 인장력에 강한 저항능력을 가진 철근을 배근한다. 물론 보부재의 휨 방향이 아래 측으로 향하게 되면(아랫면이 볼록하게 됨) 아래측이 인장력이 작용하게 되므로 철근은 보부재의 하부 면에 배근하면 된다.

(a) 콘크리트 (b) 보강철근 콘크리트

그림 2-20 철근콘크리트 거동 매커니즘

이와 같은 특성을 가진 철근콘크리트 구조는 철골 구조에 비해서 경제성과 시공성, 내화성이 우수하며, 부동태 피막의 형성으로 철근의 부식을 방지함으로써 내구성이 뛰어난 장점을 가지고 있다.

반면, 콘크리트의 인장강도가 압축강도의 1/10 수준이며, 인장부에서 균열과 취성파괴가 발생된다. 또한 콘크리트 타설에 의한 거푸집과 지주의 사용에 의한 거푸집 공사비는 철근콘크리트 공사비의 약 50%를 차지하며, 압축강도에 비해서 무게가 중량이다(압축강도 210 kgf/cm², 2400 kgf/m²).

강재

SS 400(항복강도 2400 kgf/cm², 중량 7800 kgf/m³)

콘크리트에 비해서 중량은 3배 정도 무거우나 강도는 10배 이상 크다.

② 철골 구조

구조용 강재는 약 1600℃의 고로에서 만들어진 선철을 원료로 전로의 제강공정을 통하여 만들어지며, 현대의 고층 건축물 출현에 이정표를 세운 재료이다. 고층 건축물의 주요 구조부에 적용되는 부재는 주로 H형강이며(그림 2-21), 용접과 접합에 의하여 시공된다. 철골 구조는 콘크리트와 다른 구조 재료에 비해서 강도(强度)와 인성(靭性)에서 매우 우수하며, 설계의 자유도가 높기 때문에 조형물에도 자주 이용되고 있다.

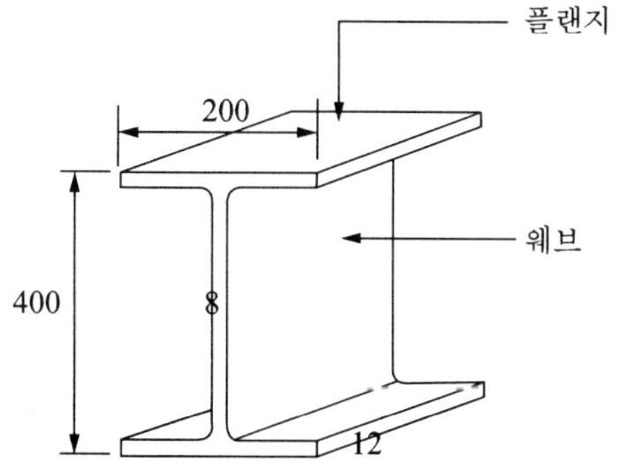

그림 2-21 H－400×200×8×12의 표기방법

철골 구조는 높은 강도로 인하여 구조체의 단면적을 줄일 수 있으며(내부 실내공간의 극대화 추구), 지진이나 바람과 같은 횡력에 의한 변형을 흡수할 수 있는 연성의 성질을 가지고 있으며, 공장에서 대량생산 과정을 거치므로 고품질과 물량확보가 용이한 장점이 있다. 또한 철골구조는 공장생산, 현장조립과정을 거치므로 기후의 변화에도 크게 영향을 받지 않고 시공이 가능하다.

반면, 철골 구조는 화재와 같은 고열에서 내력 저하가 발생하고, 녹이 발생되는 단점을 가지고 있다. 또한 기둥부재와 같이 세장(細長)한 부재는 좌굴[18]하는 특성이 있으므로 단면의 보강이 요구된다. 철골구조의 내화성능 확보는 내화피복재의 도포, 철근의 콘크리트의 피복 및 내화도료 시공 등으로 이루어지고 있으며, 녹 발생은 주기적인 도장을 실시함으로써 발생주기를 지연시킬 수 있다.

18) 최대내력에 도달되기 전에 부재가 휘어지는 현상으로서 부재의 한도까지 사용하지 못한다.

③ 철골철근콘크리트 구조

철골구조에 철근과 콘크리트를 배근 및 타설함으로써 합성효과를 극대화한 구조를 철골철근콘크리트 구조라고 한다(그림 2-22). 철골철근콘크리트 구조는 철골구조를 근간으로 하고 철근과 콘크리트가 보강되는 구조이므로, 구조적인 능력을 향상과 철골자체의 내화성과 방청성을 콘크리트가 보완한 매우 이상적인 구조이다. 따라서 장스팬, 고층 건축물에 적합한 구조 시스템이다. 철골철근콘크리트 구조의 장점은 철근콘크리트 구조에 비해서 내력, 강성이 높기 때문에 장스팬, 고층화에 보다 유리하며, 세장한 부재의 좌굴 우려가 없다는 것이다. 또한 내화성과 내구성도 우수하다.

반면, 철골철근콘크리트 구조는 철근콘크리트 구조에 비해서 철골이라는 구조재료가 추가됨으로써 공사비가 증대되고, 철근콘크리트의 습식특성으로 인해 공사기간이 길어지게 되는 단점이 있다.

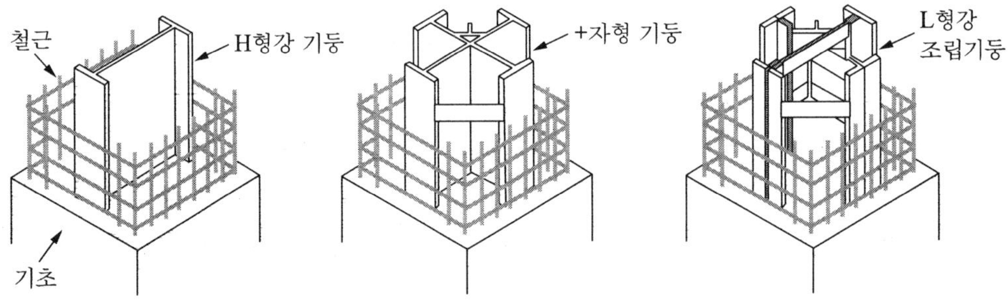

그림 2-22 철골철근콘크리트(SRC조)

2) 구조설계

건축물의 시공과정과 완성단계에서 우리 눈으로 확인할 수 있는 단면의 결정은 구조설계과정에서 결정된다. 즉, 건축물의 용도에 적합한 사용성과 경제성 그리고 시공성 등을 고려하여 결정된 구조 시스템의 보다 구체화 작업의 단계가 구조설계 과정이다. 구조설정 과정에는 구조물에 작용하는 다양한 하중의 계산, 부재력[19]의 계산 그리고 단면설계 및 도면화 작업이 포함된다.

부재력의 계산은 단순한 경우는 수작업으로 진행되지만, 다수 층으로 이루어지는 골조의 부재력 계산은 컴퓨터 프로그램을 활용하여 진행되는 것이 일반적이다. 단면설계는 철근콘크리트 구조기준, 철골 구조기준 등의 다양한 구조기준에 적합하도록 단면의 설계가 진행되어야 한다. 건축물의 구조 결정과정은 다음 그림 2-23과 같다.

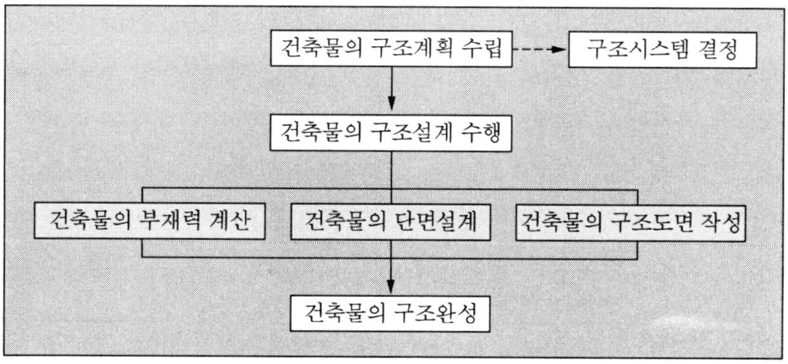

그림 2-23 건축물의 구조 결정과정

2-3 구조역학

역학이란 힘의 작용에 의해서 발생되는 결과를 유도하는 학문이며, 건축구조 역학이란 건축구조물에 작용하는 외력(하중)에 의해서 건축부재, 즉 기둥, 보부재 등의 내부에 생기는 응력과 변형을 연구하는 학문이다. 따라서 건축구조역학이란 건축구조물에 작용하는 힘을 계산하여야 하며, 이 힘에 의해서 각 부재에 생기는 인장력[20], 압축력[21], 전단력[22], 모멘트[23] 등의 부재력을 계산하고, 보부재와 바닥의 처짐을 계산하는 과정이다.

19) 압축력, 인장력, 전단력, 모멘트 등 부재에 작용되는 응력
20) 임의의 점을 중심으로 양측에서 잡아당기는 힘, 즉 부재를 당기는 힘
21) 임의의 점을 중심으로 양측에서 미는 힘, 즉 부재를 누르려는 힘
22) 임의의 부재를 자르려는 힘
23) 임의의 물체를 회전시키려는 능력

1. 힘과 모멘트

1) 힘(Force)

힘이란 물체를 운동시키는 원천을 의미한다. 즉, 정지하고 있는 물체는 계속적으로 정지하고자 하나, 여기에 힘을 가하게 되면 물체는 움직이게 된다. 이와 같이 정지하고 있는 물체를 움직이게 하거나, 움직이는 물체의 방향을 전환시키거나 방향을 바꾸는 원인을 힘이라 한다.

힘의 3요소는 힘의 크기, 방향과 작용점이다(그림 2-24). 힘의 크기는 선분의 길이로 표현되고, 방향은 화살표, 작용점은 화살표의 끝으로 표현된다.

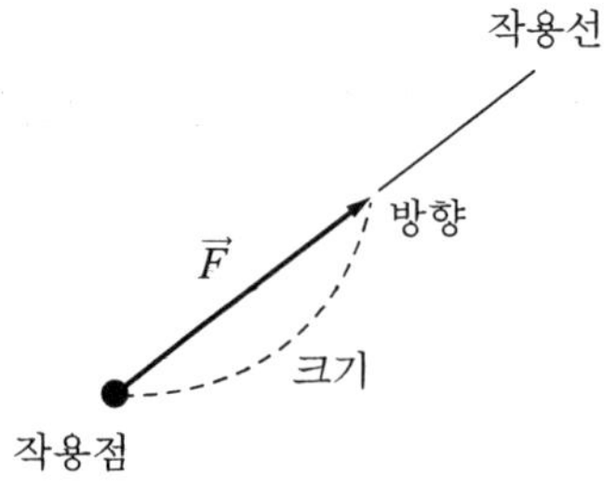

그림 2-24 힘의 3요소

2) 모멘트(Moment)

그림 2-25에서와 같이 한 점 A에 힘 P가 작용하면 물체는 O점을 중심으로 회전하려고 한다. 이와 같이 임의의 한 점을 중심으로 회전하려고 하는 힘의 회전능력을 힘의 모멘트라고 한다.

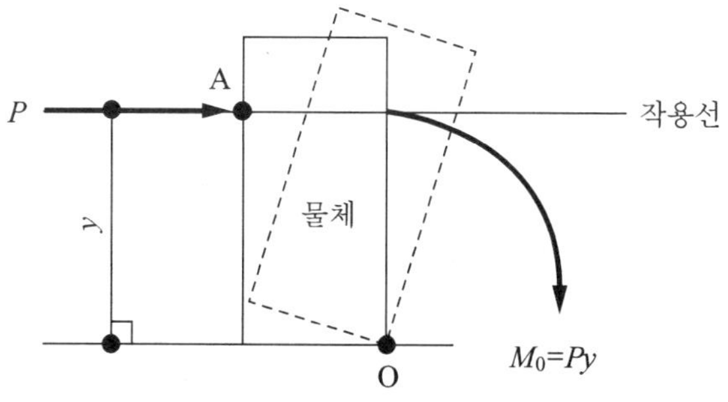

그림 2-25 힘의 모멘트

힘의 모멘트 크기는 다음 식 (22)로 나타낸다.

$$M_0 = P \cdot y \tag{22}$$

여기서, M_0 : O점에 대한 힘 P의 모멘트(kgf · m)

P : 힘의 크기(kgf, tonf)

y : 수직거리(m)

회전방향이 시계방향이면 (+), 회전방향이 반시계방향이면 (−)로 표현한다.

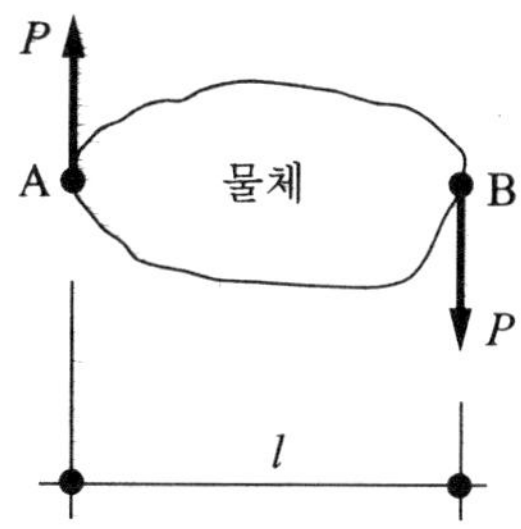

그림 2-26 짝힘

한 물체에 작용하는 힘의 크기가 동일하고 방향이 반대인 힘이 작용하면 해당 물체는 회전하게 된다. 이와 같은 한 쌍의 힘을 짝힘(우력)이라고 하며(그림 2-26), 모멘트의 크기는 식 (23)과 같다.

$$M = P \cdot \ell \tag{23}$$

여기서, P : 힘의 크기(kgf, tonf)

ℓ : 힘 사이의 수직거리(m)

모멘트의 종류에는 여러 가지가 있다. 우리가 일상 생활에서 느낄 수 있는 모멘트는 출입구 손잡이를 돌리는 행위, 시이소를 타는 것, 음료수 병뚜껑을 돌리는 행동, 스패너로 너트를 조이는 행동 및 운전대를 회전시키는 행동 등이 있으며, 건축 구조물의 모멘트에는 횡력(지진, 바람)이 건물에 작용하여 건물을 회전시키려는 능력도 포함된다.

2. 건축구조와 표시방법

1) 지점(Supporting point)

구조물 전체가 지반에 연결된 위치를 의미한다. 지점에는 다음 표 2-33 및 그림 2-27과 같은 종류와 특징이 있다. 롤러와 같이 수평으로는 이동이 가능하나 수직으로 이동이 불가능하다. 따라서 수직으로의 반력이 발생되며, 수평으로는 반력이 발생되지 않는다.

표 2-33 지점의 특징

지 점	반력의 방향	반력수	비 고
이동단(roller support)	수직반력	1개	지지대 직각방향
회전단(hinged support)	수직반력 수평반력	2개	수직 · 수평 반력을 합성하면 1개의 반력으로 표시할 수 있다. 그러나 일반적으로는 분해된 2개의 수직 · 수평 반력으로 취급한다.
고정단(fixed support)	수직반력 수평반력 반작용모멘트	3개	이동단, 회전단보다 지지력이 튼튼한 지점이다.

종류	구 조	설 명	기 호	반력수
이동단 (roller)	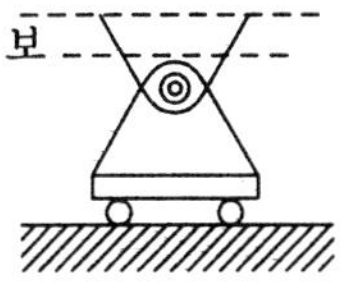	수평으로 이동 가능(○) 수직으로 이동 불가능(×) 회전자유(○)	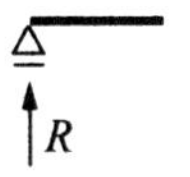	반력수 : 1개 R(수직반력)
회전단 (hinge)	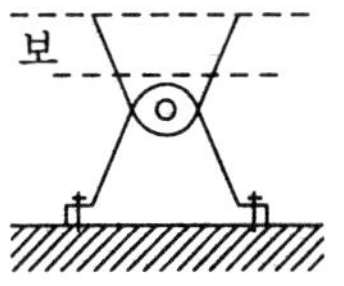	수평으로 이동 불가능(×) 수직으로 이동 불가능(×) 회전자유(○)	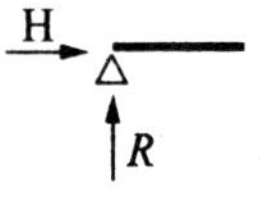	반력수 : 2개 H(수평반력) R(수직반력)
고정단 (fixed)		수평으로 이동 불가능(×) 수직으로 이동 불가능(×) 회전자유(×)	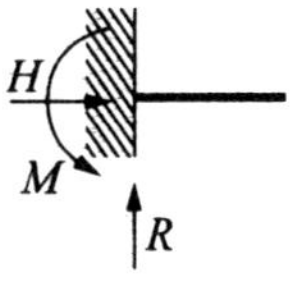	반력수 : 3개 H(수평반력) R(수직반력) m (반작용모멘트)

그림 2-27 지점의 종류

회전단은 힌지와 같이 작용하는 것으로서 수평으로의 이동은 불가능하고 회전만이 허용되는 지점이다. 따라서 수평과 수직방향으로의 반력이 발생되고 모멘트의 발생은 일어나지 않는 조건이다.

다음으로는 수평방향과 수직방향 그리고 회전 자체가 발생되지 않는 조건인 고정단이다. 따라서 수직, 수평 및 모멘트에 대한 반력이 발생하게 된다.

2) 절점(Joint)

구조체를 형성하는 각 부재간의 연결점을 절점이라고 하며, 다음 표 2-34와 같은 종류가 있다. 활절점(힌지, 핀)은 목조와 같은 가구식 골조에서 사용되는 절점조건으로써 부재간의 회전이 발생한다. 반면 강절점은 연결 부재의 회전이 구속되는 조건이다. 강절점은 철근콘크리트 구조체와 용접으로 시공된 강구조체의 절점조건이다.

표 2-34 절점의 특징

종류	구조	설명	기호	응력수
활절점 (hinge, pin)	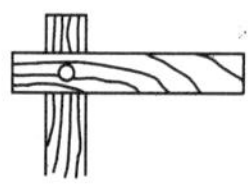	목조의 볼트접합과 같이 부재 끝이 자유롭게 회전할 수 있도록 한 회전절점	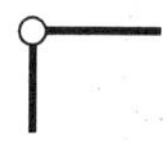	응력수 : 2개 N(축방향력) V(전단력)
강절점 (rigid)	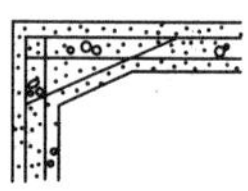	철근콘크리트 라멘구조와 같이 뼈대구조물에서 부재 상호간의 각도가 회전할 수 없게 결합된 고정 절점		응력수 : 3개 N(축방향력) V(전단력) M(휨모멘트)

3) 구조물의 표시방법

구조물을 형태와 지지조건에 따라서 분류하면 다음과 같다.

(1) 기둥(Column)

축방향으로 압축력을 받는 부재로서 다음 그림 2-28과 같은 종류가 있다.

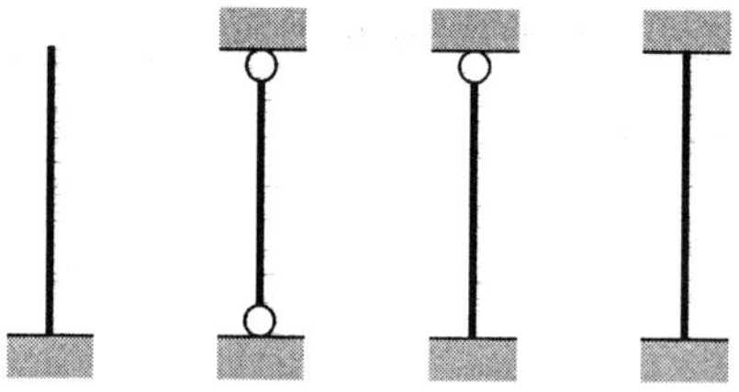

그림 2-28 기둥부재

(2) 보(Beam)

선형부재가 몇 개의 지점 위에 놓여진 상태에 따라서 다음 그림 2-29와 같은 종류로 구분된다.

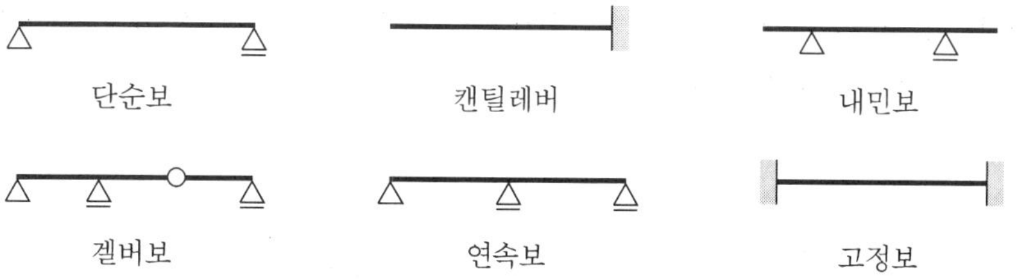

그림 2-29 보의 종류

(3) 라멘(Rahmen)

철근콘크리트조와 강구조물의 구조체와 같이 기둥부재와 보부재가 강절(rigid)로 구성된 골조를 말한다. 라멘은 정정[24] 라멘과 부정정[25] 라멘으로 구분된다(그림 2-30).

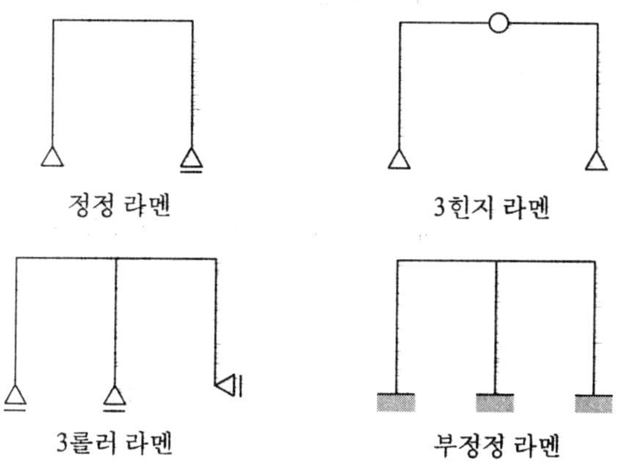

그림 2-30 라멘의 종류

(4) 트러스(Truss)

선재로 구성되며, 형태는 삼각형을 유지하고 각 선재에는 인장력과 압축력만 전달되고

24) Statically determinate, 힘의 평형조건으로 미지수가 구해지는 조건

25) Statically indeterminate, 힘의 평형조건만으로 미지수가 구해지지 않는 조건. 부정정 차수가 높을수록 안정된 구조물이다.

(그림 2-31), 전단력과 모멘트의 발생은 일어나지 않는다. 따라서 부재의 단면은 강절 조건에서의 부재단면에 비해서 작다.

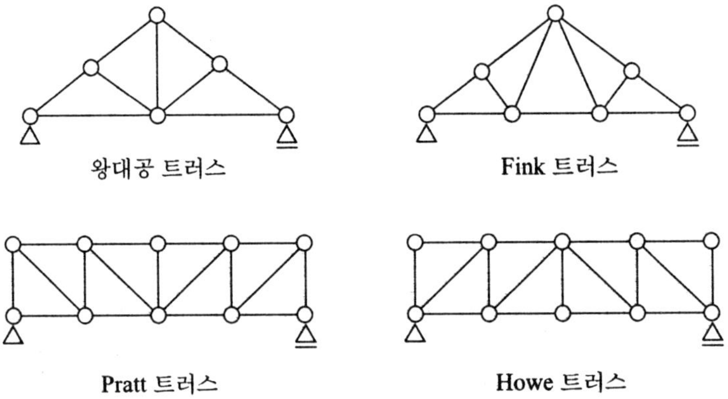

그림 2-31 트러스의 종류

(5) 아치(Arch)

부재축이 곡선으로 이루어진 부재이다. 볼트와 돔을 형성하는 구조부재이며 압축력을 전달한다(그림 2-32)

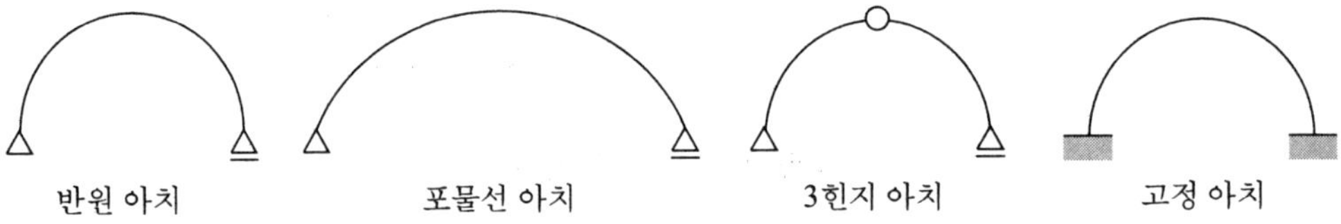

그림 2-32 아치의 종류

4) 반력(Reaction)

반력이란, 작용하는 외력에 대응하여 그 구조물의 지점에서 반작용으로 발생되는 힘이다. 즉, 지점의 종류에 따라서 다음 표 2-35와 같은 반력과 반력수가 발생된다.

표 2-35 반력의 종류와 반력수

지점의 종류	반 력	반력수(개)	비 고
이동단	수직반력	1	
회전단	수평, 수직반력	2	
고정단	수직반력, 수평반력, 모멘트	3	모멘트는 반작용 모멘트이다.

(1) 단순보의 반력계산

① 집중하중

단순보란 한쪽의 단부가 이동단이고, 다른 단부의 지점조건이 회전단으로 구성된 보를 나타낸다. 단순보에 집중하중이 작용할 경우의 지점 반력을 구하는 방식은 다음 식 (24)~(25)와 같다(그림 2-33).

$$\begin{aligned} R_A &= \frac{\text{지점 } B\text{에 작용하는 모멘트의 합}}{\text{스팬}} \\ &= \frac{(P_1 b_1 + P_2 b_2)}{\ell} \\ &= \frac{1}{\ell}(P_1 b_1 + P_2 b_2) \end{aligned} \tag{24}$$

$$\begin{aligned} R_B &= \frac{\text{지점 } A\text{에 작용하는 모멘트의 합}}{\text{스팬}} \\ &= \frac{(P_1 a_1 + P_2 a_2)}{\ell} \\ &= \frac{1}{\ell}(P_1 a_1 + P_2 a_2) \end{aligned} \tag{25}$$

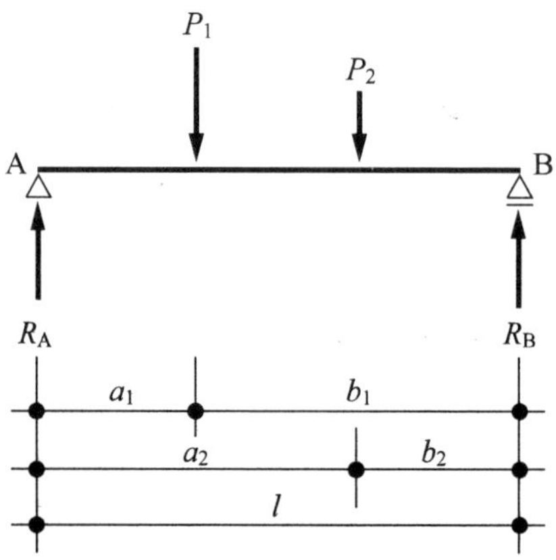

그림 2-33 단순보에 작용하는 집중하중

가. 하중(P)이 한 개만 작용하는 경우

그림 2-34와 같이 하중(P)이 한 개 작용할 때는 다음 식 (26)~(27)과 같이 계산된다.

$$R_A = \frac{P_b}{\ell} \tag{26}$$

$$R_B = \frac{P_a}{\ell} \tag{27}$$

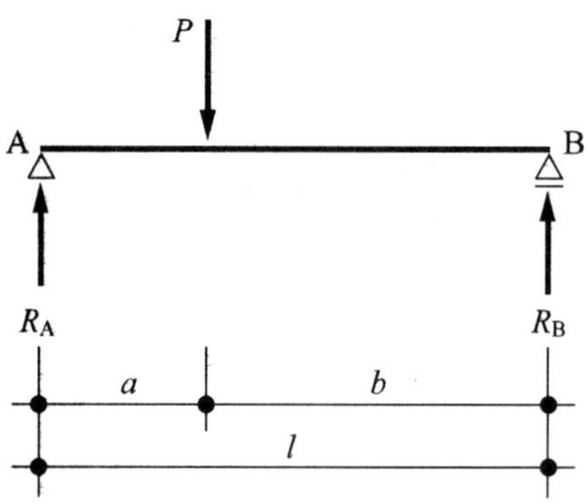

그림 2-34 집중하중이 한 개가 작용하는 단순보

나. 경사 하중(P)이 작용하는 경우

하중이 경사지게 작용하는 경우(그림 2-35)는 하중을 x방향과 y방향으로 분해(그림 2-36)한 이후에 x축의 합과 y축의 합으로 반력을 계산하며, 그 결과는 식 (28)~(30)과 같다.

$$R_A = \frac{P_b}{\ell}\sin\theta \tag{28}$$

$$R_B = \frac{P_a}{\ell}\sin\theta \tag{29}$$

$$H_A = P\cos\theta \tag{30}$$

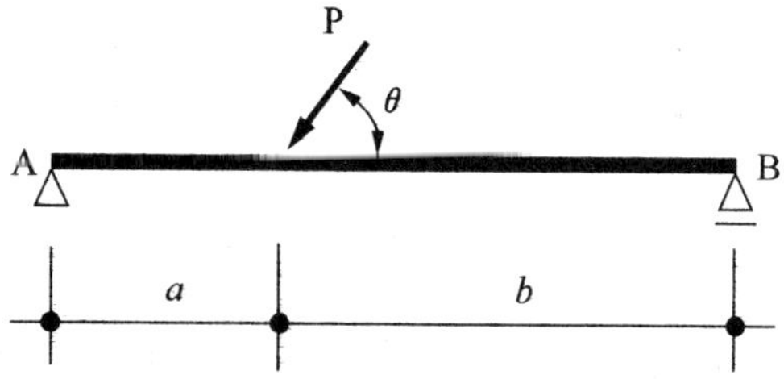

그림 2-35 경사진 하중이 작용하는 단순보

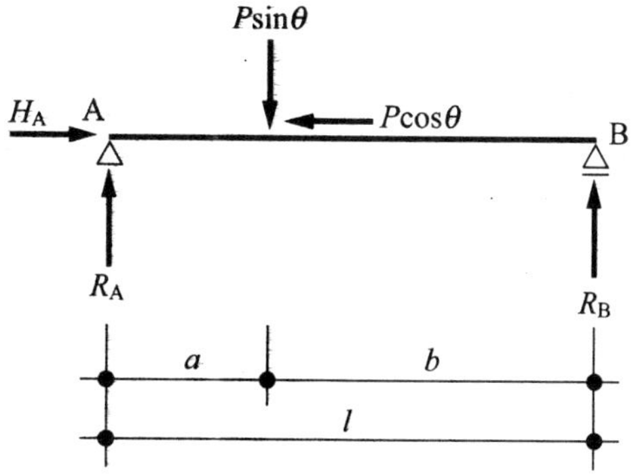

그림 2-36 힘의 분해(수평과 수직)

② 등분포하중

그림 2-37과 같이 등분포하중이 작용하는 경우의 반력은 식 (31)~(32)와 같이 계산한다.

$$R_A = \frac{전체하중}{2} = \frac{\omega \ell}{2} \tag{31}$$

$$R_B = \frac{전체하중}{2} = \frac{\omega \ell}{2} \tag{32}$$

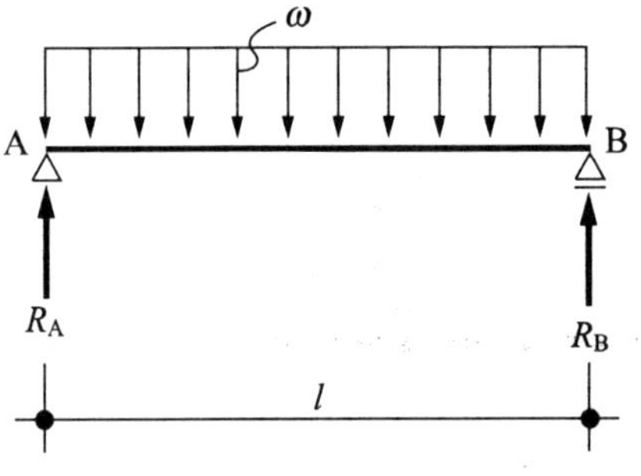

그림 2-37 등분포하중이 작용하는 단순보

③ 등변분포하중

이등변 삼각형와 같은 하중이 작용하는 단순보에서의 반력은 삼각형 하중을 삼각형 중심에 작용하는 집중하중으로 보고 계산한다(그림 2-38). 즉, A지점은 삼각형 하중을 1/3을 부담하고, B지점은 2/3를 부담한다. 따라서 A, B점의 반력은 다음 식 (33)~(34)와 같이 계산한다.

$$R_A = \frac{1}{3}(삼각형\ 하중) = \frac{1}{3}\frac{\omega \ell}{2} = \frac{\omega \ell}{6} \tag{33}$$

$$R_B = \frac{2}{3}(삼각형\ 하중) = \frac{2}{3}\frac{\omega \ell}{2} = \frac{\omega \ell}{3} \tag{34}$$

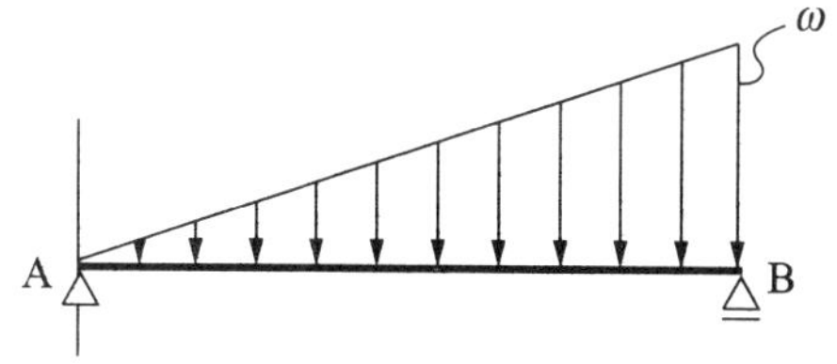

그림 2-38 등변분포하중이 작용하는 단순보

④ 대칭하중

그림 2-39와 같이 정삼각형의 하중이 작용하는 단순보의 경우는 등변분포하중이 작용하는 경우와 동일한 개념으로 계산할 수 있다. 즉, 삼각형 하중을 삼각형 중심에 작용하는 집중하중으로 변환하면 단순보의 중앙에 작용하게 된다. 따라서 각 지점은 삼각형 하중의 1/2씩 부담하게 된다(식 35~36).

$$R_A = \frac{1}{2}(\text{삼각형 하중}) = \frac{1}{2}\frac{\omega\ell}{2} = \frac{\omega\ell}{4} \tag{35}$$

$$R_B = \frac{1}{2}(\text{삼각형 하중}) = \frac{1}{2}\frac{\omega\ell}{2} = \frac{\omega\ell}{4} \tag{36}$$

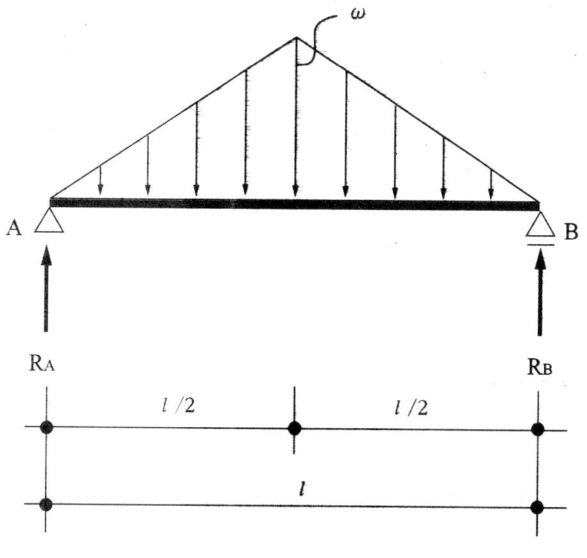

그림 2-39 대칭하중이 작용하는 단순보

3. 단면력

1) 외력과 단면력

외력이란 구조체의 외부로부터 구조체에 작용하는 힘을 나타내고, 단면력이란 구조체를 구성하는 부재에 외력이 작용하였을 때 구조부재가 붕괴되지 않고 평형을 이룬 상태에서 내부에 발생되는 저항력을 의미하며, 응력 및 내력이라고도 한다.

2) 단면력의 종류

단면의 내부에 발생되는 힘은 크게 세 가지로 구분된다. 첫 번째는 물체를 자르려는 힘인 전단력, 두 번째는 부재를 휘게 하려는 능력인 모멘트, 그리고 세 번째는 부재를 줄이거나 늘이려는 축방향력이다. 외력에 의해서 부재에 생기는 단면력(전단력, 모멘트, 축방향력)을 표현하기 위해서 각각의 단면력도를 부재의 축을 중심으로 그린다.

(1) 전단력(Shear force)

임의의 부재를 부재 축과 직각 방향으로 자르려고 하는 힘이다(표 2-36). 부호는 Q, V 또는 S로 표현하고 단위는 kgf, tf이다. 전단력의 부호는 우력에 의해서 발생되는 우력 모멘트가 시계 방향이면 (+)이고, 우력 모멘트의 방향이 반 시계 방향이면 (−)이다.

전단력은 전단력도(Shear force diagram, S.F.D)로 나타내고 있으며, (+)는 부재의 윗면에 나타내고 (−)는 아랫면에 나타낸다(그림 2-40).

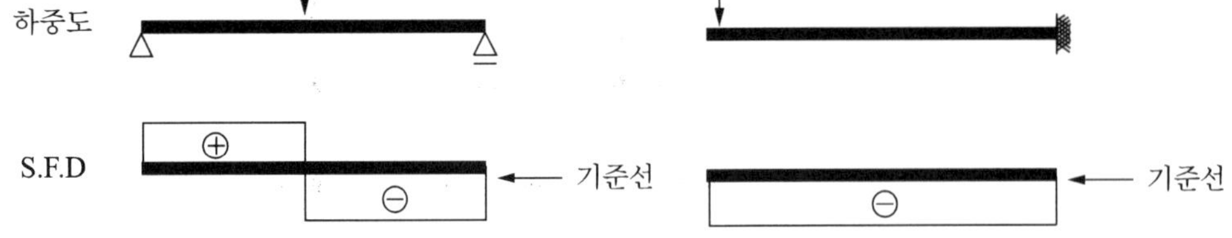

그림 2-40 전단력도

표 2-36 전단력

정(+)	부(-)
절단되려는 단면의 좌측에 상향의 힘이 작용하고 우측에 하향의 힘이 서로 맞서 절단하려는 것	절단되려는 단면의 좌측에 하향의 힘이 작용하고 우측에 상향의 힘이 서로 맞서 절단하려는 것
좌측이 상향 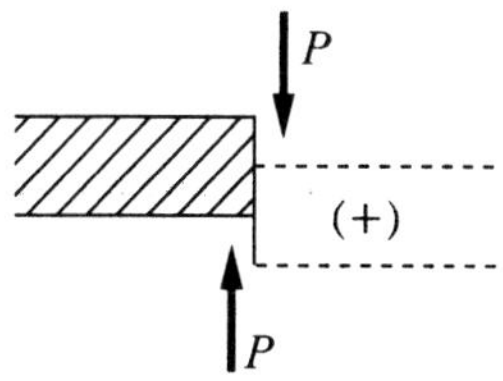 	좌측이 하향 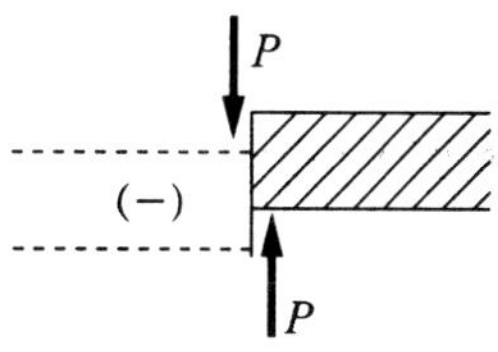

(2) 휨모멘트(Bending moment)

부재를 굽혀서 휘게 하려는 능력을 의미하고, 표 2-37의 특성을 가진다. 기호는 M을 사용하고, 단위는 힘과 거리의 곱으로 표현한다(kgfm, tfm) 휨모멘트의 방향은 휘어진 상

표 2-37 휨모멘트

정(+)	부(-)
부재의 하부측이 늘어나는 것	부재의 상부측이 늘어나는 것
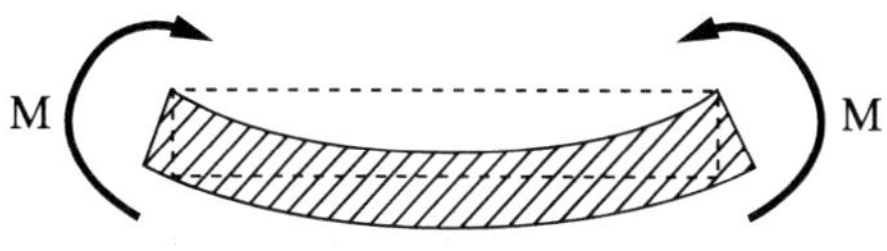 하부측 인장(+)	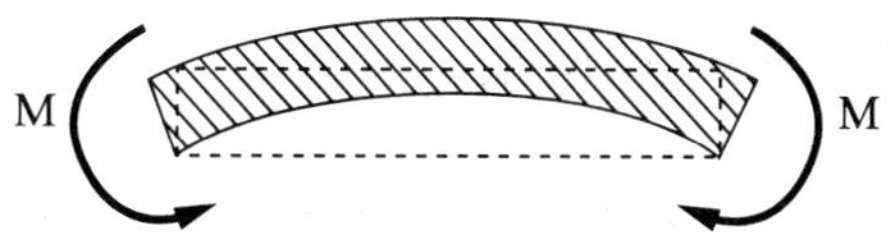 상부측 인장(−)
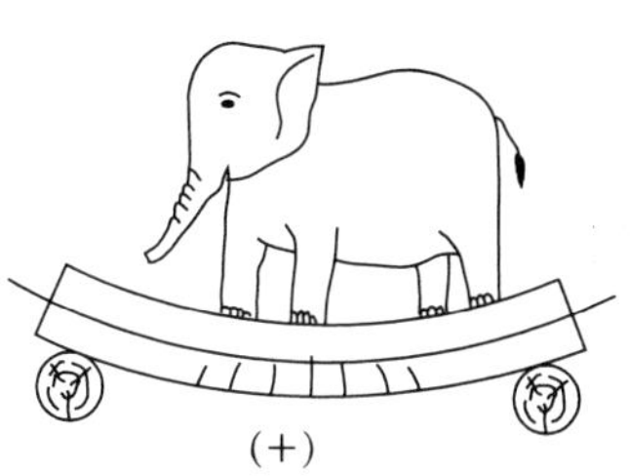 	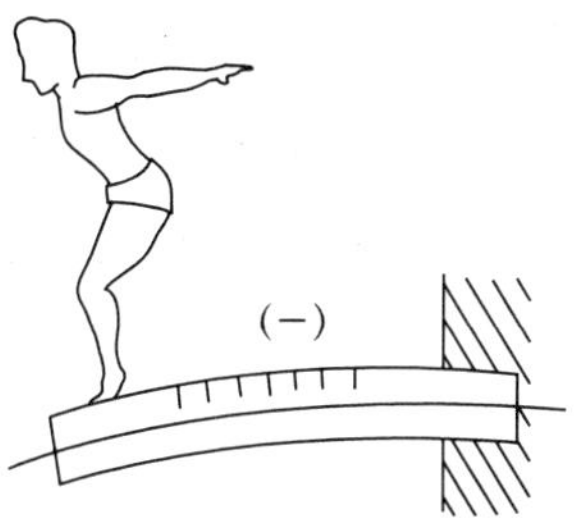

태의 부재가 아래쪽으로 볼록하면 (+)이고, 위쪽으로 볼록하면 (−)이다. 즉, 휘어진 부재의 아랫면이 인장이 작용하고 윗면이 압축이 작용하는 경우가 (+)이고, 아랫면이 압축이고 윗면이 인장인 경우가 (−)이다.

휨모멘트크기의 표현은 휨모멘트도(Bending moment diagram)로 나타내고, (+)는 부재의 중립축 아래에 표현하고 (−)는 중립축 위에 나타낸다(그림 2-41).

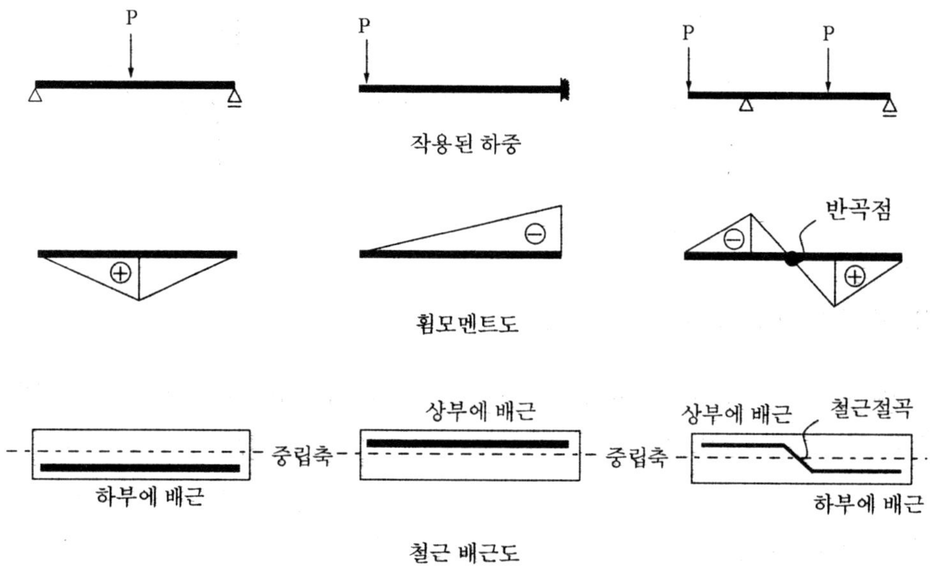

그림 2-41 휨모멘트도

(3) 축방향력(Axial force)

부재의 축방향으로 외력이 작용하는 경우를 의미하며, 부재를 수축하려는 힘을 압축, 부재를 늘이려는 힘을 인장이라고 한다(표 2-38). 기호는 N을 사용하고, 단위는 kgf, tf이며 인장의 경우를 (+)로 표시하고, 압축을 (−)로 나타낸다.

축방향력의 크기는 축방향력도(Axial force diagram)로 나타낸다. (+), 즉 인장은 기준선(부재의 중립축)의 하단에 도시하고 (−), 즉 압축은 기준선의 상단에 나타낸다(그림 2-42).

표 2-38 축방향력

정(+)	부(-)
부재가 인장을 받을 때	부재가 압축을 받을 때
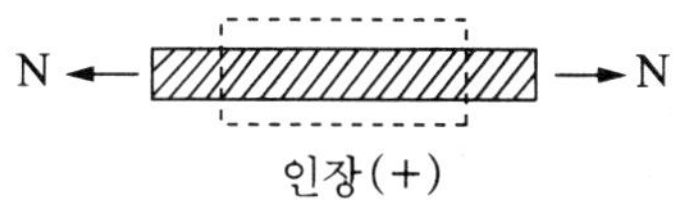	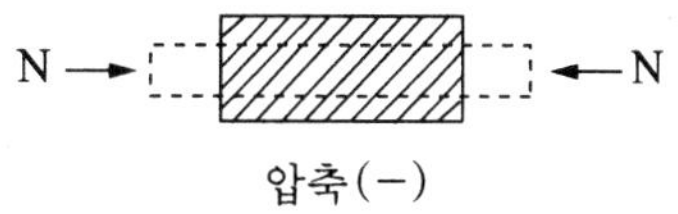

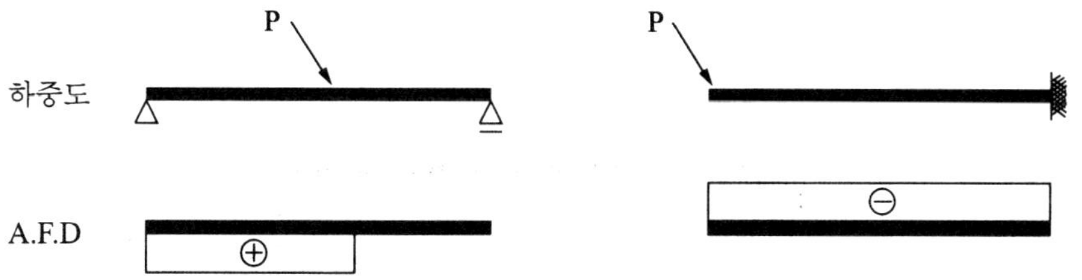

그림 2-42 축방향력도

3) 단면력 계산

(1) 단순보

① 집중하중이 작용할 경우

보의 한 쪽 끝부분이 이동단이고, 다른 한 끝부분이 회전단으로 구성된 보부재를 단순

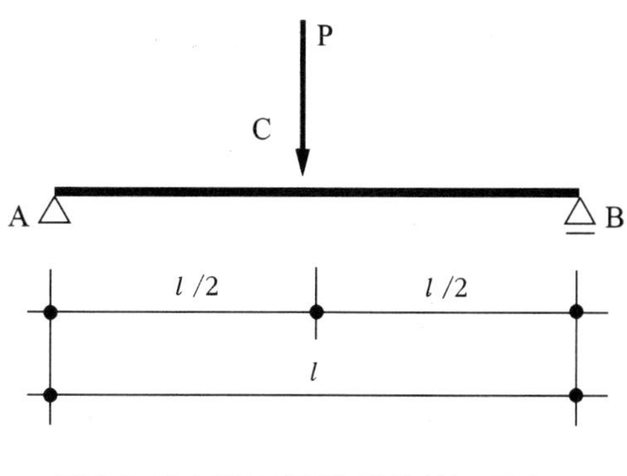

그림 3-43 집중하중이 작용하는 단순보

보라고 한다. 단순보의 정 중앙부분에 집중하중(P)이 작용할 경우(그림 2-43)에 보부재에 발생되는 단면력(전단력, 휨모멘트 및 축방향력)을 계산하고, 그 결과를 단면력도에 표현하면 다음과 같다.

가. 반력

반력은 양쪽 지점이 대칭이므로 $R_a = R_b = \frac{\text{작용하중}}{2}$, 따라서 $R_a = R_b = \frac{P}{2}$이고, 반력의 결과는 그림 2-44와 같다.

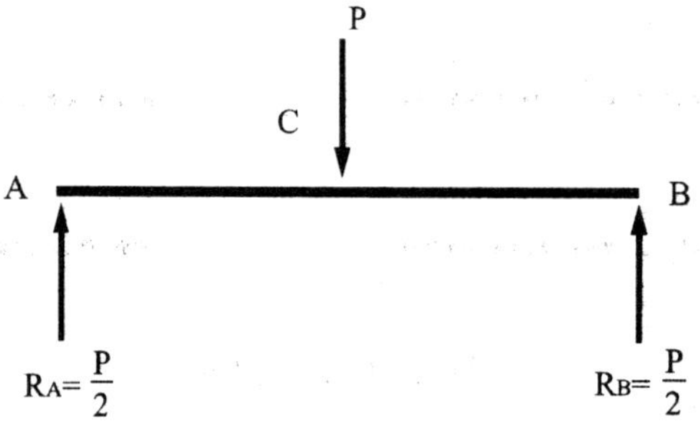

그림 2-44 반력의 결과

나. 단면력 계산

부재에서의 단면력을 구하려면 먼저 외력이 작용하는 구간을 나눈다.

㉮ A~C 구간

지점에서 임의의 거리인 x만큼 떨어진 단면의 왼쪽 구간에 작용하는 전단력은 지점 A의 반력만이 존재한다. 따라서, 전단력은 $V_x = R_a = \frac{P}{2}$이고, 모멘트는 $M_x = R_a \cdot x = \frac{Px}{2}$이다. 여기서 주의할 점은 전단력과 모멘트가 작용하는 방향이다. 전단력과 모멘트의 방향을 결정할 때는 다음 표 2-39~40을 참조하여 결정한다.

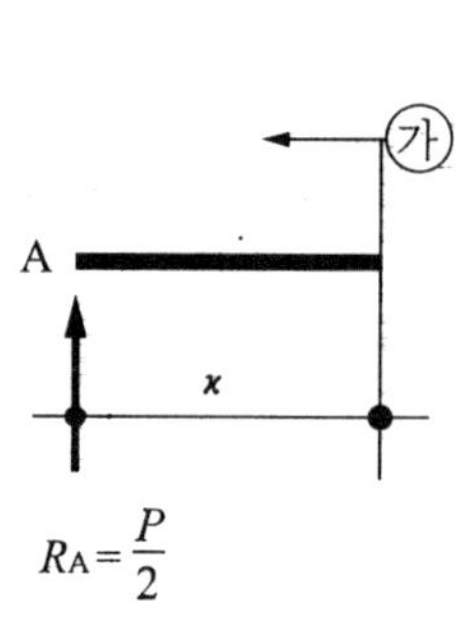

그림 2-45 임의의 점 x에서의 전단력

표 2-39 전단력 방향 결정방법

부호	단면의 왼쪽에서 구할 경우	단면의 오른쪽에서 구할 경우
정(+)	외력의 작용방향이 상향(↑)	외력의 작용방향이 하향(↓)
부(−)	외력의 작용방향이 하향(↓)	외력의 작용방향이 상향(↑)

표 2-40 모멘트 방향 결정방법

부호	단면의 왼쪽에서 구할 경우	단면의 오른쪽에서 구할 경우
정(+)	시계방향의 회전인 경우	반시계방향의 회전인 경우
부(−)	반시계방향의 회전인 경우	시계방향의 회전인 경우

지점 A의 반력은 점 x의 우측에 위치하고 상향이므로 (+)의 방향을 가진다. 모멘트는 미지수 x의 일차 함수이므로 A지점에서 시작된 모멘트는 직선의 형태를 가지게 되며, A지점은 $x=0$인 위치이므로 $M_{x=0}=\frac{P\cdot 0}{2}=0$이 된다. 또한 하중 (P)이 작용하는 거리인 $x=\frac{\ell}{2}$에서의 모멘트는 $M_{x=\ell/2}=\frac{P}{2}\cdot\frac{\ell}{2}=\frac{P\ell}{4}$로서 최대 모멘트가 작용하는 위치가 된다.

㉯ C~B구간

자점 B에서 임의의 거리 x만큼 떨어진 단면의 우측에 작용하는 전단력은 지점 B의 반력만이 존재한다.

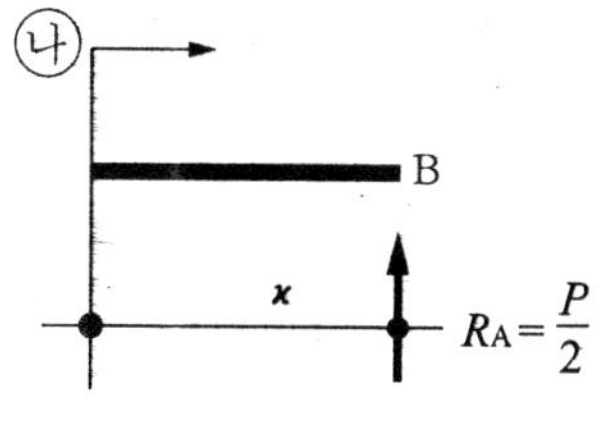

그림 2-46 임의의 점 x에서의 전단력

또한 전단력의 방향은 우측의 단면에서 외력이 상향으로 작용하고 있으므로 (−)이다. 모멘트의 경우는 우측의 단면에서 작용하는 힘의 방향이 반시계 방향이므로 (−)이다. 따라서, 전단력은 $V_x=-R_b=-\frac{P}{2}$이고, 모멘트는 $M_x=-(-R_b)\cdot x$

$= \dfrac{Px}{2}$ 이다.

하중(P)이 작용하는 $x = \dfrac{\ell}{2}$에서의 모멘트는 $M_{x=\ell/2} = \dfrac{P}{2} \cdot \dfrac{\ell}{2} = \dfrac{P\ell}{4}$이고, 이는 A~C구간에서 구한 모멘트 값과 일치한다. 따라서 단순보에서의 최대 모멘트는 보의 중앙에서 발생되며 그 최대값은 $M_{\max} = \dfrac{P\ell}{4}$이다. 각 구간에서 구한 전단력과 모멘트를 도식으로 표현하면 그림 2-47~48과 같다.

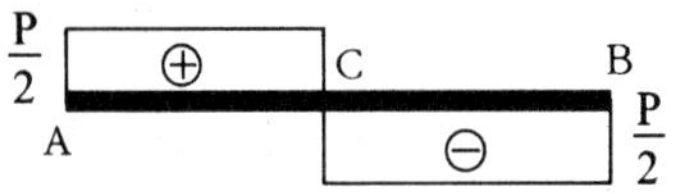

그림 2-47 전단력도(S.F.D)

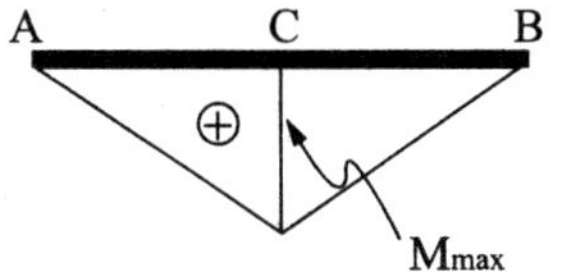

그림 2-48 모멘트도(B.M.D)

② 등분포하중이 작용할 경우

가. 반력계산

등분포하중이 작용하는 단순보(그림 2-49)의 지점 A, B의 반력은 작용하는 전체 외력의 절반이고 작용방향은 외력의 반대방향인 상향이다. 따라서,

$$R_a = R_b = \frac{\text{작용하중}}{2} = \frac{\omega\ell}{2}$$

외력의 도식은 그림 2-50에 나타내었다.

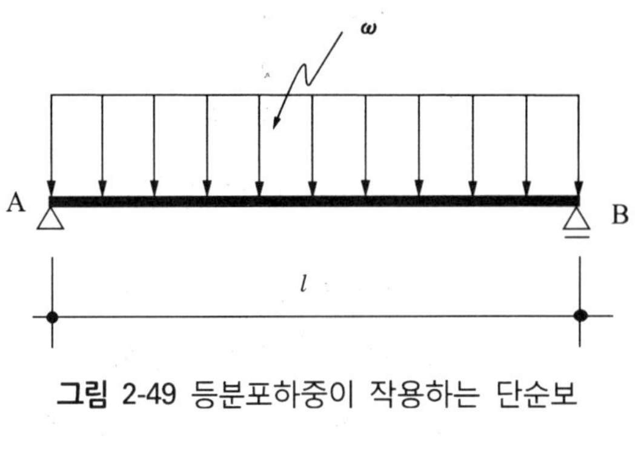

그림 2-49 등분포하중이 작용하는 단순보

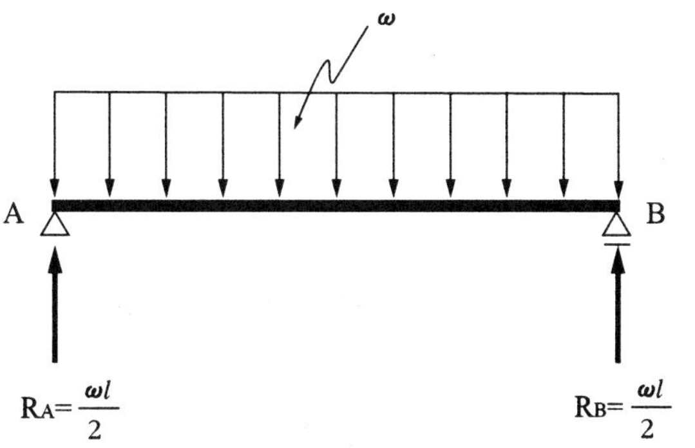

그림 2-50 반력 결과

나. 단면력 계산

단순보 지점 A에서 오른쪽의 임의의 길이인 x만큼 떨어진 단면의 왼쪽을 생각하고, 전단력과 모멘트를 계산한다.

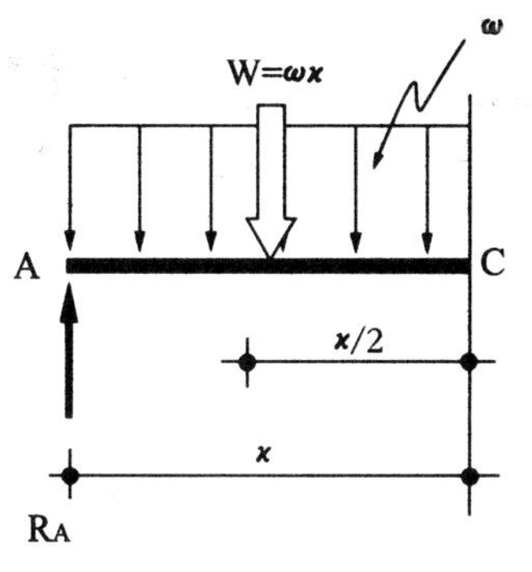

그림 2-51 임의의 점 x에서의 전단력

전단력을 계산할 때 작용하는 외력은 지점 A의 반력과 지점 A와 x까지 구간위에 작용하는 등분포하중이다. 따라서 전단력은 지점 반력(R_a)에서 A에서 x까지 작용하는 하중(ωx)을 고려한다. 작용방향은 단면의 왼쪽에서 고려하는 것이므로 반력은 상향이므로 (+)이고, 등분포하중은 하향이므로 (−)이다. 모멘트의 방향은 반력의 작용이 시계방향이므로 (+)이고, 등분포하중은 반시계 방향이므로 (−)이다.

- 전단력 : $V_x = R_a - \omega x = \dfrac{\omega \ell}{2} - \omega x$
- 모멘트 : $M_x = (R_a \cdot x) - \left[(\omega \cdot x) \cdot \left(\dfrac{x}{2}\right)\right] = \dfrac{\omega \ell}{2} x - \dfrac{wx^2}{2}$

위 결과에서 보듯이 전단력은 미지수 x에 대해서 1차식이므로 직선의 관계에 있고, 모멘트의 x에 대해서 2차식이다. 따라서 곡선의 형태를 나타내는 모멘트의 분포를 보인다. 등분포하중이 작용하는 단순보에서의 최대 모멘트는 전단력이 0이 되는 지점에서 발생된다. 즉, $V_x = 0$ 되는 지점을 찾고 $V_x = R_a - \omega x = \frac{\omega\ell}{2} - \omega x = 0$ 이 되려면 $\frac{\omega\ell}{2} - \omega x$, $= 0$, $x = \frac{\ell}{2}$ 이다. 즉, 보의 중앙부에서 최대 휨모멘트가 발생된다.

$$M_{x=\ell/2} = \frac{\omega\ell}{2}\left(\frac{\ell}{2}\right) - \frac{w\left(\frac{\ell}{2}\right)^2}{2} = \frac{\omega\ell^2}{4} - \frac{w\ell^2}{8} = \frac{w\ell^2}{8}$$

전단력과 모멘트에 대한 크기를 각각 그림 2-52~53에 나타내었다.

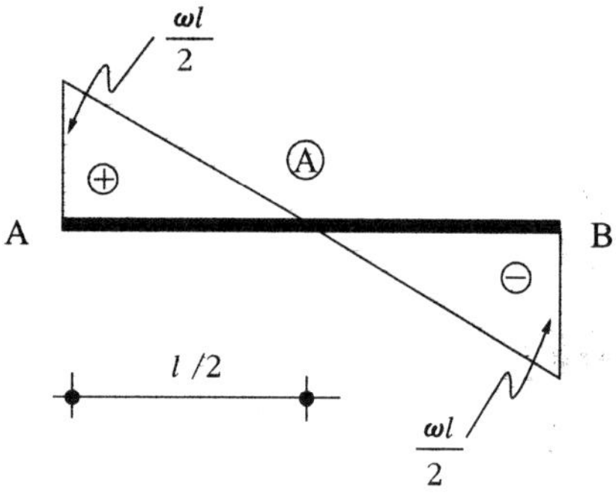

그림 2-52 전단력도(S.F.D)

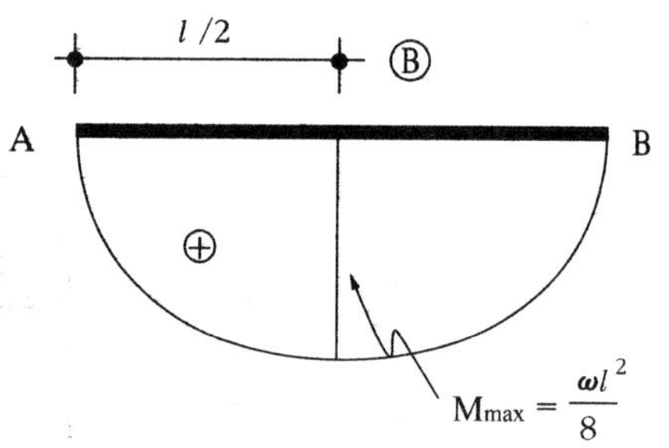

그림 2-53 모멘트도(B.F.D)

4. 단면의 성질

구조체에 작용하는 하중에 의해서 발생되는 단면력을 계산하는 경우 다양한 단면의 특징이 요구된다. 본 절에서는 구조체의 단면에서 발생되는 여러 가지 특징을 알아본다.

1) 단면 1차 모멘트

단면의 1차 모멘트란 xy평면에 놓인 임의의 단면을 미소 단면으로 분할하고(그림

2-54), 미소단면에서 x축 또는 y축까지의 거리의 곱을 모두 합산한 것을 말하며, 다음 식 (37)~(38)과 같다.

$$S_x = \int y \cdot dA \tag{37}$$

$$S_y = \int x \cdot dA \tag{38}$$

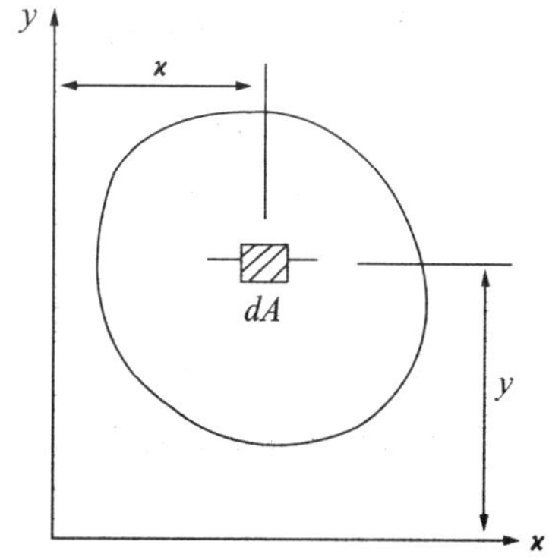

그림 2-54 도형

$\int dA$는 임의 단면을 모두 합산한 것이므로 A라고 표현한다. 따라서 위의 식은 다음과 같이 간단하게 다시 정리할 수 있다.

$$S_x = y_o A \tag{39}$$

$$S_y = x_o A \tag{40}$$

여기서, y_o : x축에서 단면의 중심까지 거리

x_o : y축에서 단면의 중심까지 거리

▌단면 1차 모멘트 계산 예▐

다음 그림 2-55와 같은 도형의 단면 1차 모멘트를 계산하시오.

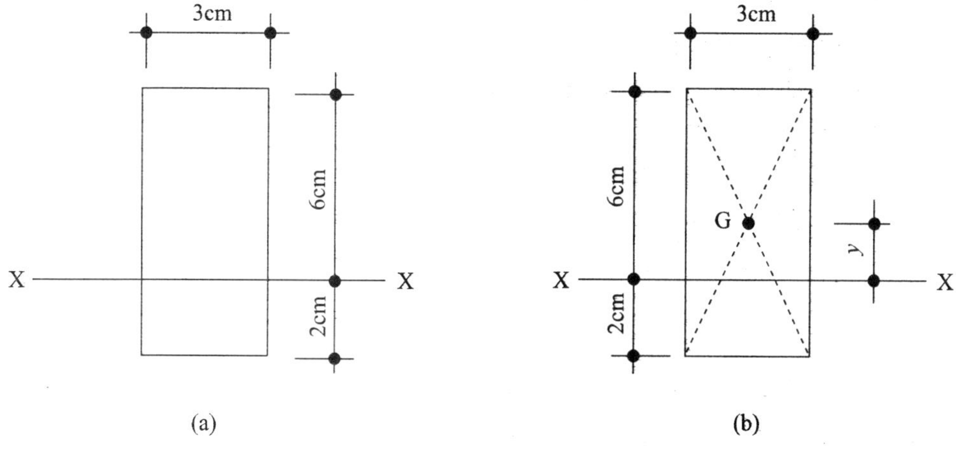

그림 2-55 도형

그림 (b)와 같이 하나의 도형으로 고려하면,

$A = 3\text{ cm} \times 8\text{ cm} = 24\text{ cm}^2$

$y = 8\text{ cm}/2 - 2\text{ cm} = 2\text{ cm}$

$S_x = A_y = 24\text{ cm}^2 \times 2\text{ cm} = 48\text{ cm}^3$

그림의 도형을 계산하기 편하도록 2개의 도형(그림 2-56)으로 분할하여 각각의 단면 1차 모멘트를 구한 후 2개 도형의 단면 1차 모멘트를 합산한다.

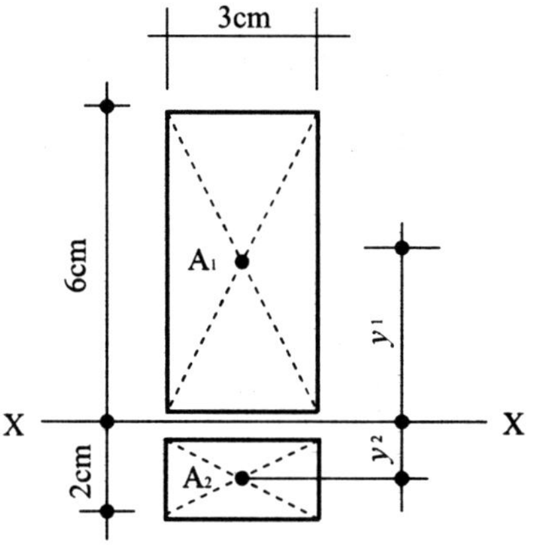

그림 2-56 도형 분할

a. A_1의 단면 1차 모멘트

$A_1 = 3\text{ cm} \times 6\text{ cm} = 18\text{ cm}^2$

$y_1 = 6\text{ cm}/2 = 3\text{ cm}$

따라서, 단면 1차 모멘트는 $S_x = 3 \times 18 = 54\text{ cm}^3$

b. A_2의 단면 1차 모멘트

$A_2 = 2\text{ cm} \times 3\text{ cm} = 6\text{cm}^2$

$y_1 = 2\text{cm}/2 = -1\text{ cm}$

따라서, $S_y = -6 \times 1 = -6\text{ cm}^3$

그러므로 제시된 도형의 단면 1차 모멘트는

$A_1 + A_2 = 54\text{ cm}^3 + (-6)\text{ cm}^3 = 48\text{ cm}^3$

2) 도심(도형의 중심)

도심은 xy평면 위에 있는 도형의 한 점을 지나는 모든 방향의 축에 대한 단면 1차 모멘트가 0이다. 그림 2-57과 같은 도형에서 도심을 구하는 방법은 다음 식 (41)~(42)와 같다. x축에서 도심까지의 거리를 y_o라고 하면

$$\begin{aligned} S_x &= \int y \cdot dA \\ &= \int (y_o + \bar{y}) dA \\ &= y_o \int dA + \int \bar{y} dA \ = y_o A + \int \bar{y} dA \\ &= y_o A + 0 = y_o A \end{aligned} \tag{41}$$

또한,

$$\begin{aligned} S_y &= \int x \cdot dA \\ &= \int (x_o + \bar{x}) dA \\ &= x_o \int dA + \int \bar{x} dA \ = x_o A + \int \bar{x} dA \\ &= x_o A + 0 = x_o A \end{aligned} \tag{42}$$

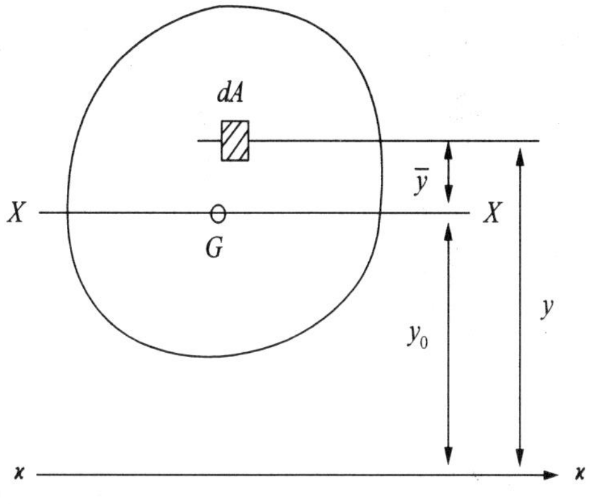

그림 2-57 도심

그러므로

$$\begin{cases} x_o = \dfrac{S_y}{A} \\ y_o = \dfrac{S_x}{A} \end{cases}$$

▌ 도심 계산 예 ▌

다음 그림 2-58과 같은 도형의 중심을 계산하시오.

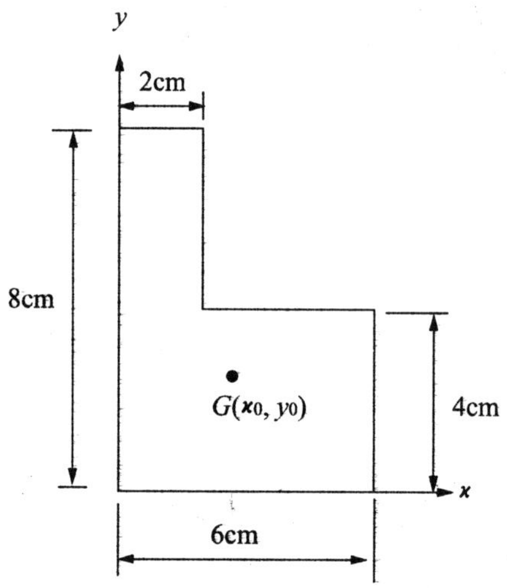

그림 2-58 도심

다음 그림 2-59와 같이 도형의 중심을 쉽게 구할 수 있는 직사각형 두 개(A_1, A_2)로 구분하여 각각의 도심을 구한 후 도심을 합산한다.

(단면 A_1) $A_1 = 2 \times 8 = 16\ \text{cm}^2$

$x_1 = 2/2 = 1\ \text{cm}$

$y_1 = 8/2 = 4\ \text{cm}$

(단면 A_2) $A_2 = 4 \times 4 = 16\text{cm}^2$

$x_2 = 2 + 4/2 = 4\text{cm}$

$y_2 = 4/2 = 2\text{cm}$

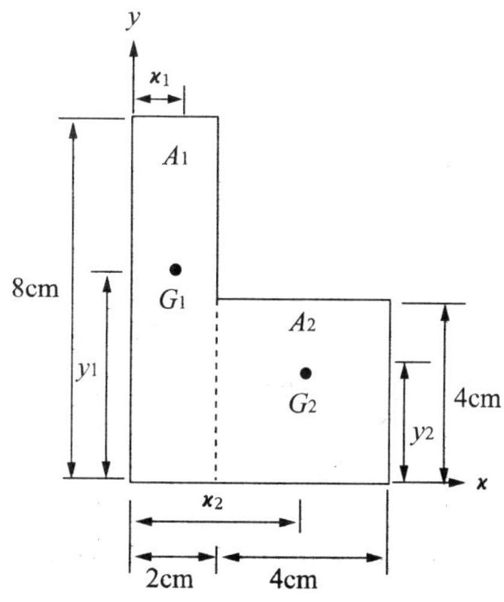

그림 2-59 도심

따라서, 도심(x_o , y_o)의 위치는 다음과 같이 구할 수 있다.

$$x_o = \frac{S_y}{A} = \frac{A_1 x_1 + A_2 x_2}{A_1 + A_2}$$

$$= \frac{16 \times 1 + 16 \times 4}{16 + 16} = \frac{80}{32} = 2.5(\text{cm})$$

$$y_o = \frac{S_x}{A} = \frac{A_1 y_1 + A_2 y_2}{A_1 + A_2}$$

$$= \frac{16 \times 4 + 16 \times 24}{16 + 16} = \frac{96}{32} = 3(\text{cm})$$

3) 단면 2차 모멘트(Moment of Inertia)

그림 2-60과 같이 x축과 y축으로부터 임의의 단면내의 미소면적 dA까지의 거리를 x, y라고 하면 단면 2차 모멘트는 다음 식 (43)~(44)와 같이 계산된다.

$$I_x = \int y^2 \, dA \tag{43}$$

$$I_y = \int x^2\, dA \tag{44}$$

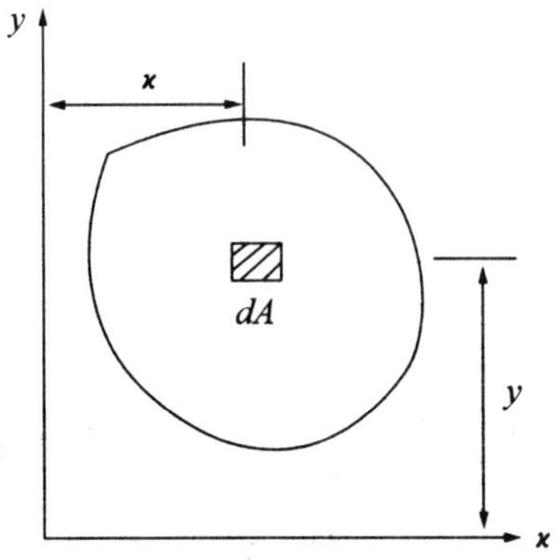

그림 2-60 도형

▌ 단면 2차모멘트 계산 예 ▌

다음 그림 2-61과 같은 장방향 도형의 도심을 지나는 축에 대한 단면 2차모멘트를 계산하시오.

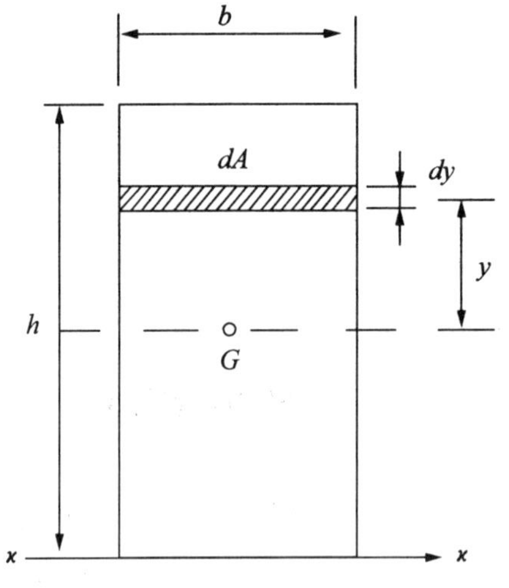

그림 2-61 단면 2차 모멘트 계산용 도형

도심을 지나는 단면 2차 모멘트를 I_0라고 하면,

$$I_0 = \int y^2 dA = \int_{-\frac{h}{2}}^{\frac{h}{2}} y^2 (b \cdot dy) = 2b \int_0^{\frac{h}{2}} y^2 dy$$

$$= 2b \left[\frac{y^3}{3} \right]_0^{\frac{h}{2}} = 2b \frac{h^3}{24} = \frac{bh^2}{12}$$

5. 재료의 성질

1) 응력도와 변형도

(1) 수직 응력도와 변형도

① 수직 응력도

외력이 구조체에 작용하게 되면 구조체를 구성하는 부재에는 저항력이 발생하게 된다. 이 저항력을 단면력 또는 응력이라고 하고, 단위면적당 작용하는 응력을 단위응력(單位應力) 또는 응력도(應力度)라 한다. 기둥과 같은 축방향 부재에 발생되는 응력도를 수직 응력도라고 하며, 응력의 방향에 따라 압축응력도와 인장응력도로 구분한다. 인장 응력도는 물체를 잡아 당기는 응력이며 부호는 (+)이고, 압축 응력도는 물체를 누르려는 응력이며 부호는 (−)를 사용한다. 응력도의 단위는 kgf/cm² 또는 tf/cm² 등을 사용한다.

압축응력도와 인장응력도(그림 2-62)를 계산하는 과정은 식 (45)~(46)과 같다.

$$\sigma_c = \frac{N}{A} \tag{45}$$

$$\sigma_t = \frac{N}{A} \tag{46}$$

여기서, σ_c : 압축응력도(kgf/cm²)

σ_t : 인장응력도(kgf/cm²)

N : 인장력 또는 압축력(kgf)

A : 단면적(cm²)

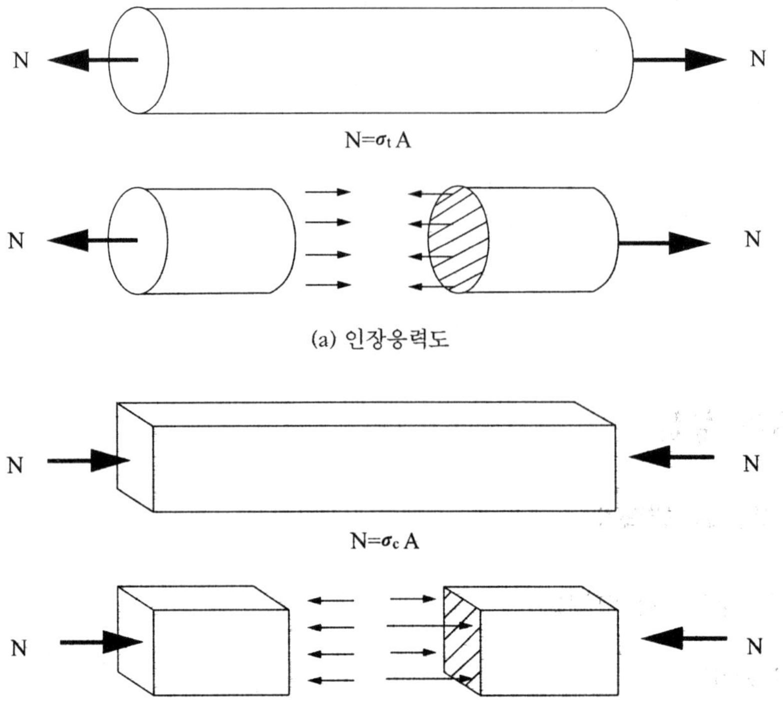

그림 2-62 압축응력도 및 인장응력도

② 변형도

구조체에 외력이 작용하면 구조체의 치수가 조금씩 변화하게 된다. 이러한 치수적 변화를 변형(Deformation)이라고 한다. 변형도는 물체의 초기 길이에 대한 변형된 길이에 대한 비율을 나타낸다. 변형도는 힘이 작용하여 발생되는 변형에 방향으로 구별하며, 세로 변형도는 힘이 작용하는 방향으로 변형이 발생되는 율을 나타내고, 세로 변형도의 계산은 다음 식 (47)과 같이 한다. 가로 변형도는 힘이 작용하는 방향과 직교방향으로 변형이 발생되는 율을 나타내고, 계산은 식 (48)과 같이 한다(그림 2-63).

- 세로변형도 : $\epsilon = \dfrac{\Delta \ell}{\ell}$ (47)

여기서, $\Delta \ell$: 변형된 길이

ℓ : 원래의 길이

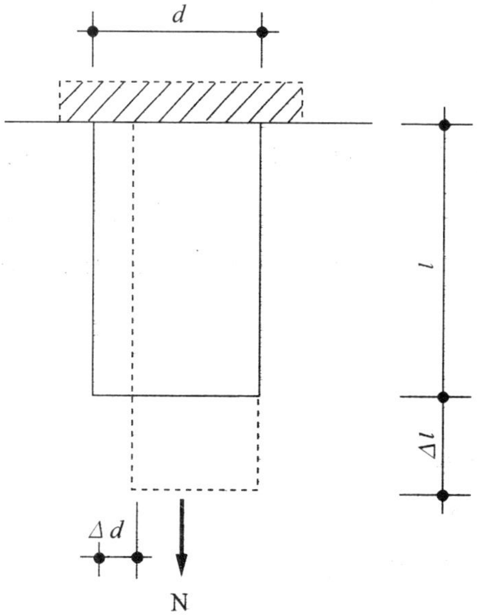

그림 2-63 변형도

• 가로변형도 : $\beta = \dfrac{\Delta d}{d}$ (48)

여기서, Δd : 변형된 길이

d : 원래의 길이

③ 프와송 비

그림 2-63에 나타난 바 대로 하중이 작용하게 되면 세로 변형은 늘어나게 되며, 가로 변형은 줄어드는 결과를 나타낸다. 이와 같이 가로 변형율(ϵ)의 세로 변형율(β)에 대한 비율을 프와송 비(Poisson's ratio)라고 하며, 계산은 다음 식 (49)와 같이 한다. 프와송 비의 역수(m)를 프와송 수(數)라고 한다.

$$\frac{\text{가로 변형율}}{\text{세로 변형율}} = \frac{1}{m} \tag{49}$$

(2) 전단응력도와 변형도

① 전단응력도

크기가 같고, 방향이 반대인 2개의 힘에 의해서 물체가 전단되려고 할 때 단면을 따라 평행하게 발생되는 응력을 전단응력이라고 하고(그림 2-64), 단위면적에 발생되는 전단응력을 전단응력도라고 한다. 전단응력도의 계산은 다음 식 (50)과 같이 한다.

$$v = \frac{V}{A} \tag{50}$$

여기서, v : 전단응력도(kgf/cm²)

V : 전단력(kgf)

A : 전단되는 단면적(cm²)

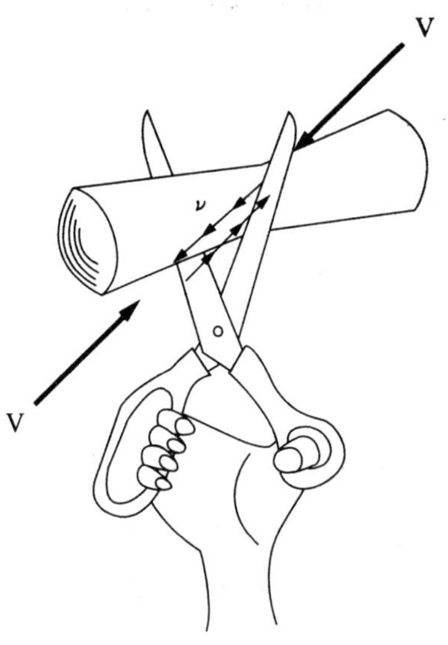

그림 2-64 전단응력

② 전단변형도

고정된 물체에 전단력이 작용하게 되면 그 물체는 기울어지는 변형을 하게 된다. 그림 2-65와 같이 전단력이 작용하게 되면 ABCD는 A′B′CD가 되고, 전단력이 작용하기 전에 직각을 이루었던 ∠ADC는 ∠A′DC가 된다. 이 각의 변화량인 ∠ADA′를 γ(전단변형도)라고 하면

$$\tan\gamma = \frac{AA'}{AD} = \frac{\Delta S}{S} \tag{51}$$

여기서, γ는 미소변화이므로 $\tan\gamma = \gamma$로 볼 수 있다. 따라서,

$$\gamma = \frac{\Delta S}{S} \tag{52}$$

이 된다.

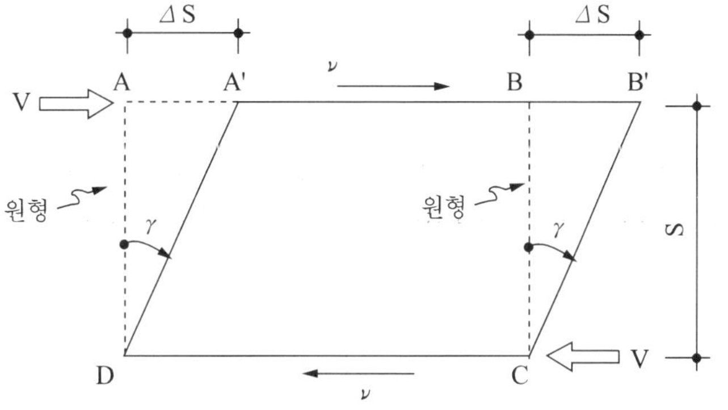

그림 2-65 전단변형

(3) 응력도와 변형도의 관계

① 후크의 법칙

구조체에 외력이 작용하면 변형이 발생된다. 그리고 작용하던 하중을 제거하면 변형이 회복되는 경우와 영구적으로 변형이 남는 경우가 있다. 전자를 탄성이라고 하며, 후자의 경우를 소성이라고 한다. 후크의 법칙의 물체가 탄성의 범위에 있을 때, 작용하는 하중에 의해서 발생되는 응력도와 변형도는 정비례하는 것을 의미한다(그림 2-66). 즉, 응력도= 상수×변형도이다. 여기서 상수는 탄성계수이다.

$$\text{탄성계수} = \frac{\text{응력도}}{\text{변형도}} \tag{53}$$

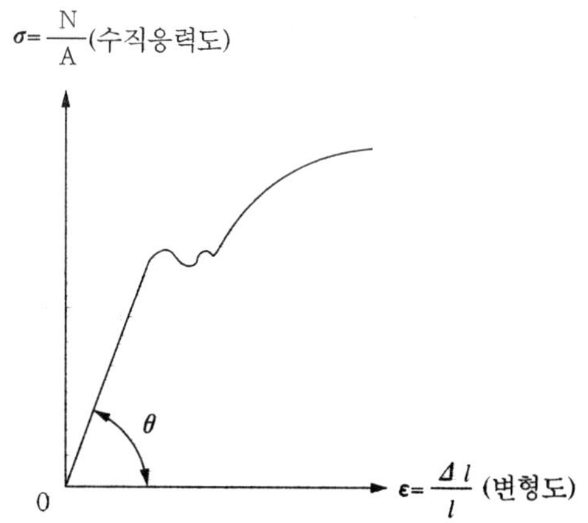

그림 2-66 응력도와 변형도

② **영계수**

후크의 법칙에 수직응력도(σ)와 변형도(ϵ)를 적용하면 탄성계수는 식 (54)와 같이 표현된다. 이것을 종탄성계수 또는 영계수(Young's modulus)라고 한다.

$$E = \frac{\sigma}{\epsilon} \tag{54}$$

위 식에 수직 응력도와 변형도의 수식을 대입하여 정리하면 식 (55)와 같이 된다.

$$E = \frac{\sigma}{\epsilon} = \frac{\frac{N}{A}}{\frac{\Delta \ell}{\ell}} = \frac{N\ell}{A\,\Delta\ell} \tag{55}$$

③ **전단탄성계수**

전단탄성계수(G)는 전단응력도와 전단 변형도와의 관계를 나타내고 다음 식 (56)과 같다.

$$G = \frac{v}{\gamma} \tag{56}$$

참고문헌

1) 조영상 외, 건축공학개론, 스페이스타임, 2009
2) 김곤 외, 건축속의 공학, 기문당, 2006
3) 이홍렬, 건축구조학, 기문당, 2003
4) 이석하 외, 건축구조학, 서원, 2006
5) 김종성 역, 구조는 어렵지 않다. 기문당, 1997
6) 김용부 외, 건축의 구조, 기문당, 2007
7) 김창훈, 건축구조, 예문사, 2008
8) 염창열 외, 건축구조, 한솔아카데미, 2009
9) 대한건축학회, 건축구조설계기준 및 해설, 기문당, 2006
10) 김근덕 외, 건축구조역학, 기문당, 2009
11) 장동찬 외, 해법 건축구조역학, 기문당, 2005
12) 김낙원 외, 건축구조역학, 기문당, 2006
13) 민창식, 철근콘크리트공학, 구미서관, 2012

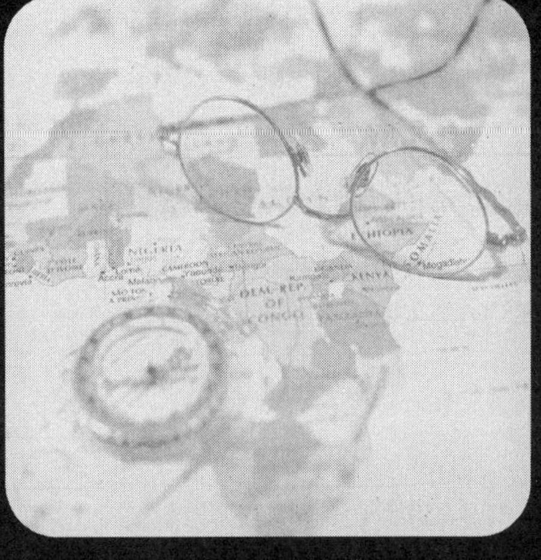

제 3 장 건축설비

3-1 건축설비

1. 건축 환경과 건축설비

건축 환경이란 건축물이 열, 빛, 공기, 습도 등의 여러 가지 요인에 의해서 지배되는 공간을 의미한다. 산업의 발달과 더불어 인간이 생활하는 주변의 환경은 더욱 더 열악화 되는 상황의 연속이므로 우리가 살고 있는 주거공간의 상태악화는 점차적으로 증대되는 추세가 될 것으로 판단되고 있다. 이러한 환경의 변화에 대한 능동적 대처 방법으로는 건축적인 조절방법과 기계적인 힘에 의존하는 설비적인 방법이 있다. 즉, 초기에 건축물을 설계할 때부터 친환경적인 방법을 고려하여 빛, 열 및 환기 등의 자연과 조화되도록 설계하는 것이 가장 바람직하지만, 대부분의 사람들이 주거하는 공간이 도심지 또는 그 배후지에 건설되는 관계 그리고 고층화에 의한 주거공간의 해소 등 쾌적한 자연적 환경과는 다소 유리될 수밖에 없는 것이 현실이다. 따라서 열을 조절하는 공기조화설비, 빛의 조명설비, 전기설비, 소방 설비 등에서 주거공간의 쾌적성, 편리성, 위생성, 안전성 등을 유지하고 있다. 건축 환경과 건축설비와의 관계 및 연결성은 표 3-1과 그림 3-1과 같다.

표 3-1 건축 환경과 건축설비와의 관계

환경요소	건축적 조절방법	설비적 조절방법
열환경	단열 열용량이 큰 재료(축열) 기밀성(열손실방지) 자연환기 자연형 태양열 건물	냉난방(보일러, 냉동기, 공조기) 강제 환기 가습 및 감습
공기환경	오염원격리 자연환기오염	강제 환기 먼지 및 냄새제거, 습도조절
음환경	소음원 격리 차음	흡음
빛환경	자연조명	인공조명
위생환경	물탱크	급배수, 쓰레기 처리

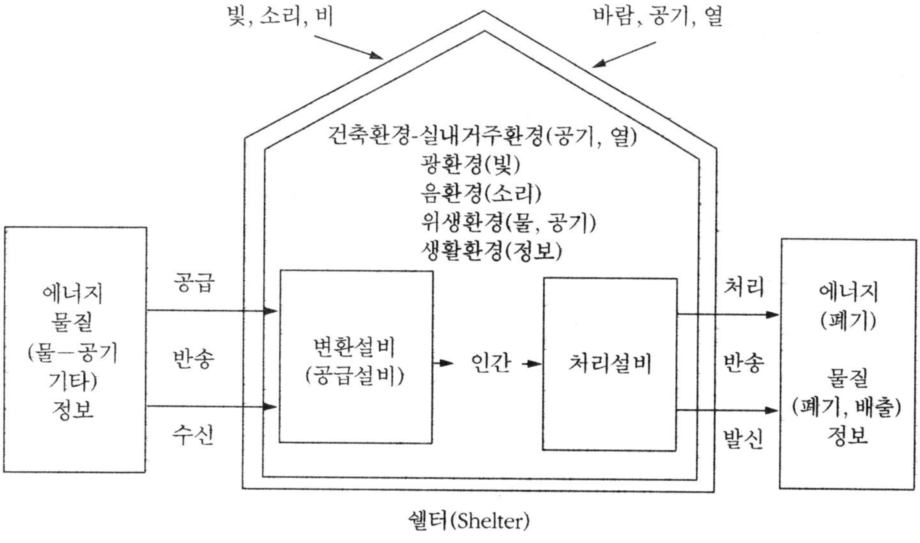

그림 3-1 건축 환경과 건축설비의 연계성

2. 건축계획과 건축설비

건축물이 완성되기까지는 건축계획, 건축설계 및 건축시공단계를 거치게 된다. 즉, 건축계획과 건축설계는 모든 구조물의 형태와 기능이 결정되는 시기이고, 건축시공단계는 건축계획 및 건축설계단계에서 추구된 결과를 완성해 나가는 단계로서 단지 아주 미세한 변화만이 허용된다. 따라서 건축물에 의한 재실기능과 보관기능을 원활하게 만족시키기 위해서는 다양한 설비적 조절방법이 적용되어야 한다. 그러므로 건축계획 및 설계 단계에서는 설비적 조절방법에 대한 조사, 기획 및 연구 등의 과정이 충분히 반영되어야 한다.

일반적으로 건축계획 단계에서 고려되어야 하는 건축설비의 검토사항은 다음과 같다.

① 기계실, 전기실의 위치, 규모

- 기계실에 위치되는 보일러, 냉동기, 변압기 등의 종류, 크기에 적합한 위치, 규모 설정
- 보일러, 냉동기 등에서 발생되는 열과 소음의 처리방법
- 기기의 반입과 교환방법 고려
- 진동에 대한 검토

② 배관, 덕트 설치 공간 위치와 크기
- 샤프트 스페이스의 크기 검토
- 위치 설정(보관통, 벽체관통에 따른 보완대책 수립)
- 점검구 위치

③ 옥상 및 옥외에 설치되는 기기
- 법규적 제한조건
- 인근지역으로의 피해확산 검토(소음, 악취 등)

3. 건축설비의 종류

1) 난방설비

건축물의 내・외부 온도 차이에 의해서 실내의 쾌적성은 영향을 받게 된다. 실내의 쾌적성을 위해 여름철에 실내공기를 낮추어서 시원하게 해주는 장치를 냉방설비라고 하고, 겨울철에 열을 공급하여 실내를 따뜻하게 해주는 장치를 난방설비라고 한다.

난방설비는 요구되는 열을 어떤 방식으로 공급하는가에 따라서 구분된다. 해당 요구되는 실마다 스토브나 소형 보일러에 의해서 열을 공급하는 방식을 개별난방방식이라고 하고, 기계실에 보일러 등을 설치하고 배관파이프와 덕트를 이용하여 공급하는 방식을 중앙난방방식이라고 한다. 요즘 대단위 주거지역에는 대규모 열원을 생산할 수 있는 설비를 갖춘 지역난방방식도 운영되고 있다.

보일러와 같은 열원장치에서 가열된 증기, 온수 등의 열매를 직접 방열장치에 공급하여 난방하는 방식을 직접난방이라고 하고, 열원장치에서 가열된 열매가 공기조화기, 덕트, 배관 등을 통하여 실내로 공급되는 것을 간접난방이라고 한다. 난방에 사용되는 열매에 따라 온수난방과 증기난방 그리고 복사난방으로 구별된다.

(1) 온수난방

온수난방은 보일러에서 가열한 물을 배관을 통하여 각 실에 설치된 방열기에 공급하는 방식이다. 지역난방이나 공장 등의 대규모 건축물에서는 100℃ 이상의 고온수를 사용하지만, 일반 건축물에서는 100℃ 이하의 온수를 사용한다.

온수난방은 온수의 온도와 온수의 순환방식 및 공급방식에 따라 구분한다.

① 온수온도에 따른 분류

가. 고온수 방식

사용하는 온수의 온도가 100℃인 방식이다. 고온수 시스템은 고온수 발생설비(고온수 보일러, 열교환기), 가압설비, 열반송설피(펌프 및 배관)로 구성된다.

나. 저온수 방식

온수의 온도가 100℃ 미만인 경우를 의미하고, 보통 80℃이다. 저온은 직접 난방에 이용할 수 있으며 주택, 일반건물 및 소규모 아파트에 사용한다.

② 순환방식에 의한 분류

가. 중력 순환식

공급되는 물의 온도와 회수되는 물의 온도차에 의한 순환력을 이용하는 방식이다. 현재는 거의 사용되지 않고 있다.

나. 강제 순환식

순환펌프에 의해서 강제적으로 순환하는 방식으로 온수의 순환이 빠르다. 현재 많이 사용하는 방식이다.

③ 배관방식에 의한 분류

가. 단관식

배관 한 가닥으로 온수가 순환하고 방열기에는 온수 공급관과 환수관로 분기된다. 따라서 배관 내의 온도가 내려갈 수도 있다(그림 3-2).

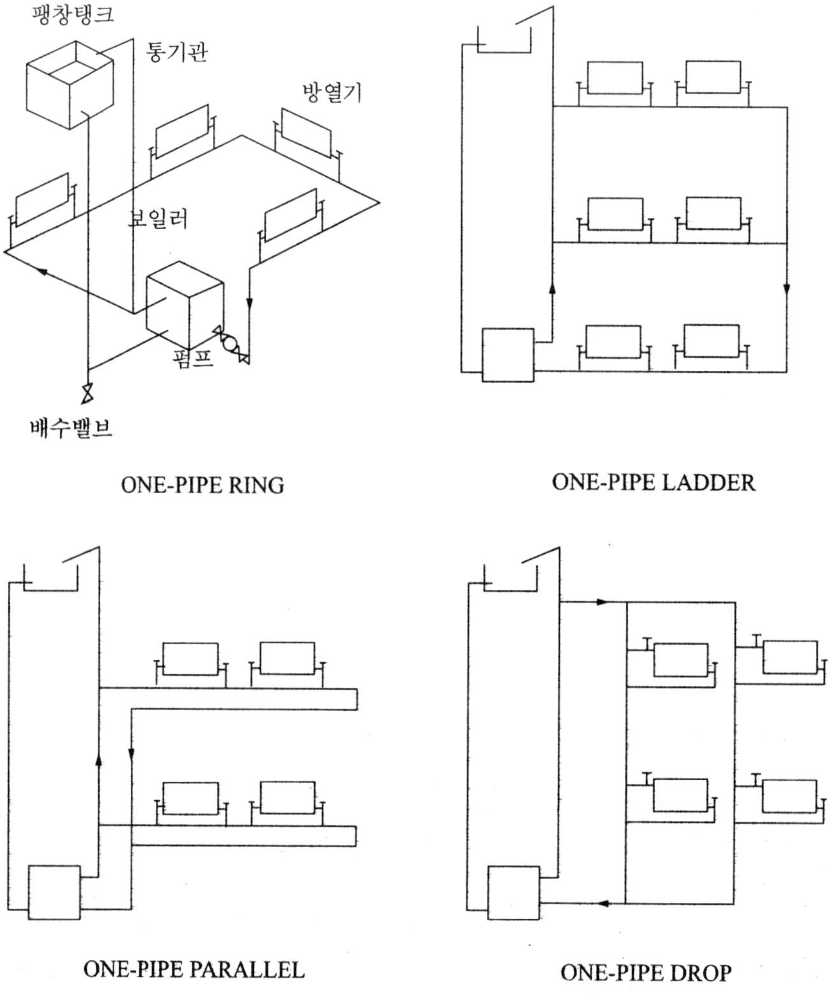

그림 3-2 단관식

나. 복관식

방열기 공급되는 관과 방열기에서 회수되는 배관이 별도로 설치되는 방식이다. 단관식에 비해서 설치비는 많이 들지만 방열기에 공급되는 물의 온도는 항상 일정하여 효율이 높다(그림 3-3).

온수난방의 장 · 단점은 표 3-2와 같다.

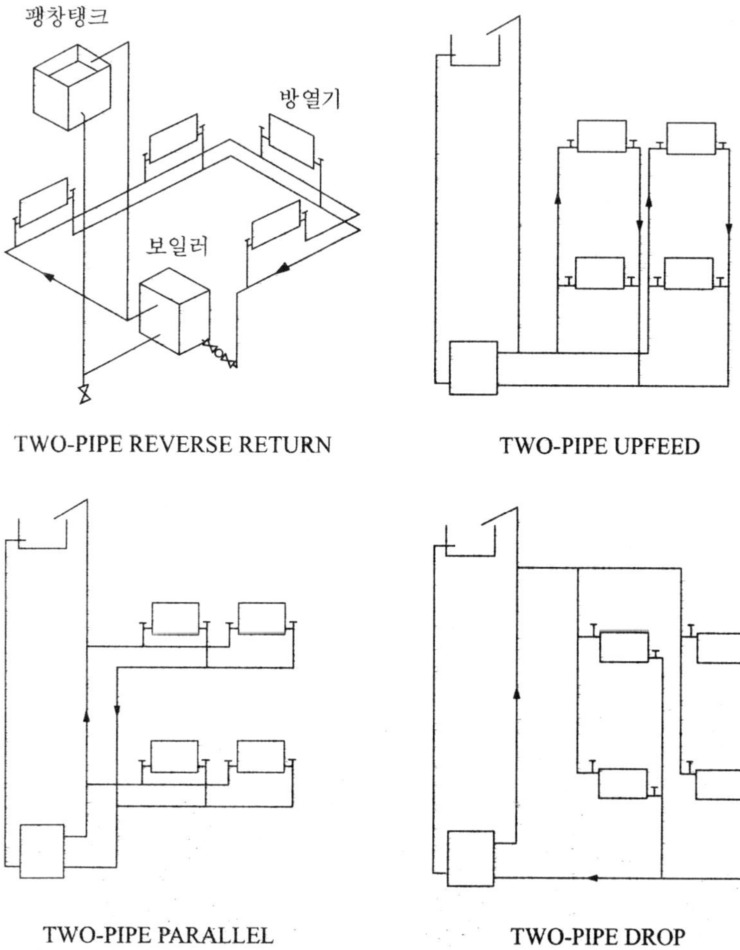

그림 3-3 복관식

표 3-2 온수난방의 장·단점

구분	장 점	단 점
온수난방	• 난방부하[26]의 변동에 따라 온수의 온도와 온수의 순환수량을 쉽게 조절할 수 있다. • 현열[27]을 이용한 난방이므로 증기난방에 비해서 쾌적성이 우수하다. • 방열기 표면온도가 낮으므로 먼지 타는 냄새가 거의 없다. • 난방을 정지하여도 난방효과가 있다. • 보일러 취급이 용이하다.	• 예열시간이 길다. • 증기난방에 비해서 방열면적과 배관의 직경이 크므로 설비비가 많이 든다. • 열용량이 크기 때문에 온수 순환시간이 길다. • 한랭시 동결이 우려된다.

(2) 증기난방

증기난방은 보일러에서 발생된 증기를 배관을 통하여 각 실에 설치된 방열기에 보내는 방식(그림 3-4)이다. 기체 상태의 증기는 방열기에서 방열한 다음 응축해서 응축수가 되어 증기트랩을 거쳐서 환수관으로 되돌아간다. 난방은 증기가 액화되면서 내놓는 잠열[28)]을 이용한다. 사용압력에 따라서 저압 증기난방과 고압 증기난방으로 구분한다. 저압증기난방은 0.1～0.5 kgf/cm²G의 증기를 사용하고, 고압 증기난방은 2～4 kgf/cm²G의 증기를 사용한다.

증기배관에는 증기와 더불어서 응축수가 흐르고 있다. 일부 배관에서는 응축수가 고여서 배관을 막게 되면, 다량의 응축수가 압력차에 의해서 고속으로 관의 구부러진 부분에 충돌하여 큰 소리를 내게 된다. 이러한 현상을 워터 해머라고 한다. 워터 해머를 방지하기 위해서는 응축수가 원활하게 흘러갈 수 있도록 적당한 배관 기울기가 필요하고, 필요한

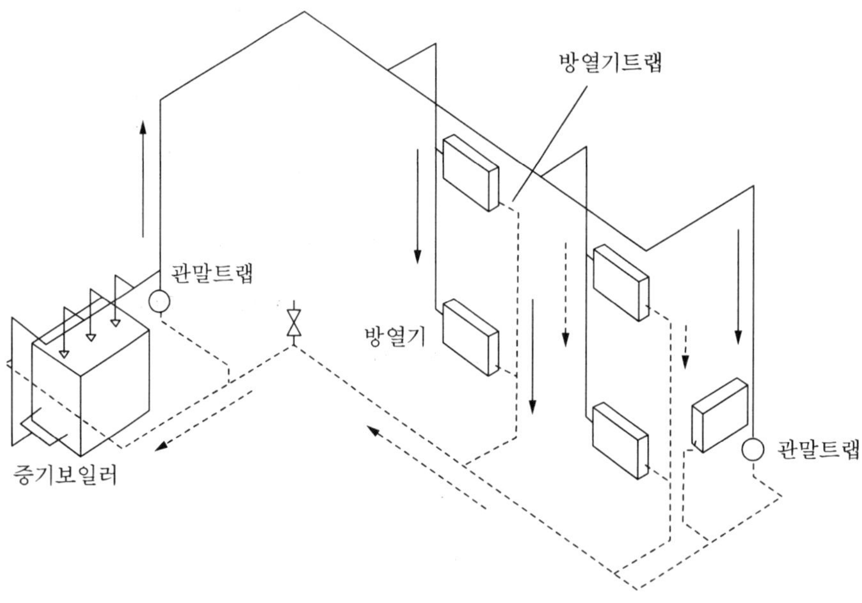

그림 3-4 증기난방 흐름

26) 負荷, load : 현재 수용하고 있는 양의 크기
27) sensible heat, 물질의 온도변화 시 상태(고체, 액체, 기체)변화 없이 흡수되거나 방출되는 열
28) latent heat, 물체의 상태(고체, 액체, 기체)변화 시 온도의 변화 없이 흡수되거나 방출되는 열

경우에는 적당한 간격마다 응축수를 배출할 필요가 있다.

증기난방의 장·단점은 표 3-3과 같다.

표 3-3 증기난방의 장·단점

구분	장 점	단 점
증기난방	• 증발잠열을 이용하므로 열의 운반능력이 크다. • 예열시간이 온수난방에 비해 짧고 증기의 순환이 빠르다. • 방열면적을 온수난방보다 작게 할 수 있다. • 설비비와 유지비가 저렴하다.	• 난방의 쾌적성이 떨어진다. • 난방부하의 변동에 따라 방열량 조절이 곤란하다. • 소음이 많다. • 보일러취급이 용이하지 않다. • 환수관의 부식이 심하다.

(3) 복사난방

복사난방은 온수, 공기 등을 직접 이용하거나 바닥 구조체의 일부를 방열체로 활용하여 복사열을 이용하는 방식이다. 복사난방은 주로 패널형식으로 이루어지고 있으며, 건물의 벽체, 바닥 및 천장 등에 설치하여 사용한다.

복사난방의 장·단점은 다음 표 3-4와 같다.

표 3-4 복사난방의 장·단점

구분	장 점	단 점
복사난방	• 복사난방은 실내의 온도분포가 균등하고 쾌적하다. • 방열기가 필요하지 않고 바닥면의 이용도가 높다. • 동일 방열량에 비해서 손실열량이 적다. • 대류가 적으므로 바닥면의 먼지가 상승하지 않는다.	• 가열코일을 매설하기 때문에 설치, 유지관리 비용이 많이 든다. • 벽체에 균열이 가기 쉽고, 고장의 발견이 어렵다.

(4) 온풍난방

온풍난방은 석유 또는 가스 연소식의 온풍 난방기를 이용하여 실내에 직접 온풍으로 난방하거나(직접 난방방식) 덕트를 통하여 토출하는 간접 난방방식이다(그림 3-5). 따라서 소규모 건축에 적합하다.

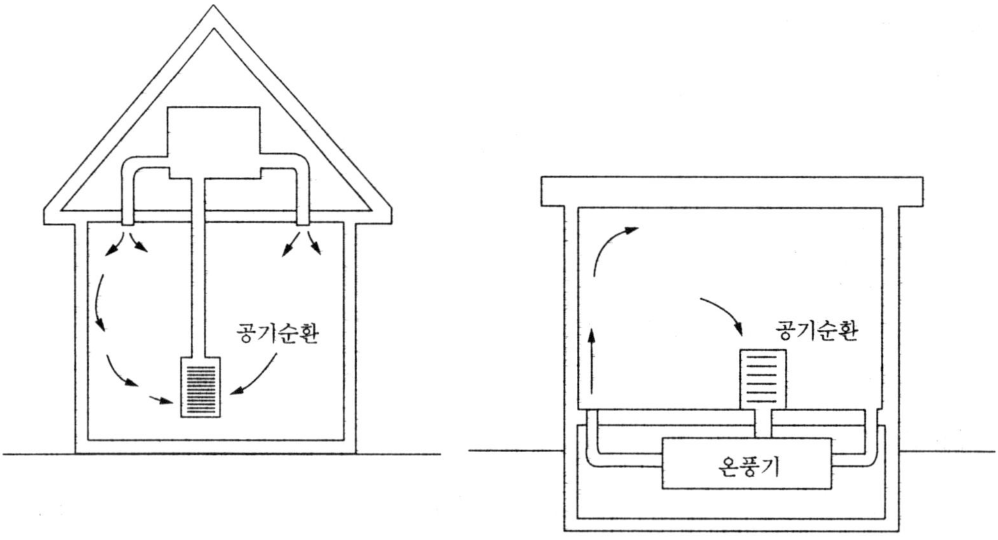

그림 3-5 온풍난방 형식

2) 환기설비

환기란 자연적인 방법과 기계적인 방법을 통하여 실내의 오염된 공기를 외부의 신선한 공기와 바꾸는 것을 말한다. 환기를 하는 목적은 다음과 같다.

- 재실자의 건강 유지와 실내의 쾌적성 유지 및 작업 능률 유지
- 열의 제거
- 산소 공급
- 수증기 제거

건물의 환기는 자연환기와 기계환기로 구분된다. 자연환기는 공기의 압력차를 이용하는 것이고, 기계환기는 송풍기와 배풍기의 기계적인 힘을 이용하는 방법이다. 건축물의 내외부 온도차이에 의해서 환기되는 방식 중에 계절적으로 굴뚝효과가 발생되는 경우가 많다.

굴뚝효과란 실내외의 온도차에 따라서 밀도의 차이가 발생되는 공기의 이동현상을 뜻한다. 겨울철에는 실내의 온도가 실외온도보다 높기 때문에 실내의 공기가 위로 부상하게 되고, 그 자리에는 외부의 공기가 밀려 들어오게 된다. 즉, 외부의 공기가 실내로 들어오게 된다. 반대로 여름철에는 외부의 온도가 높기 때문에 건물 내부의 공기가 밖으로 밀려 나게 된다. 즉, 건물내부의 공기가 외부로 빠져나가게 된다.

환기방식은 해당 실과 같은 국소 장소에 한정되는 국소환기와 전체 공간을 환기하는 전반환기로 구분된다.

기계환기의 방식은 다음과 같이 크게 세 가지로 대별된다(그림 3-6).

- 제1종 환기법 : 송풍기와 배풍기를 이용하여 환기하는 방식
- 제2종 환기법 : 송풍기만으로 환기하는 방식
- 제3종 환기법 : 배풍기만으로 환기하는 방식

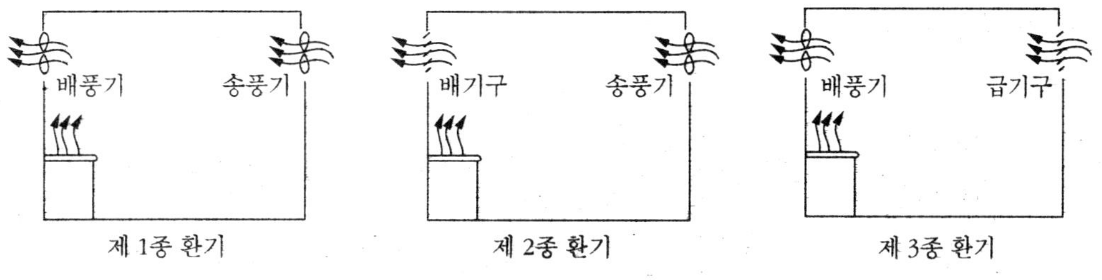

그림 3-6 기계환기방식

3) 공기조화설비

공기조화란 해당 건축물의 재실과 보관의 기능을 가장 원활하게 만족시키기 위하여 온도, 습도, 기류, 분진, 유해 가스 농도 등을 사용목적에 맞게 조절하여 유지시키는 것을 말한다.

공기조화는 사용목적에 따라서 보건용, 산업용 및 의료용으로 분류한다. 보건용은 인간을 대상으로 보다 쾌적한 환경을 유지시키기 위함이고, 산업용은 산업에 필요한 환경을 만들어서 생산성과 품질을 확보하기 위함이다. 의료용 공기조화는 의료활동을 지원하기

위한 것이다. 공기조화의 계획은 다음과 같은 사항을 고려해야 한다.

- 실내의 공기 및 열환경 조절
- 건물용도에 적합한 적정 공조방식
- 공조 열원의 방식
- 건축계획 시의 건축물의 의장, 구조
- 공사비, 유지관리비 등의 경제성

(1) 공기조화의 구성

공기조화는 크게 세 가지의 구성요소로 대별된다. 열을 생산하는 기구와 열의 분배를 담당하는 기구 그리고 열을 최종 공간에서 배출하는 기구 등으로 구분된다. 열을 생산하는 기구에는 공기조화기, 보일러, 냉동기가 포함되고, 분배과정에는 공기, 물과 증기가 해당된다. 열의 배출기구에는 방열기, 팬코일 유닛, 송풍기 및 디퓨져가 포함된다.

공기 조화의 기본 구성은 다음 그림 3-7과 같다.

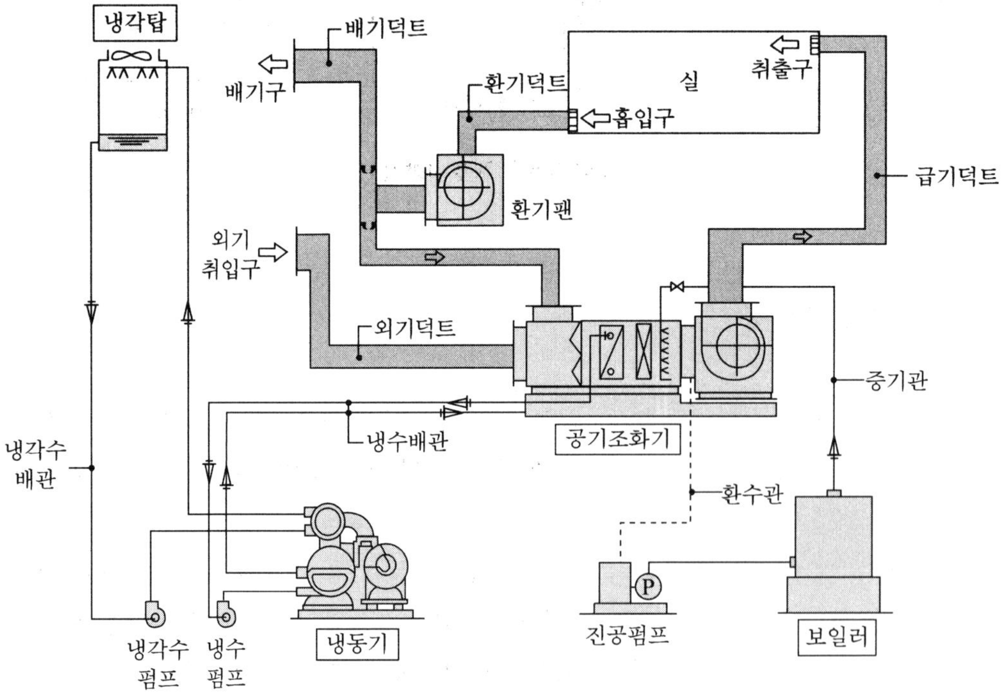

그림 3-7 공기조화설비의 기본 구성도

(2) 공기조화의 조닝(Zoning)

건축공간을 몇 개의 조닝으로 구분하여 각 조닝에 적합하게 공기조화를 하는 것을 조닝이라 한다. 합리적인 조닝을 하게 되면 공기조화에 투입되는 에너지를 최소화할 수 있어 경제적이다. 조닝은 다음의 방식으로 한다.

① 방위별 조닝

건물을 내주부와 외주부로 구분한다. 건물의 내부에 위치하는 내주부는 열에너지의 손실변동이 적고, 빛의 외부 유입이 적다. 이러한 특성을 고려하여 공기조화를 운영하며, 외주부는 건물의 외피에 해당되므로 열의 이동이 빈번하게 발생되고, 태양 에너지의 흡수량이 가장 많은 부분이다. 이러한 특성을 고려하여 공기조화를 운영하면 효과적인 에너지 절약이 가능하다.

② 사용별 조닝

실의 사용용도에 따라서 조닝을 구분하는 것이다. 건물 내의 상가, 식당, 사무실 등은 용도와 사용시간에 따라 요구조건이 달라지게 된다. 그리고 컴퓨터 실 등은 항상 일정한 실내 환경(온도, 습도)의 유지가 요구된다.

(3) 공기조화방식

공기조화방식은 공조기를 통하여 조화된 공기가 덕트를 통하여 해당 각 실에 공급 및 회수되는 방식이며, 열매[29]의 종류와 기기의 설치위치에 따라 분류된다(표 3-5).

① 열매체에 의한 분류

공기조화가 어떤 열매체가 공급되었는가에 따라 구분하는 것으로서 다음과 같은 종류가 있다.

가. 전공기 방식(All air system)

실내에 열을 전달하는 매개체로 공기만을 사용하는 방식이다. 외기와 실내공기를 혼합

29) 열을 공급하는 매개체(물, 공기 등)

하여 공조기 내에서 냉풍, 온풍을 만들어서 덕트를 통해 전달된다. 전공기 방식은 그림 3-8과 같다.

표 3-5 공조방식의 분류

	열매에 의한 분류	시스템 명칭	비 고
열원 중앙 방식	전공기 방식	단일덕트 정풍량 방식	
		단일덕트 변풍량 방식	
		2중덕트 방식(정풍량, 변풍량)	
		멀티존 방식	
	수공기 방식	팬코일 유닛방식(덕트 병용)	2관식, 3관식, 4관식
		유인 유닛방식	2관식, 3관식, 4관식
		복사냉난방방식	2관식, 3관식, 4관식
	전수 방식	팬코일 유닛방식	2관식, 3관식, 4관식
열원 분산 방식 (개별 방식)	냉매 방식	룸 에너컨디셔너방식	
		패키지 유닛방식(중앙식)	
		패키지 유닛방식(터미널 유닛방식)	

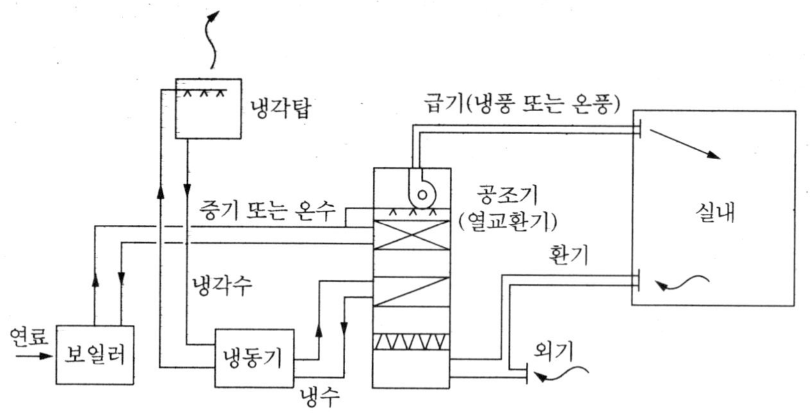

그림 3-8 전공기 방식

표 3-6 전공기 난방방식

구분	장 점	단 점
전공기 방식	• 중앙집중식이므로 관리, 운전이 용이하다. • 소음, 진동에 따른 피해가 적으며, 장비선택이 자유롭다 • 공기만을 사용하므로 누수, 부식에 의한 고정이 없다. • 공기수방식보다 간단하고 설비비가 저렴하다.	• 대형 덕트와 대형 공조실이 필요하다. • 공조기계실을 위한 큰 면적이 소요된다. • 송풍동력이 크다.

전공기방식의 종류에는 단일덕트 방식(정풍량 방식, 가변풍량 방식), 2중덕트 방식, 멀티존 유닛방식이 있고 극장, 수술실, 크린룸 등에 주로 사용된다.

전공기 방식의 장·단점은 표 3-6과 같다.

나. 수공기 방식(Water-air system)

열의 전달매체로 물과 공기를 병용하는 방식이다. 열원장치에 의해서 냉수, 온수 및 증기를 발생 및 전달하여 실내에 설치된 열교환기 유닛으로 보내 실내공기를 가열 또는 냉각하거나, 공기조화기에서 조화된 공기를 실내로 보낸다. 수공기 방식은 그림 3-9와 같고, 수공기 방식의 장·단점은 표 3-7과 같다.

수공기 방식은 각층 유닛방식과 유인 유닛방식, 팬코일 유닛덕트 병용식이 사용된다. 주요 용도는 사무실, 호텔, 병원의 외부 존(zone)이다.

표 3-7 수공기 난방방식

구분	장 점	단 점
수공기 방식	• 전공기 방식에 비해서 덕트공간이 적다. • 전공기 방식에 비해서 반송동력이 적게 든다. • 유닛 1재로 소규모 설비를 할 수 있다.	• 유닛필트가 저성능이므로 청정도가 떨어진다. • 물을 사용하므로 누수와 외기냉방이 곤란하다. • 정기적으로 필터를 청소해야 한다.

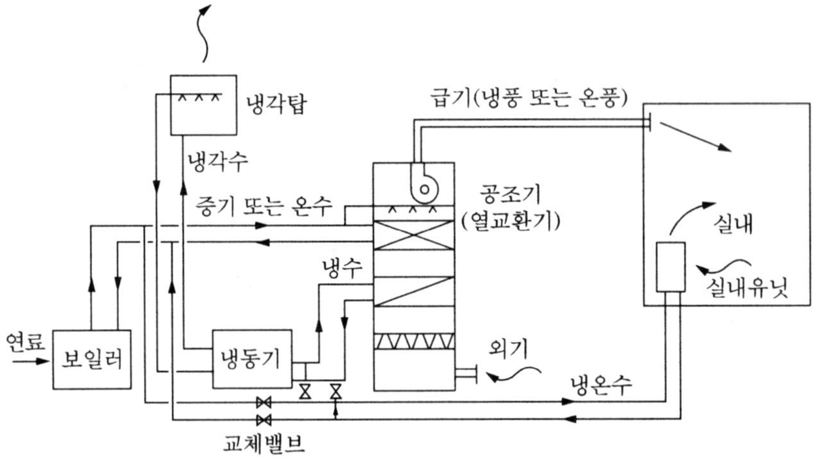

그림 3-9 수공기 방식

다. 전수방식(All water system)

실내에 설치된 유닛에 물을 공급하여 가열, 냉각하는 방식으로서 그림 3-10과 같으며, 전수방식의 장 · 단점은 표 3-8과 같다.

전수방식의 종류에는 팬코일 유닛방식이 있고 사무실, 호텔 등의 외주부에 사용된다.

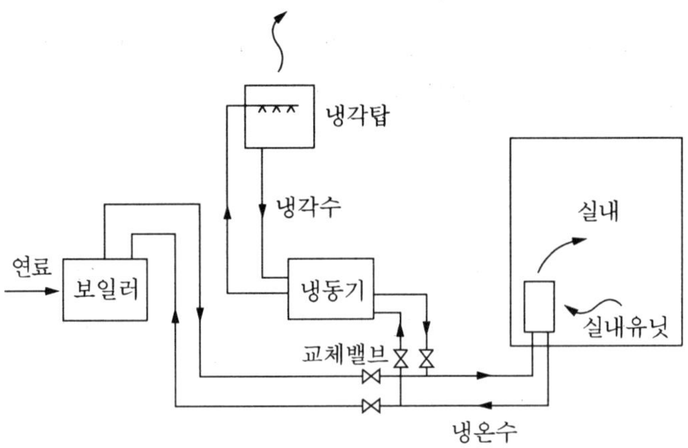

그림 3-10 전수방식

표 3-8 전수방식의 장·단점

구분	장 점	단 점
전수 방식	• 덕트, 공조 기계실이 불필요하다. • 개별 제어, 개별운전이 가능하다. • 열운반 동력이 적게 든다. • 조닝이 자유롭다.	• 실내공기의 오염이 쉽다. • 주위에 틈새바람이 있을때만 외기도입이 가능하다. • 실내에 수배관이 필요하다. • 실내 유닛의 방음, 방진을 고려해야 한다. • 실내 배관에 의한 누수의 우려가 있다.

라. 냉매방식

냉매에 의해서 실내공기를 조화하는 것으로 냉매를 사용하는 패키지 유닛을 사용하며 (그림 3-11), 냉매방식의 특징은 다음 표 3-9와 같다.

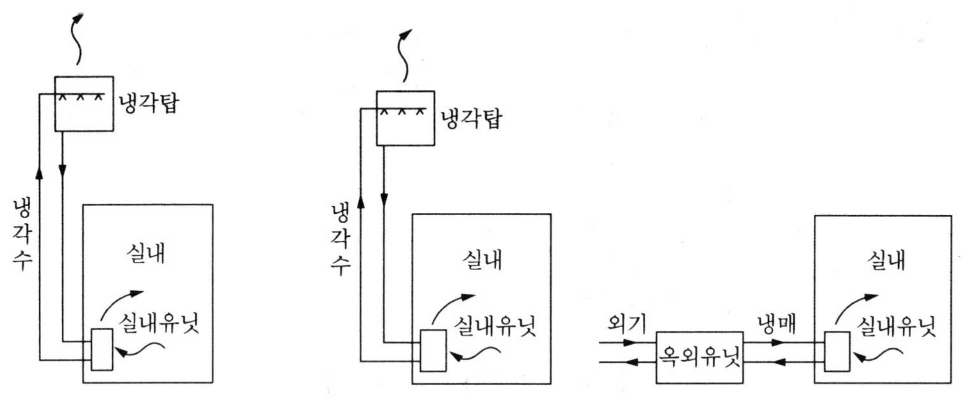

그림 3-11 냉매방식

표 3-9 냉매방식의 특징

구분	장 점	단 점
냉매 방식	• 개별운전, 제어가 가능하다. • 반송동력이 적다. • 운전과 취급이 용이하다. • 덕트면적이 적거나 불필요하다.	• 유닛에 냉동기를 내장하므로 소음, 진동이 크다. • 습도, 청정도, 기류분포의 제어가 곤란하다. • 외기냉방이 곤란하다.

냉매방식의 종류에는 팩키지 유닛(중앙식, 터미널 유닛방식)이 있으며, 주택, 일반 사무실, 점포 등에 사용된다.

② 공기조화방식의 종류

가. 단일덕트 정풍량 방식(전공기 방식)

건물 전체를 냉난방하는데 소요되는 전 풍량을 1대의 공조기와 1개의 주덕트를 사용하는 방식으로서 가장 보편화된 조화방식이며, 중앙기계실에 열원장치를 설치하고 2차 측에 공조기를 설치하여 조화된 공기를 일정한 풍량으로 실내에 송풍하는 방식이다(그림 3-12).

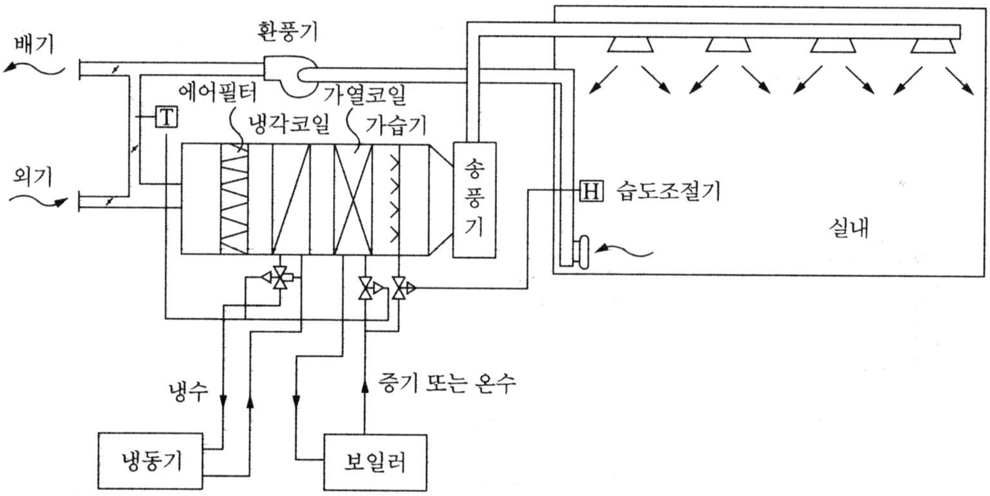

그림 3-12 단일덕트 정풍량방식

㉮ 송풍에 의한 분류

㉠ 고속덕트방식 : 풍속이 15 m/sec 이상~25 m/sec 이하이며, 설비비가 비싸고 소음이 크다. 주로 고층 건물에 사용된다.

㉡ 저속덕트방식 : 풍속이 15 m/sec 이하이고, 극장 관람석 등에 사용된다.

㉯ 풍량에 의한 분류

㉠ 정풍량방식(Constant air volumn system)

송풍량이 일정하며, 송풍온도를 변화시켜 실내부하의 변동에 대응하는 방식이다. 대기 냉방운전이 가능하고 설치비가 저렴하고 공조기가 집중되어 있어 보수, 관리가 용이하며 운전관리가 용이한 장점이 있다. 반면, 덕트면적이 비교적 크고 이에 따라 덕트공간이 많이 요구되며, 변풍량방식에 비해서 에너지 소비가 많다.

㉡ 변풍량방식(Variable air volumn system)

송풍온도는 일정하게 하고 송풍양을 실내부하의 변동에 따라 변화시키는 방식이다. 변풍량방식은 다음 그림 3-13과 같다.

변풍량방식은 실온을 유지하기 때문에 에너지 손실이 가장 적고, 토출공기온도를 일정하게 유지하며, 개별적인 실내제어가 가능한 장점이 있고, 반면에 환기량 확보와 송풍량을 변환시키기 위한 기계적인 문제점이 있고, 가변풍량유닛의 단말장치, 덕트압력조정을 위한 설비비가 소요된다.

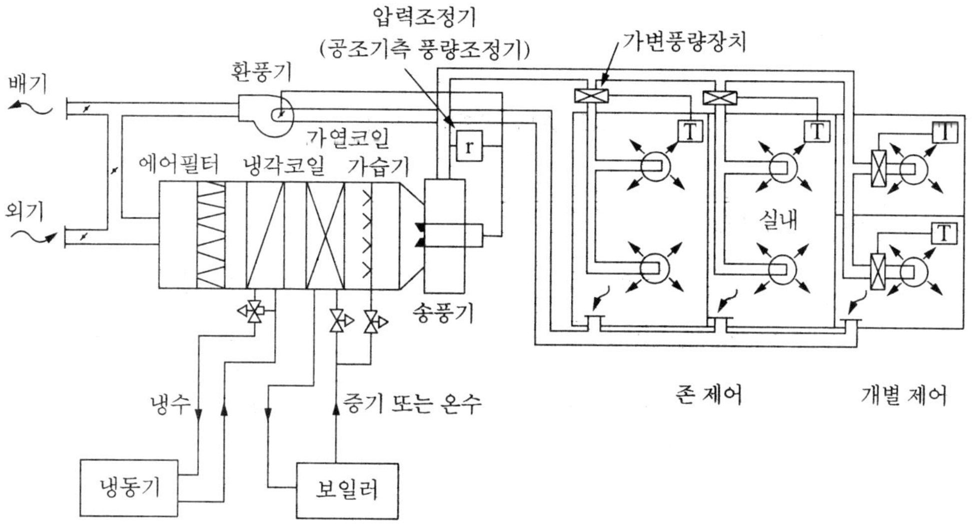

그림 3-13 단일덕트 변풍량방식

㉢ 이중덕트방식

1대의 공조기에 의해 냉풍과 온풍을 각각의 덕트로 보내 말단의 혼합상자에서 혼합하여 적당한 냉온풍을 조합하여 송풍하는 방식이며, 그림 3-14와 같다.

이중덕트방식의 장·단점은 표 3-10과 같다.

이중덕트방식은 주로 고층 건축물(고급 사무실), 회의실, 병원 등에 사용한다.

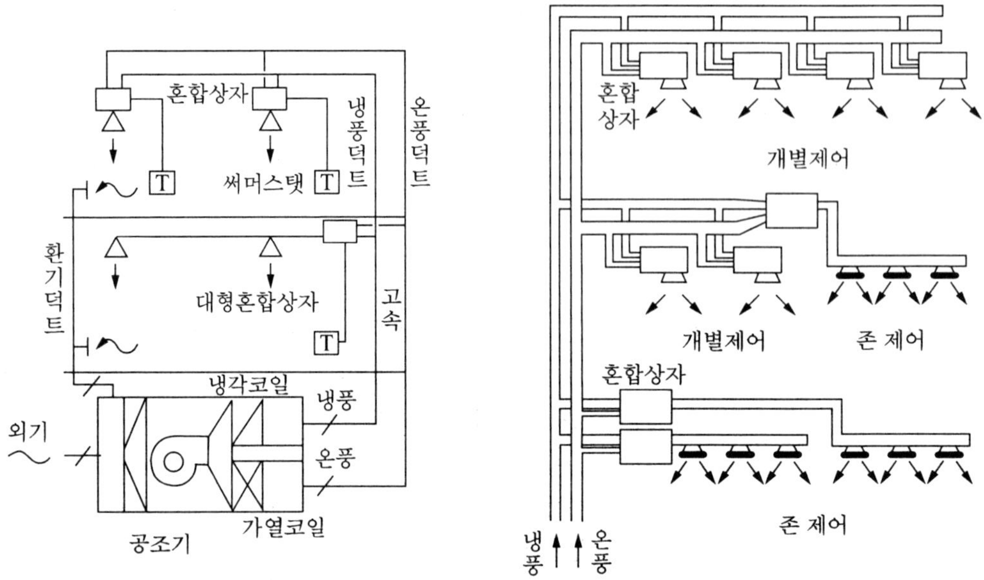

그림 3-14 이중덕트방식

표 3-10 이중덕트방식의 장·단점

구분	장 점	단 점
2중덕트 방식	• 개별제어가 양호하다. • 냉난방을 동시에 할 수 있어 계절마다 냉난방의 전환이 필요없다. • 냉난방의 작동전환이 불필요하므로 관리가 양호하다. • 공조기가 집중되므로 운전, 보수가 용이하다.	• 설비비와 냉동운전비가 높아진다. (에너지 과소비형) • 덕트면적을 많이 차지한다. • 혼합상자가 고가이다. • 실내온도유지를 위하여 여름에도 보일러를 운전해야 한다.

㉣ 멀티존 유닛방식(Multizone unit system : 전공기방식)

2중 덕트방식의 변형이며, 공조기 1대로 냉풍, 온풍을 동시에 만들어서 공조기 출구에서 각 존(zone)마다 요구되는 냉온풍을 혼합한 후 각각의 덕트로 송풍하는 방식이며, 그림 3-15와 같다.

멀티존 유닛방식은 중간 규모 이하의 건물에 적용된다.

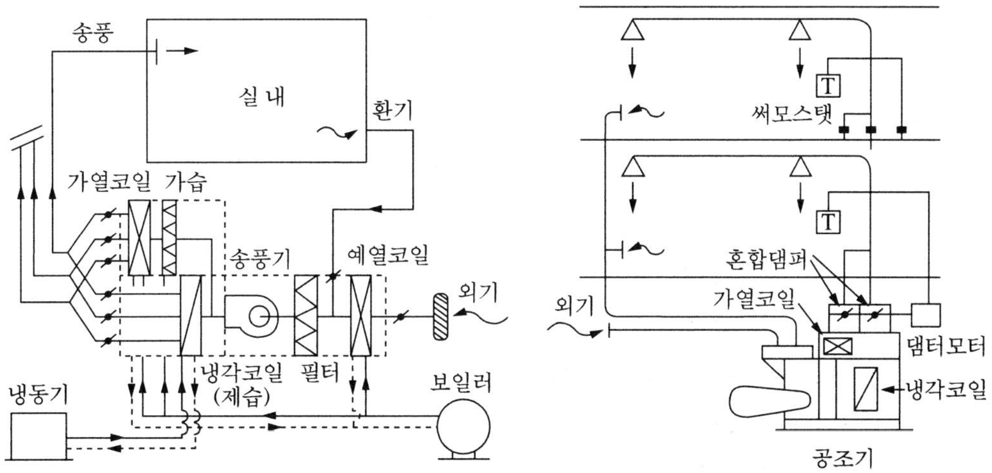

그림 3-15 멀티존 유닛방식

㉤ 패키지 유닛방식

냉동기를 내장한 공조기를 실내에 설치한 방식

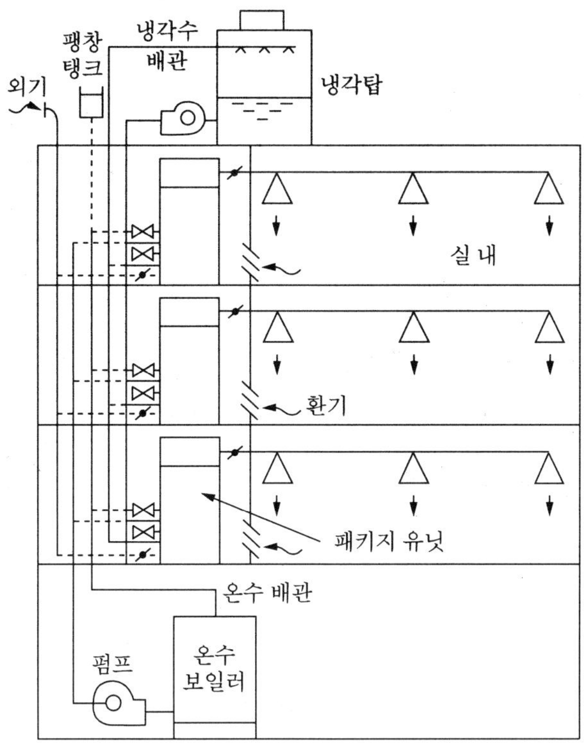

그림 3-16 패키지 유닛 공조방식

• 센트럴 패키지 유닛방식(덕트사용 방식)

패키지 유닛을 건물의 기계실에 설치하고 건물의 전체 또는 일부를 단일덕트(정풍량방식)으로 공조하는 것으로 현장시공이 용이하고 기계실면적, 덕트 스페이스가 적고, 기존 건물에 설치가 용이한 장점과 유닛이 분산 배치되어 유지, 보수 및 관리가 곤란하고 방음, 방진에 유의해야 하는 단점이 있다.

• 패키지 유닛방식(소형 유닛형)

패키지 유닛을 공조하고자 하는 실내에 설치하고 온습도를 유지하는 방식으로서 기계실이나 덕트 스페이스가 불필요하고 개별 제어가 가능하다. 소음과 방진에 유의해야 하는 단점이 있다(그림 3-16).

ⓑ 각층 유닛방식(공기 수방식)

외기처리용 중앙공조기(1차 공조기)가 있어 1차로 처리된 공기를 각 층에 설치된 각층 유닛(2차 공조기)에 보내어 여기에서 부하에 따라 가열, 냉각하여 실내에 송풍하는 방식이며 그림 3-17과 같다.

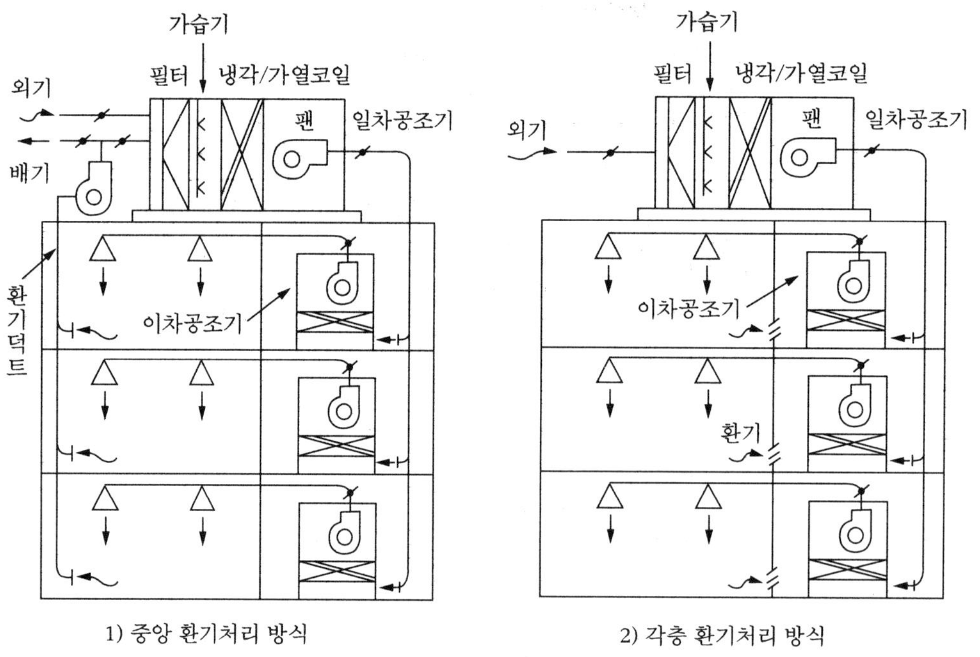

그림 3-17 각층 유닛방식

㉦ 유인유닛방식(Induction unit system)

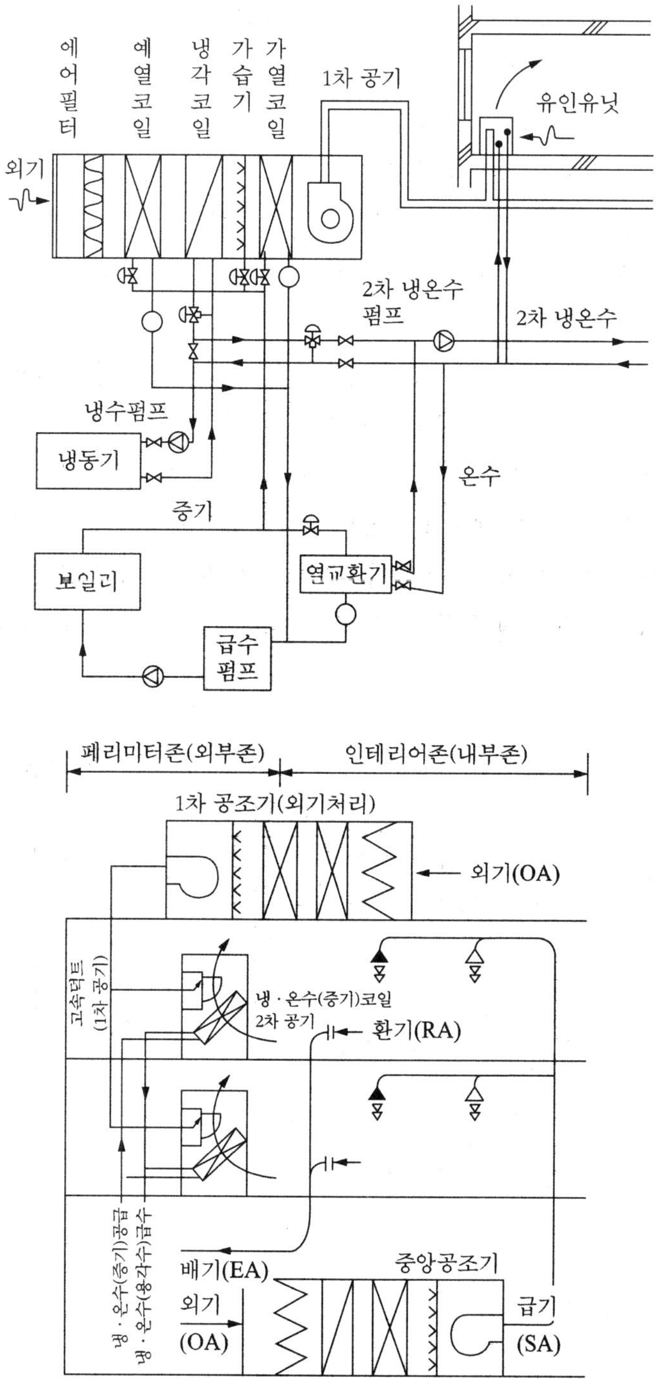

그림 3-18 유인유닛방식

중앙에 설치된 1차 공조기에서 가열, 가습 또는 냉각, 감습한 1차 공기를 고속, 고압으로 실내에 설치된 유닛으로 보내어 유닛의 노즐에서 불어내고, 그 압력으로 2차 공기를 유인하여 혼합 분출하는 방식으로서 그림 3-18과 같다.

유인유닛방식은 유닛에 송풍기나 전동기 등의 동력장치가 없어 전기배선이 필요하지 않고, 부하변동에 대응하기 쉬우며 개별제어가 가능한 장점이 있다. 반면, 1차 공기가 고속이고 소음이 발생되며, 유닛의 주량이 많아 유지관리가 곤란하고 배관계통이 복잡하고, 실내유닛에 고성능 필터사용이 곤란하며 유닛이 고가인 점이 단점이다.

유인유닛은 건축물의 외부존이 있는 병원, 호텔, 사무실에 사용된다.

◎ 팬코일 유닛방식(Fan coil unit system)

냉수와 온수의 코일 및 필터가 구비된 소형 유닛을 각 실에 배치하고 중앙 기계실로부터 냉수 또는 온수를 공급하여 공기조화를 하는 방식이며 그림 3-19와 같다. 팬코일 유닛방식은 전기공식에 비해 덕트면적이 작고 기존 건물에 설치시 유리하며, 동력비가 적게 들고 기계실 덕트공간도 적게 소요되며, 각 유닛마다 개

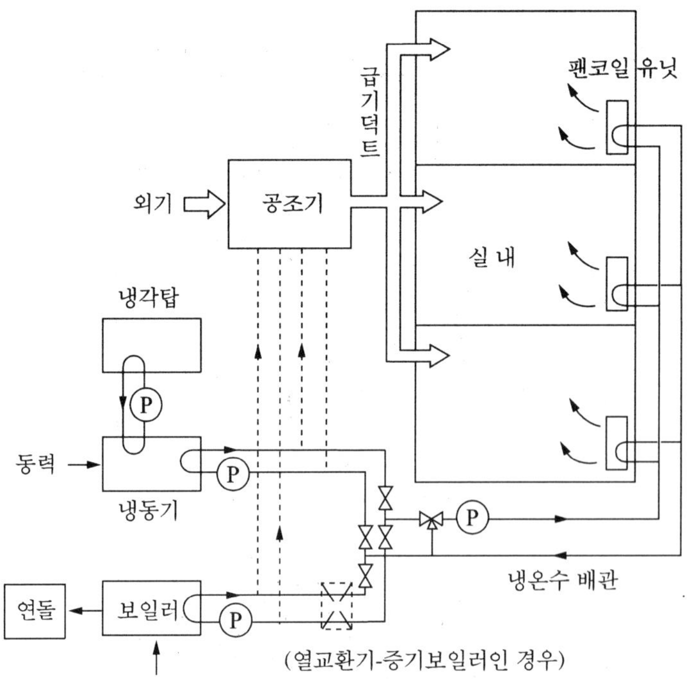

그림 3-19 팬코일 유닛방식

별조절이 가능하므로 각 실제어가 양호한 장점이 있다. 또한 각 실마다 별도의 외기도입 덕트를 설치해야 하고, 유닛이 실내에 위치하므로 건축계획상 다소 애로사항이 있으며, 다수의 유닛이 분산 설치되므로 보수, 관리가 어려운 단점이 있다.

호텔의 객실, 사무실, 병실 등 건물의 외주부에 많이 사용된다.

4) 위생설비

위생설비란 물의 공급과 배수에 관련된 설비를 의미한다. 물의 공급은 급수설비와 급탕설비를 포함하고 배수설비는 오물정화설비를 나타낸다.

(1) 급수설비

① 수원의 수질

우리나라에서는 건축물의 수압으로 지표수와 지하수가 이용되고 있으며, 대부분 지표수(강물, 호수)를 취수하여 정수과정을 거쳐 사용하고 있다.

가. 상수원의 공급과정

- 취수 → 송수 → 배수(配水) → 정수(침전 → 여과 → 소독) → 급수

나. 정수법

㉮ 침전법

- 중력침전법 : 원수를 첨전지에서 정지상태로 방치 또는 저속으로 침전지를 통과시켜서 침전
- 약품침전법 : 원수에 약품(황산알루미늄, 명반)을 혼합하여 화학작용에 의해 응집작용으로 침전

㉯ 여과법

- 완속여과법 : 중력작용에 의해 원수를 저속(4～5 m/day)으로 모래층과 자갈층을 통과시켜 여과하는 방법
- 급속여과법 : 중력작용에 의해 원수를 고속(120～150 m/day)으로 모래층과 자

갈층을 통과시켜 여과하는 방법

다. 폭기법

수중에 포함된 탄산제1철, 수산화제1철을 제거하기 위해서 원수를 공기에 분수처럼 노출시킨다. 공기에 노출시킴으로써 산화작용에 의해 불순물을 제거한다.

라. 소독법(살균법)

침전과 여과과정으로 대부분의 세균은 사라지지만, 그래도 잔존하는 세균을 제거하기 위하여 살균하는 방법이다. 약품으로는 염소, 표백분, 오존 등이 사용된다.

② 수질

가. 물의 경도(Hardness of water)

물의 경도란 물속에 용해되어있는 마그네슘이나 칼슘의 양을 이것에 대응하는 탄산칼슘의 100만분율(ppm, parts per million)로 환산표시한 것이다.

탄산칼슘의 함유량에 따른 물의 분류는 다음과 같다.

㉮ 극연수(증류수, 멸균수)
- 탄산칼슘의 함유량이 0 ppm인 순수한 물
- 황동관을 부식시킴(주석으로 황동관을 도금)

㉯ 연수(軟水)
- 탄산칼슘의 함유량이 90 ppm 이하인 물
- 세탁, 보일러 등의 사용에 적합한 물

㉰ 적수(適水)
- 탄산칼슘의 함유량이 90～110 ppm인 물

㉱ 경수(硬水)
- 탄산칼슘의 함유량이 110 ppm 이상인 물
- 세탁, 보일러 등에 부적합(보일러 내부에 스케일이 발생되어 전열효율이 떨어지고, 보일러 수명 단축)

5) 급수방식

(1) 급수량의 산정

급수설비의 기기, 배관 직경을 산정하기 위하여 가장 우선 고려되는 것은 건물의 필요 급수량의 추정이다. 급수량 추정은 건물의 용도, 규모, 위생기구의 종류와 수량 등에 의해 좌우되며, 사용수량은 생활수준, 습관 등에 영향을 받지만 통계적인 자료를 활용하여 추정할 수 있다. 건물별 사용수량은 일반적으로 급수인원에 의한 방법과 건축물의 면적에 의한 산정방법이 있으며, 표 3-11의 건축물 종류의 사용수량을 참조하여 각각 다음 식 (51)~(52)로 추정한다.

① 급수인원에 의한 산정

$$Q_d = N \cdot q \tag{51}$$

여기서, Q_d : 1일 급수량(ℓ/d)

N : 급수대상 인원(인)

q : 건물 종류별 일 1인당 사용수량

② 건축물의 면적에 의한 산정방법

급수대상인원이 불확실한 경우는 건축물의 면적에 의해서 산정하며, 건축물 용도별 사용수량은 표 3-11과 같다.

$$Q_d = A \cdot k \cdot n \cdot q \tag{52}$$

여기서, Q_d : 1일 급수량(ℓ/d)

A : 건물의 연면적(m^2)

k : 유효면적 비율(%)

n : 유효면적당 거주인원(인/m^2)

q : 건물 종류별 일 1인당 사용수량

표 3-11 건축물 용도별 사용수량

건축물의 용도	1일 1인당 급수량(ℓ/d)	유효면적당 인원(인/m^2)	연면적에 대한 유효면적비(%)
사무소, 은행	100~120	0.2	55~57
병 원	250~1000	1병상 당 3.5	45~48
극장, 영화관	10~30	1.0	53~55
백화점	손님 3, 직원 100	1.0	55~60
상 가	손님 100, 주인 160	0.16	-
주 택	160~200	0.16	50~53
아파트	160~200	0.16	45~50
기숙사	120	0.2	
호 텔	250~300	0.17	
초중학교	40~50	0.14~0.25	58~60
고등학교 이상	80	0.1	53~55

(2) 급수방식

건물의 내부와 외부에 물을 급수하는 방식에는 수도직결식, 고가수조식, 압력탱크 방식이 있으며, 각 방식의 특징은 다음 표 3-12와 같다.

표 3-12 각종 급수방식의 비교

급수방식	개요	급수압력변동	단수시 급수	정전시급수	수질오염가능성
수도직결	수도공급으로 급수	수도본관의 압력에 좌우	불가	관계없음	탁월
고가수조	지하수조에서 고가수조로 양수	변화 없음	지하수조와 고가수조에 잔량이용가능	고가수조에 남은 물 이용	보통
압력탱크	지하수조에서 압력수조에 압입 후 급수	압력수조의 출구측에 압력조절밸브가 없으면 수압변동이 심함	지하수조에 남아있는 물이용	발전기 설치 시에 가능	우수
부스터 방식	지하수조에서 직송펌프에 의해 수조 없이 급수	거의 일정	지하수조에 남아있는 물 이용	발전기 설치 시에 가능	우수

① 수도직결 방식

상수도 급수관으로부터 건물에 필요개소에 직접 급수하는 방식으로 중소규모 건물에 적용된다(그림 3-20).

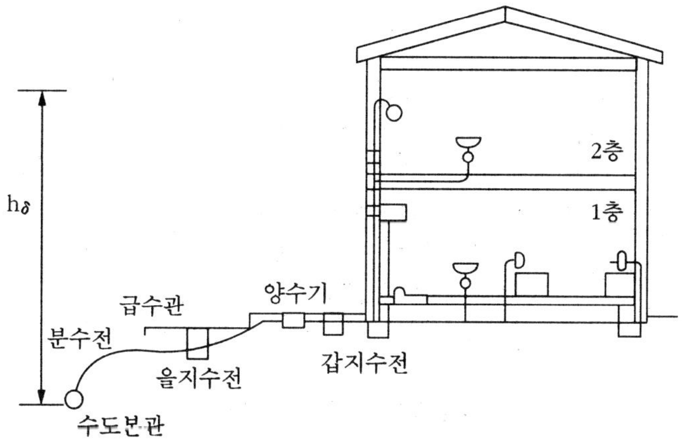

그림 3-20 수도직결식

수도 직결식은 설비비가 저렴하고, 정전 시에도 계속 급수가 가능하며, 급수오염이 가능성이 매우 낮은 장점이 있고, 단수 시 급수가 불가능하며 급수 높이에 제한이 있고, 지역 및 높이에 따라 급수압의 차이가 있는 단점이 있다. 일반적으로 수도 직결식은 주택, 소규모 건물에 적용된다.

② 고가수조 방식

지하수조에 급수한 이후에 양수펌프를 이용하여 건물의 옥상에 설치된 물탱크에 물을 채운 이후에 중력의 힘으로 각 수전으로 급수하는 방식이다(그림 3-21). 중규모 이상의 건물에 채택되는 방식이다.

• 급수 과정 : 상수 → 지하 저수조 → 양수 펌프 → 고가수조 → 각 수전

고가수조는 일정한 수압으로 급수할 수 있고, 대규모 급수설비에 적당하며 수도공사나 정전 시 일정시간동안 급수가 가능한 장점이 있다. 반면에, 저수조의 급수오염 가능성이 있고, 물탱크의 하중에 견디기 위한 구조보강이 요구되는 단점이 있다.

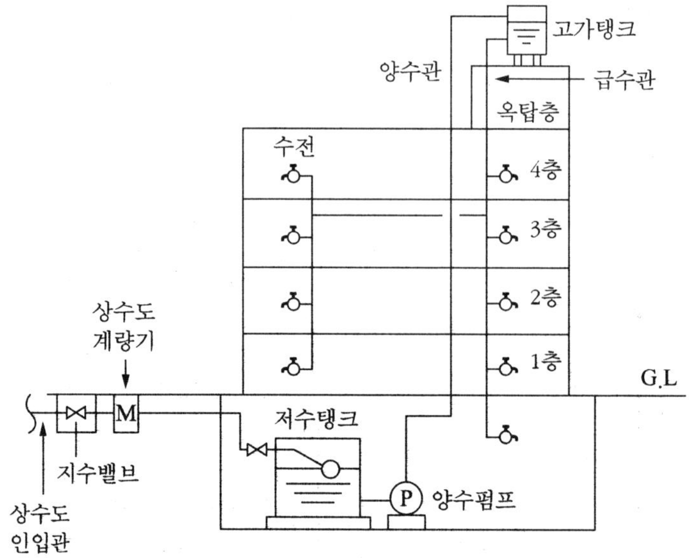

그림 3-21 고가수조 방식

③ 압력탱크 방식

지하 저수조의 물을 급수 펌프로 밀폐된 압력 탱크에 보내면 탱크내부는 압축된 공기 때문에 압력이 높아진다. 이 압력으로 급수하게 되는 방식이다(그림 3-22).

- 급수방식 : 상수 → 저수조 → 양수펌프 → 압력탱크 → 각 수전

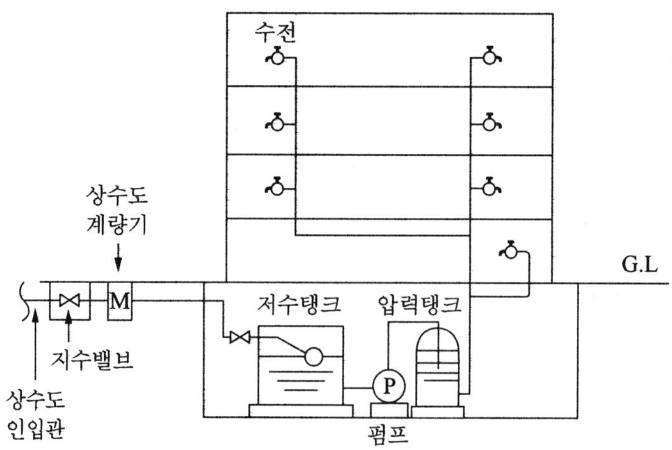

그림 3-22 압력탱크 방식

압력탱크 방식은 고가수조에 비하여 수압의 변동이 심하고, 동력비와 설비비가 높기 때문에 국부적으로 사용된다(체육관, 경기장 등).

④ 부스터 방식

지하 저수조의 물을 펌프로 직접 필요한 각 수전에 급수하는 방식이다(그림 3-23). 지하 수조 이외에 탱크가 없기 때문에 탱크 없는 펌프 직송방식이라고도 한다.

- 급수방식 : 수도본관 → 양수기 → 저수조 → 급수펌프 → 건물 내 각 수전

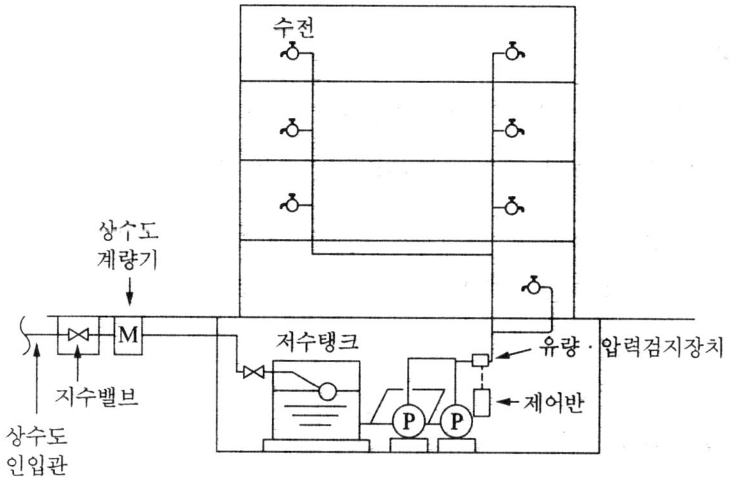

그림 3-23 부스터 방식

(3) 급탕설비

급탕설비란 가스, 석유, 전기 등을 열원으로 하는 가열장치로 통하여 온수를 필요로 하는 장소에 공급하는 설비를 말한다.

① 급탕의 기초사항

가. 물의 팽창과 수축

- 순수한 물은 0℃에서 얼게 되고, 이때 약 9%의 체적팽창이 발생된다.
- 4℃의 물이 100℃가 되면 약 4.3%의 체적 팽창이 일어난다.
- 100℃의 물이 증기가 되면 약 1,700배의 체적 팽창이 일어난다.

나. 비열과 열량

비열이란 임의물질의 온도를 1 kg을 1℃ 올리는데 필요한 열량이며, 물의 비열은 1 kcal/kg℃이다. 열용량은 다음 식 (53)으로 계산한다.

$$Q = cm\Delta t\,(\mathrm{kcal}) \tag{53}$$

여기서, c : 물질의 비열

m : 물질의 질량

Δt : 온도차

② 급탕방식

급탕방식은 필요한 곳에서 바로 만들어 사용하는 개별식과 아파트와 같이 중앙에서 온수를 만들어 필요한 곳에 공급하는 중앙식으로 구분한다.

가. 개별식 급탕방식

전기, 가스 등을 사용하여 순간온수기 등을 사용하여 주방, 욕실 등에 소규모로 공급하는 방식이다.

표 3-13 개별식 급탕방식의 장·단점

구분	내용
장점	• 설치 및 철거가 간단하고 시설비가 저렴하다. • 배관의 열손실이 적고, 높은 온도의 물을 빨리 얻을 수 있다. • 수시로 급탕이 가능하다.
단점	• 어느 정도 급탕규모가 크면 가열기가 필요하므로 유지, 관리가 어렵다. • 급탕 개소마다 가열기의 설치공간이 필요하다. • 값싼 연료를 구하기 어렵다. • 실내의 미관 및 가스사용 시 연도처리 등 미관처리가 곤란하다.

나. 중앙공급장치

지하실 등의 일정한 장소에 급탕장치를 설치하고, 배관을 통하여 필요한 장소에 온수를 공급하는 장치이고 대규모 급탕에 적합하다.

표 3-14 중앙식 공급장치의 장·단점

장점	• 연료비가 적게 든다(석유, 중유 사용). • 열효율이 높다. • 관리상 유리하다. • 배관에 의해 필요한 곳은 어디든지 공급이 가능하다.
단점	• 초기 투자비용이 많이 든다. • 전문 기술자가 필요하다. • 배관 및 기기로부터 열손실이 크다.

3-2 전기설비

1. 전기설비의 기초

1) 전기설비의 분류

전기설비는 약전설비[30]와 강전설비[31]로 구분되며, 건축물에 사용되는 전기설비는 다음과 같이 분류한다.

(1) 전원설비(강전설비)

- 수변전설비, 자가발전설비, 축전지설비 등

(2) 동력설비(강전설비)

- 공기조화기, 급배수설비에 사용되는 송풍기, 펌프
- 엘리베이터, 에스컬레이트에 사용되는 동력

30) 주로 9 V, 12 V, 24 V 등을 사용하는 전화, 인터폰, 전기시계, 방송설비 등을 말함.
31) 100 V 이상의 교류전기를 사용하는 조명, 동력, 전원설비 등을 말함.

(3) 조명설비(강전설비)

- 전기에너지를 빛에너지로 변환하여 사용하는 설비

(4) 소화설비

- 화재진압을 위한 설비

(5) 정보, 통신설비(약전설비)

- 전화설비, 인터폰, 방송설비 등

2) 전기설비의 기초사항

(1) 전압, 전류, 저항

전기설비의 기초사항인 전압[32], 전류[33], 저항[34]의 표시방법과 단위는 다음 표 3-15와 같다.

$$전압(V) = 전류(I) \times 전압(R)$$

표 3-15 전압, 전류, 저항

	표시방법	단위
전압	V	V (Volt)
전류	I	A (Ampere)
저항	R	Ω (Ohm)

32) 전류가 흐를 수 있도록 하는 전위의 차이

33) 전자의 이동에 의해서 발생되는 현상. 전자흐름의 역방향을 전류의 정방향으로 함.

34) 도체에 전류가 흐를때 흐름을 방해하는 요소

(2) 저항의 크기

전선의 저항은 전선의 굵기에 반비례하고, 길이에 비례한다(식 54).

$$R = \rho \frac{\ell}{S} \tag{54}$$

여기서, R : 저항(Ω)

S : 도선의 단면적(cm^2)

ℓ : 도선의 길이(cm)

ρ : 도선의 고유저항

(3) 전압의 구분

전압은 다음 표 3-16과 같이 저압, 고압 및 특고압으로 구분한다.

표 3-16 전압의 구분

전압의 종류	직 류	교 류
저 압	750 V 이하	600 V 이하
고 압	750 V 초과 7,000 V 이하	600 V 초과 7,000 V 이하
특고압	7,000 V 초과	

(4) 직류와 교류

직류는 시간의 변화에 무관하게 일정한 전압으로 전류의 세기와 방향이 일정한 것을 말하며, 전기기계와 고속 엘리베이터의 전원에 사용된다.

교류는 시간의 변화에 따라서 전류의 세기와 방향이 주기적으로 바뀌는 것을 말하며, 건축물의 전등, 전열, 동력 등 대부분의 전기설비에 사용된다.

(5) 전력

전류가 단위에 하는 일을 전력이라 하고, 식 (55)와 같이 계산한다.

$$P(W) = V \times I \tag{55}$$

(6) 전력량

전기가 어느 시간에 일어나는 일의 총량을 나타내며, 소비한 전력과 사용한 시간의 곱으로 계산한다.

(7) 간선(Main line feeder)

변전실의 배전반에서부터 분전반, 제어반까지의 전류의 배선을 말하고, 전선로에 있어서 나무의 줄기에 해당되는 것이다.

(8) 배전반

각 수용소마다 배전계통을 통제하기 위하여 개폐기, 차단기, 계기 등을 설치한 판을 통칭한다.

(9) 분전반

배전반에서 배선된 간선을 각 실에 분기 배선하기 위하여 개폐가나 차단기를 벽체에 설치한 기기이다.

(10) 수전반

수전에 필요한 기기류(차단기, 계전기, 계기 등)를 부착한 배전반을 수전반이라고 한다.

(11) 변전설비

배전선으로부터 수전한 고압을 건축물에 필요한 전압으로 낮추는 전기설비이다.

2. 수변전설비

발전소에서 생산된 전기를 사용하기에 적합한 전압으로 낮추는 설비를 수변전설비라고 한다.

(1) 변전실의 위치와 구조

변전실의 위치는 다음과 같은 조건을 고려하여야 한다.

① 부하의 중심에 가까운 곳

② 인입선과 접지선의 접속이 편리한 곳
③ 채광과 통풍이 양호한 곳
④ 습기나 먼지가 적은 곳, 화재의 위험이 적은 곳

변전실의 구조는 다음과 같은 조건을 고려한다.

① 내화구조로 한다.
② 채광 또는 조명 설비를 한다.
③ 환기, 통풍이 원활한 곳
④ 바닥콘크리트의 두께 : 200~300 mm

변전실의 면적은 다음 식 (56)과 같이 설정한다.

$$A\ \mathrm{m}^2 = 3.3\sqrt{\text{전기설비용량}(\mathrm{kW})} \qquad (56)$$

3. 예비전원설비

예비전원설비는 비상용 엘리베이터, 은행의 현금취급소, 병원의 병실, 소화전용펌프, 화재경보장치 등에 필요하다. 예비전원설비는 축전지설비, 자가발전설비 및 축전지와 자가발전설비를 겸용으로 사용하는 경우로 대별된다.

(1) 축전지 설비

축전지 설비의 용도는 유도등, 전자시계, 비상방송, 비상조명등 등이며 축전지실의 고려사항은 다음과 같다.

① 충전기는 부하에 가까워야 한다.
② 실내에 배수시설을 해야 한다.
③ 축전실 내의 배선은 비닐전선을 사용한다.
④ 천장 높이는 2.6 m 이상으로 한다.
⑤ 기기의 반출입이 쉽고, 운전과 보수가 용이한 곳에 설치한다.

(2) 자가발전설비

비교적 장시간의 정전에도 전원의 공급이 가능해야 하고, 최소한의 보안전력을 확보하기 위한 설비를 말한다.

가. 발전기의 위치

- 기기의 반·출입과 운전, 보수가 용이한 곳
- 배기 배출구에 가까운 곳
- 급배수와 연료보급이 쉬운 곳
- 변전실에 가까운 곳

나. 발전기실의 구조

- 내화구조
- 방음, 방진구조

다. 용도

- 병원, 극장, 호텔 등

4. 배전설비

(1) 배전설비

전기의 생산과 분배과정은 다음의 과정을 거치게 된다. 즉, 발전소에서 전기를 생산하는 과정을 발전이라고 하고, 전기를 수송하는 과정을 송선, 그리고 수요지에서 수용가에게 전기를 분배하는 배전이라고 한다.

(2) 간선

건물로의 인입개폐기(배선용 차단기)로부터 각 층에 설치된 분전반의 분기 개폐기까지의 배선을 말하며, 간선의 배선방식은 그림 3-24와 같은 종류가 있다.

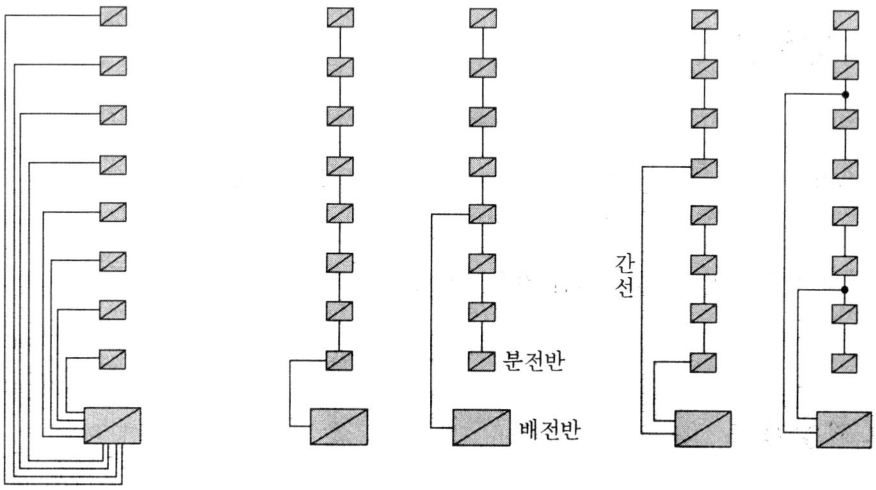

(a) 평행식 (b) 수지상식(나뭇가지식) (c) 병용식

그림 3-24 간선의 배선방식

(1) 수지방식(나뭇가지식)

1개의 간선이 각각의 분전반을 배선하는 방식이며, 배선비용은 경제적이고 소규모 건축물, 전동기가 넓은 범위에 분산되어 있는 건축물에 적합하다.

(2) 평행식

단독배선으로 각각의 분전반마다 배선하는 방식이다. 배선이 복잡하고 배선 공사비가 많이 소요되고, 대규모 건축물에 사용된다.

(3) 병용식

부하의 중심에 분전반을 설치하여 각 부하에 배선하는 방식이다. 수지상식과 평행식이 장·단점을 보완한 방식으로 일반 건축물에 가장 많이 활용된다.

3-3 소방시설

소방시설 설치 유지 및 안전관리에 관한 법률 시행령의 별표 1에는 소방시설에 관하여 언급하고 있다. 여기에는 소화설비[35], 경보설비[36], 피난설비[37], 소화용수설비[38] 및 소화활동설비[39]에 관하여 그 항목을 제시하고 있다.

1. 소화설비

1) 소화설비 설치의 의의

건축물에서 화재발생의 위험성이 있는 경우는 반드시 출화 이후의 대책이 요구된다. 출화 이후 초기 소화용의 기구와 설비를 설치하여 화재의 확산을 방지할 수 있다. 화재 초기 단계에서 소화하는 것이 가능하다면 소실부분이 적고, 발열량 및 연소에 의한 생성물이 억제되어 인적, 물적 피해의 경감이 가능하다.

2) 소화설비 범위와 설치 규모

사람의 행동에 의한 소화가 가능한 소화설비 구비 대상은 비교적 연소의 확대요소가 적고 화재로 인한 인적, 물적 피해가 적은 용도 건축물이며, 사람에 의한 소화설비와 화재 자동감시, 자동소화설비 설치대상으로서는 복잡하고 연소의 확대 우려가 있는 건축물이다.

35) 소화설비란 물 또는 그 밖의 소화약제를 사용하여 소화하는 기계, 기구 또는 설비
36) 화재발생 사실을 통보하는 기계, 기구 또는 설비
37) 화재가 발생한 경우 피난하기 위하여 사용하는 기구 또는 설비
38) 화재를 진압하는데 필요한 물을 공급하거나 저장하는 설비
39) 화재를 진압하거나 인명구조활동을 위하여 사용하는 설비

3) 소화설비 설치의 체계

(1) 소방법령에 정해진 소화설비

소화설비에는 소화기, 간이 소화용구, 옥내소화전 설비, 스프링클러 설비, 할로겐화물 소화설비, 분말소화설비, 옥외소화전 설비 및 동력 소화펌프설비 등이 있다.

(2) 소화설비의 선택 방법

화재의 진전단계, 화재 패턴 및 건축물 구조형태에 따라 선택한다.

(3) 상위 성능 설치에 의한 하위 성능 설비의 경감

스프링클러 설비를 설치한 경우는 유효범위 내의 소화기 설치 개수를 능력 단위수의 1/3까지 경감할 수 있다.

(4) 소화단계

- 초기 소화 설비 활용한 이후 소방대에 의한 본격 소화 작업 진행
- 자체 해결 우선 및 보완 상황 대처
- 스프링클러 작용(자체 용수 이용) 및 소방대에 의한 송수 가능(옥내소화전 설비에도 송수구를 설치하는 것이 바람직함)

2. 각종 소화설비

1) 옥내소화전

옥내소화전은 건축물 그리고 기타 공작물 내에서 발생한 화재에 대해 소방대가 도착하기 전까지, 출화 대상물의 관계자가 소화활동 시 사용하기 위한 이동용 설비이다. 장비의 구성은 노즐, 소방용 호스이고, 방수량은 당해 층의 전체 옥내소화전 중 5개를 동시에 사용한 경우에 각각의 노즐 선단에서의 압력이 1.7 kg/cm² 이상으로 130 L/분 이상의 양으로 규정되어있다(그림 3-25).

외부 내부

그림 3-25 옥내소화전

(1) 설치 위치

소방대상물의 층마다 그 층의 각 부분에서 하나의 호스 접속구까지 수평거리가 25 m 이하가 되도록 설치하며, 소화전을 설치하기 위해 위치 선정 시 고려사항은 그 층의 출입구 가까이에서 소화 조작하는 사람이 퇴피할 수 있는 위치에 설치되어야 한다는 것이다(그림 3-26).

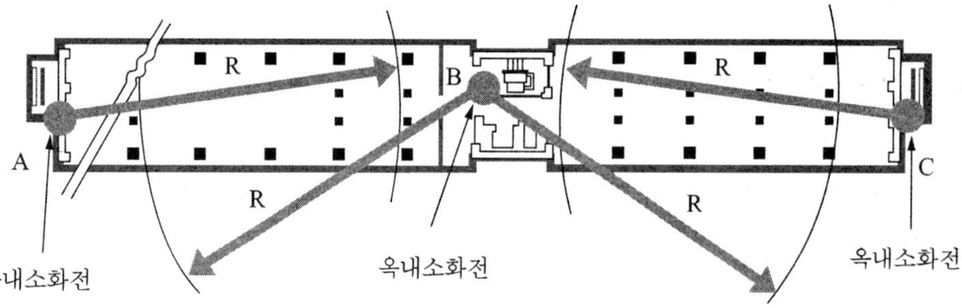

그림 3-26 옥내소화전 설치위치

(2) 수원의 수량

설치개수가 가장 많은 층의 설치 개수(5개를 넘을 경우는 5개로 함)에 2.6 m^3을 곱한 양이 수원의 수량이 확보되어야 한다. 실제로는 소방대의 도착시간을 고려하여 다소 여유 있는 수량이 준비되어야 한다.

(3) 방수량과 압력

당해 층의 전체 옥내 소화전 중 5개를 동시에 사용한 경우에 각각의 노즐 선단에서의 압력이 1.7 kg/cm² 이상으로 130 L/분 이상이고, 하층으로 갈수록 방수압력이 증대되므로 조작하는 사람이 곤란을 겪을 수 있으며 신체상의 위험을 느낄 수 있다. 따라서 노즐 선단의 방수 압력은 7 kg/cm² 이하로 제한하나 일반적 3.5～5 kg/cm²로 하는 것이 바람직하다.

(4) 옥내소화전을 설치해야 되는 특정소방대상물

옥내소화전설비를 설치하여야 하는 특정소방대상물(가스시설 및 지하구를 제외한다)은 다음과 같다. 다만, 아파트 · 업무시설 또는 노유자 시설에는 호스릴 옥내소화전설비를 설치할 수 있다.

- 연면적 3천 제곱미터 이상(지하가중 터널을 제외한다)이거나 지하층 · 무창층 또는 층수가 4층 이상인 것 중 바닥면적이 600제곱미터 이상인 층이 있는 것은 전 층
- 지하가 중 터널로서 길이가 1천 미터 이상인 터널
- 가목에 해당하지 아니하는 근린생활시설 · 위락시설 · 판매시설 및 영업시설 · 숙박시설 · 노유자 시설 · 의료시설 · 업무시설 · 통신촬영시설 · 공장 · 창고시설 · 운수자동차 관련시설 또는 복합 건축물로서 연면적 1천5백 제곱미터 이상이거나 지하층 · 무창층 또는 층수가 4층 이상인 층 중 바닥면적이 300제곱미터 이상인 층이 있는 것은 전 층
- 건축물의 옥상에 설치된 차고 또는 주차장으로서 차고 또는 주차의 용도로 사용되는 부분의 면적이 200제곱미터 이상인 것
- 가목 및 다목에 해당하지 아니하는 공장 또는 창고로서 「소방기본법 시행령」 별표 2에서 정하는 수량의 750배 이상의 특수가연물을 저장 · 취급하는 것

2) 옥외소화전

건축물 1층 및 2층에 발생된 화재에 대해서, 소방대가 도착하기 전까지의 건물 관계자에 의해서 건물 내의 화재를 소화할 목적으로 설치되는 설비로서 노즐과 호스로 구성된다(그림 3-27).

옥외소화전이 설치된 경우는 건축물의 1층과 2층에 한해 옥내소화전 설비가 설치되지 않을 수 있다.

방수량은 전체 옥외소화전(설치개수가 2개 초과할 경우는 2개로 함)을 동시에 사용할 경우, 방수압력 2.5 kg/cm² 이상에 350 L/분 이상을 할 수 있어야 한다.

(1) 위치

건축물 1층과 2층이 대상이므로 건축물 및 공작물 등의 외벽에서 적어도 10 m 이상의 거리를 유지해야 하고, 소화전의 설치 위치가 화재 시의 복사열에 보호되고, 조작에 지장이 없으면 거리의 단축이 가능하다.

옥외 소화전 설계 시에는 1층 또는 2층의 전체 부분에 방사된 물이 닿도록 위치 및 호수의 본수(本數)를 고려해야 한다. 종류에는 지상식, 지하식이 있다. 장비로서 옥외소화전 캐비넷은 소화전에서 5 m 이내에 설치한다(호스, 구동펌프설치).

그림 3-27 옥외소화전

(2) 옥외 소화전을 설치해야 되는 특정소방대상물

옥외소화전설비를 설치하여야 하는 특정소방대상물(가스시설 · 지하구 또는 지하가중 터널을 제외한다)은 다음과 같다.

① 지상 1층 및 2층의 바닥면적의 합계가 9천 제곱미터 이상인 것. 이 경우 동일구내에 2 이상의 특정소방대상물이 행정자치부령이 정하는 연소우려가 있는 구조인 경우에는 이를 하나의 특정소방대상물로 본다.

② 지정문화재로서 연면적 1천 제곱미터 이상인 것

③ 가목에 해당하지 아니하는 공장 또는 창고로서 「소방기본법 시행령」 별표 2에서 정하는 수량의 750배 이상의 특수가연물을 저장 · 취급하는 것

(3) 스프링클러 설비

① 개요

스프링클러 설비의 설치 목적은 스프링클러 헤드(head)가 부착된 천장면 아래에서 화재가 발생된 경우에 조기에 작동하여 화재를 소규모 범위 내로 소화하는 것이다. 구성은 수원(水原), 가압 송수장치, 자동경보장치, 배관, 스프링클러 헤드, 전용 송수구 및 각종 밸브로 되어 있다. 스프링클러의 설비의 분류는 개방형 스프링클러 헤드를 사용하는 설비 그리고 폐쇄형 스프링클러 헤드를 사용하는 설비로 대별된다(그림 3-28).

가. 개방형 스프링클러 헤드

화재 감지기와 연동하는 자동식 설비와 수동식 설비로 구별되고, 극장의 무대부 등 천장이 높은 곳 등의 특수한 곳에 설치된다.

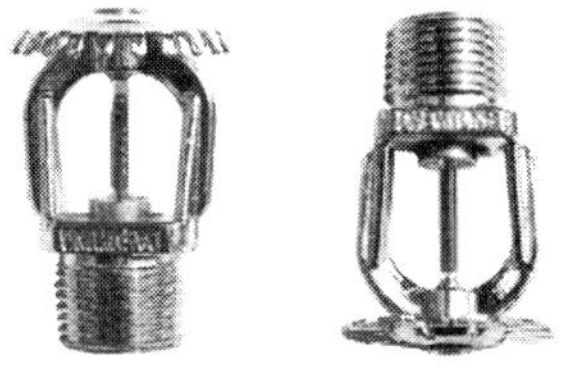

폐쇄형(상하향)

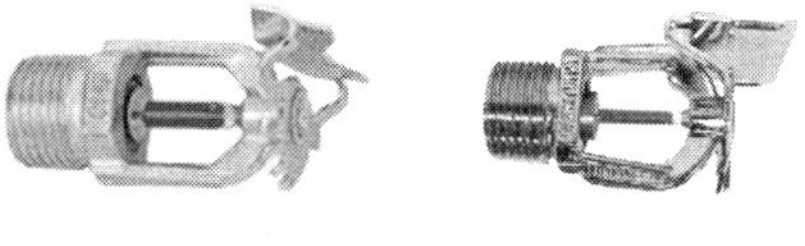

측벽형

그림 3-28 스프링클러 종류

나. 폐쇄형 스프링클러 헤드

거실 등 일반적인 장소에 설치되며, 배관 내에 상시 물을 가압, 충수하는 습식 설비와 스프링클러 헤드와 자동 경보밸브까지의 배관에 공기에 의해 가압해 두는 건식 설비로 분류된다.

폐쇄형 스프링클러의 작동은 화재가 발생된 경우 스프링클러 헤드의 감지부분이 용해 또는 파괴되어 이루어지며, 헤드의 방수구가 개방되어 살수된다.

② 스프링클러 헤드 설치 간격

가. 무대부 또는 준 위험물 및 특수 가연물 저장, 취급 장소
- 반경 1.7 m 이하

나. 일반 건축물
- 반경 2.1 m 이하(내화구조로 된 경우 : 2.3 m 이하)
- 아파트 3.2 m 이하

다. 지하건축물
- 주방부분은 1.7 m 이하
- 주방 이외 부분은 2.1 m 이하

③ 폐쇄형 스프링클러 헤드의 설치가 생략되는 위치

직접 외기에 개방된 부분으로 외부의 기류가 유통되는 장소, 극장 등의 객석으로 천장이 높은 부분, 엘리베이터 승강로, 린넨 슈트, 파이프 샤프트, 기타 유사한 부분은 스프링클러 설치가 생략된다.

④ 스프링클러 설비를 설치해야 하는 특정소방대상물

스프링클러설비를 설치하여야 하는 특정소방대상물(가스시설 또는 지하구를 제외한다)은 다음과 같다.

가. 문화집회 및 운동시설(사찰 · 제실 · 사당 및 동식물원은 제외한다)로서 다음의 1에 해당하는 경우에는 전 층
- 수용인원이 100인 이상인 것
- 영화상영관의 용도로 쓰이는 층의 바닥면적이 지하층 또는 무창층인 경우 500제곱

미터 이상, 그 밖의 층의 경우에는 1천 제곱미터 이상인 것

- 무대부가 지하층 · 무창층 또는 4층 이상의 층에 있는 경우에는 무대부의 면적이 300제곱미터 이상인 것
- 무대부가 위 호 외의 층에 있는 경우에는 무대부의 면적이 500제곱미터 이상인 것

나. 판매시설 및 영업시설로서 다음의 1에 해당하는 경우에는 전 층

- 층수가 3층 이하인 건축물로서 판매시설 및 영업시설의 바닥면적 합계가 6천 제곱미터 이상인 것
- 층수가 4층 이상인 건축물로서 판매시설 및 영업시설의 바닥면적 합계가 5천 제곱미터 이상인 것
- 수용인원 500인 이상인 것

다. 층수가 11층 이상인 특정소방대상물의 경우에는 전 층. 다만, 주택법령에 의하여 기존의 아파트를 리모델링 하는 경우로서 건축물의 연면적 층고가 변경되지 아니하는 경우에는 당해 아파트의 사용검사 당시의 소방시설 적용기준을 적용한다.

라. 노유자 시설 · 정신보건법 제3조 제2호의 규정에 해당하는 정신보건시설(이하 "정신보건시설"이라 한다) 및 숙박시설이 있는 수련시설로서 연면적 600제곱미터 이상인 경우에는 전 층

마. 천장 또는 반자(반자가 없는 경우에는 지붕의 옥내에 면하는 부분)의 높이가 10미터를 넘는 랙크식 창고(선반 또는 이와 비슷한 것을 설치하고 승강기에 의하여 수납물을 운반하는 장치를 갖춘 것을 말한다)로서 연면적 1천5백 제곱미터 이상인 것

바. 지하가(터널을 제외한다)로서 연면적 1천 제곱미터 이상인 것

사. 가목 내지 마목에 해당하지 아니하는 특정소방대상물(냉동 창고를 제외한다)의 지하층 · 무창층 또는 층수가 4층 이상인 층으로서 바닥면적이 1천 제곱미터 이상인 층

아. 가목 내지 사목의 특정소방대상물에 부속된 보일러실 또는 연결통로 등

자. 복합건축물 또는 교육연구시설 내에 있는 학생수용을 위한 기숙사로서 연면적 5천 제곱미터 이상인 경우에는 전 층

차. 마목에 해당하지 아니하는 공장 또는 창고로서 「소방기본법 시행령」 별표 2에서 정하는 수량의 1천배 이상의 특수가연물을 저장 · 취급하는 것

(4) 드렌처(Drench) 설비

다른 곳으로부터의 화재 연소를 방지하기 위하여 설치한다.

드렌처 헤드, 제어밸브로 구성되고 제어밸브를 수동으로 열어 살수한다. 제어밸브 위치는 바닥 면에서 0.8 m 이상 1.5 m 이하이고, 헤드의 간격은 수평거리 2.4 m 이하, 수직거리 4 m 이하로 한다. 필요 수량(水量)은 드렌처 헤드가 가장 많이 설치된 제어밸브의 드렌처 헤드의 설치 개수에 1.6 m³를 곱하여 얻은 수치 이상으로 한다(그림 3-29).

방수량은 모든 드렌처 헤드를 동시에 사용(최고 5개)한 경우에 방수압력은 1 kg/cm² 이상, 방수량 60 L/분 이상이 되어야 한다.

그림 3-29 드렌처 헤드

(5) 물분무 소화설비

물을 미립상으로 분산, 방출하여 소화함으로써 화세 제압 또는 연소방지를 목적으로 설치하는 설비이다. 적용대상은 전기화재, 기름화재 등이며, 기기를 포함해 설비 설계상 가장 기술적으로 어려운 설비이다. 물분무 헤드의 물의 미세 크기 분할능력이 가장 중요하며, 설비의 기술이 높지 않으면 효과가 불확실한 수준이다(그림 3-30).

그림 3-30 물분무 헤드

(6) 포 소화설비

포(泡) 소화약제를 기계적으로 발포시켜 연소를 피복시켜 질식 효과에 의해 소화목적을 달성하는 설비로서 물에 의한 소화활동이 어려운 구조물, 석유정제 공장, 주차장 등에 사용된다(그림 3-31).

저발포, 고발포의 두 종류가 있다.

① 저 발포

포 소화약제로서 단백 포 소화원액(동식물의 단백질을 주원료로 제작된 것), 합성계면 활성제계 포(합성세제를 주성분으로 한 것)를 사용하는 것으로서 국부적 화재 진압용으로 사용된다.

② 고 발포

화재실 전체를 거품으로 충만시켜 소화하는 방식

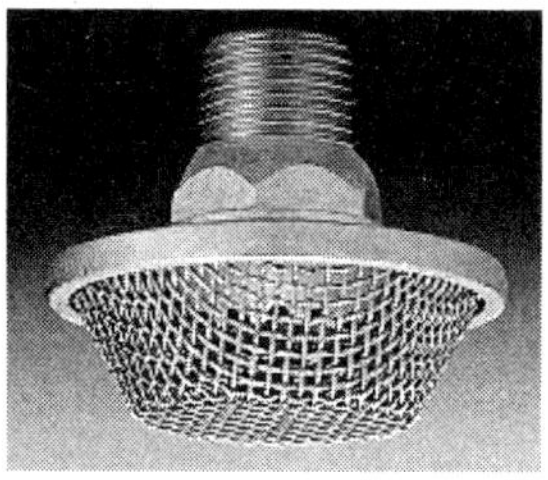

그림 3-31 포소화설비

(7) 이산화탄소 소화설비

① 개요

연소중인 장소에 이산화탄소를 방사하여 공기 중의 산소농도를 일정 한도 이하로 내림으로써 그 연소를 정지시켜 화재를 진화하는 설비이다. 종류에는 화재감지기와 연동되는 연동식, 사람이 조작하는 수동식이 있으며, 주로 자동차 차고, 주차장, 발전소, 기타 전기설비를 갖춘 실, 통신 기기실, 석유류, 강 · 산류의 보관 장소 등에 사용된다.

이산화탄소의 방출방식에 따른 분류로서는 전역 방출방식과 국소방출방식, 이동방식이 있다.

가. 전역 방출방식 : 설비를 설치하는 방호구획의 용적에 따라 소요 가스량을 설치하고, 방호 구획 내까지 배관하여 방호구획 전역에 이산화탄소를 방사하는 방식

※방호 구획 : 소화를 효과적으로 달성하기 위해 특수 소화제를 방사하는 밀폐된 공간

나. 국소 방출방식 : 범위내의 일부 연소물에 직접 이산화탄소 가스를 방출하는 방식

다. 이동방식 : 이산화탄소 소화전이라 불리는 것으로 플레시블 튜브인 호스를 릴(reel)에 감고 그 호스의 선단에 대형 방사노즐이 부착되어 있어 인위적으로 연소물에 방사하는 방식

② 주의사항

오작동, 조기 작동 및 가스 누출의 우려가 있으므로 인명피해를 줄이기 위해 다음과 같은 노력이 요구된다.

- 전역 방출방식에는 사람이 출입하지 않은 장소에 사용할 것
- 무인 변전설비 이외에는 수동방식으로 운용할 것
- 방호구획에는 적어도 두 개 이상의 피난구를 상호 떨어진 곳에 설치할 것
- 소화 후 방출된 이산화탄소를 외부로 배출할 수 있도록 방호구획 밖에서 용이하게 조작할 수 있는 배기장치 밸브 설치할 것

(8) 할로겐화물 소화설비

이산화탄소 소화설비와 같이 각 헤드 또는 노즐에서 할로겐화물 소화제를 소화에 맞는 패턴(전역 방출방식 또는 국소 방출방식)으로 방사하여 소화하는 소화설비이다. 할로겐화물에는 불소, 염소 및 하론1301이 있으며, 물에 의한 소화방법이 적합하지 않은 대상물에 사용된다. 질식작용, 부(負)촉매 효과 등의 억제작용으로 소화가 진행된다.

할로겐화물의 고농도에 대비하여 이산화탄소와 같은 대비책 마련이 요구된다.

질식, 부촉매효과

할로겐화물은 56~70°에서 휘발되어 공기보다 5~9배 무거운 기체가 되어 연소면을 차단, 폐쇄하므로 지속적인 연소가 이루어지지 않는다.

(9) 분말 소화설비

각 헤드 또는 노즐에서 분말 소화제(탄산수소나트륨 등)를 소화에 적당한 패턴(전역 방출방식, 국소 방출방식)으로 방사하여 소화한다. 질식작용, 억제작용으로 소화가 진행된다.

탄산수소나트륨의 효과는 분말이 연소면을 넓고 두껍게 덮음으로써 질식효과가 유발되고, 탄산수소나트륨의 가열분해로 인하여 다량의 이산화탄소가 발생되어 공기 중의 산소의 농도를 낮추게 된다. 따라서 질식효과와 억제효과로 소화가 일어나게 된다.

질식 작용 : 산소의 공급을 중단시키는 작용

억제작용, 부촉매효과 : 지속적인 연소가 일어나지 않음

분말 소화설비는 물에 의한 소화방법이 적합하지 않은 대상물에 주로 사용된다. 방사 직후 당분간은 분말이 부유하므로 인체에 유해하고, 탈출 시 시계(視界)가 방해되므로 유의해야 한다.

2. 경보설비

1) 경보설비의 정의

경보설비는 화재감지, 경보, 통보를 위한 설비로서 화재감지, 발생장소의 표시, 건축물 내부로의 경보, 타 시설로의 통보 또는 연동 기능을 가져야 한다. 그리고 화재를 조기에 발견하고 자동 또는 인위적으로 경보를 발하여 안전피난, 초기소화, 소방기관으로의 통보, 기타 화재 시의 초동 조치가 가능토록 한다.

자동화재 경보설비는 화재의 발생을 초기단계에서 자동으로 감지하고, 건물 관리자가 있는 장소로 출화장소를 표시함과 동시에 경보를 발하는 설비이며 수신기, 감지기, 발신기, 음향장치, 배선, 전원으로 구성되어 있다.

(1) 수신기

감지기, 발신기에서 발한 신호를 수신하여 표시하고, 동시에 음향장치를 명동(鳴動)시키는 것으로서 P형 1급, 2급 및 R형이 있다(그림 3-32).

경계구역은 수신기 1회선이 유효하게 화재를 지각하는 것이 가능한 구역을 말하고, 원칙적으로 600 m² 이하마다 구분하고 1변의 길이는 50 m를 초과하지 않는다. 방화 구역 내에 배연설비를 자동화재경보설비의 감지기와 연동하여 제어할 경우에는 500 m² 이하이다.

P형 1급 R형

그림 3-32 수신기 종류

(2) 감지기

화재에 의해 발생되는 열 또는 화재에 의해서 발생되는 연소 생성물을 이용하여 자동적으로 화재의 발생을 감지하고, 수신기에 송신하는 것을 말한다(그림 3-33～34).

열감지기			연기감지기	
차동식 스폿형	정온식 스폿형	정온식 감지선형	이온화식	광전식 축적형

그림 3-33 감지기 종류

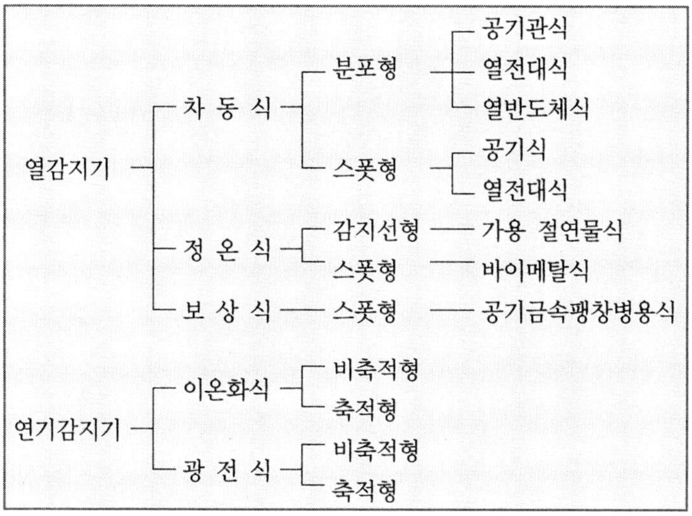

그림 3-34 감지기 종류

① 열식 분류

가. 차동식 : 주위의 급상승 온도에만 작동

나. 정온식 : 천장면 주변의 실온이 일정온도(예 : 70℃)에 도달되면 작동

다. 보상식 : 차동식과 정온식의 기능을 겸비한 방식

라. 분포형(감지선형) : 선상(線狀)의 감지기를 넓은 천장면의 주위에 둘러치고, 그 중 어떤 부분이 열을 받더라도 포착되는 방식

마. 스폿형 : 1개의 감지기로 그 주변의 일정한 범위를 담당하는 형식으로서 바이메탈과 공기 열팽창 또는 열전대를 이용한 방식이 많음.

② 연기식 분류

화재 시의 연기 또는 연소 생성물을 포착하는 것으로서 이온화식과 광전식이 있다.

가. 이온화식 : 이온전류의 감소를 감지하는 방식으로 두 개의 이온실로 구분된다. 즉, 연기가 들어오는 외부 이온실과 밀폐되어 있는 내부 이온실이 있다. 외부 이온실에 침투된 연기의 양에 의해서 이온실에 흐르는 이온 전류가 감소하게 되며, 이를 감지하여 작동하게 된다(양 이온실에는 방사성물질로 항상 이온화되어 있어 이온전류가 일정하게 흐르고 있다).

나. 광전식 : 광전소자의 입사광량이 변화하는 것을 이용하는 방식이다.

③ 감지기의 기타 분류

가. 감지기의 감도 : 특종, 1종, 2종, 3종
나. 방수(防水)성 : 방수형, 비방수형
다. 방식(防蝕)성 : 내산형, 내알칼리형
라. 연기 축적에 의한 작동 유무 : 축적형, 비축적형
마. 재사용성의 유무 : 재용형, 비재용형

(3) 발신기

화재발생 신호를 수동의 누름버튼에 의해 수신기로 보내는 기기로서 P형 1급(그림 3-35), P형 2급이 있으며, 방수성의 유무에 따라 옥외형, 옥내형으로 구분된다.

P형 1급은 P형 1급 수신기에, P형 2급 발신기는 P형 2급 수신에 접속되며, 설치 위치는 각 층의 각 부분에서 보행거리 50 m 이하마다 설치하고, 홀의 입구와 계단 출입구, 복도 부근이며, 0.8～1.5 m 높이에 설치한다.

소화전이 설치될 경우에는 인접하여 설치하고, 발신기 조작에 따라 소화전 펌프가 기동하며 응답램프가 점멸되도록 설치한다. 표시등은 발신기 상부에 설치하며, 15℃ 이상의 각도에서 10 m 이격거리에서도 쉽게 식별이 가능하도록 설치한다.

그림 3-35 P형 1급 발신기(원형), 표시등

(4) 음향장치

감지기 또는 발신기 등의 작동과 연동하여 소방 대상물 또는 그 부분의 전역에 유효하게 경보가 전달될 수 있도록 설치되어야 하며, 설치길이는 해당 층의 각 부분에서 수평거리 25 m 이하여야 한다.

그림 3-36 경종

음량기준은 부착 위치로부터 1 m 떨어진 위치에서 90폰(phon) 이상 확보가 되어야 한다(그림 3-36). 명동방법은 층수가 5층 이하이고, 연면적이 3,000 m² 미만에서는 전관 일제 명동을 채택하고, 이외의 건축물에서는 피난의 우선순위를 고려하여 출화층 및 직상층 우선 명동방식 등을 고려한다.

(5) 전원(電源)

자동화재경보설비용 전원의 종류에는 상용전원, 예비전원, 비상전원이 있다.

예비전원의 경우 P형 2급 1회선용 수신기 이외에는 모든 수신기 내에 밀폐형 축전지로 내장되어야 하고, 용량은 1시간 감시상태를 지속하고 그 직후에도 10분 이상 2회선의 화재 표시와 최대 20개의 음향장치를 작동시키는 것이 가능해야 한다.

비상전원은 예비전원이 있는 경우는 필요가 없으나, 소화전 연동으로 되어 있는 발신기의 표시등 및 응답 램프는 비상 전원에 의한다.

(6) 배선(配線)

수신기에서 음향장치까지의 배선은 방화상 600 V 내열비닐절연 전선 또는 동등 이상의 내열성을 지닌 전선을 사용하여, 금속관 공사, 가요 전선관 공사 등에 의해 설치한다.

비상전원의 배선은 600 V 내열비닐절연 전선 또는 동등 이상의 내열성을 갖는 전선을 사용하고, 내화구조로 한 주요구조부에 매설하거나 이와 동등 이상의 내열 조치를 강구해야 한다.

3. 피난계획 및 피난시설

1) 피난계획 고찰

(1) 피난의 정의

피난이란 화재, 기타 재해의 위험으로부터 생명의 안전을 지키기 위해 보다 안전한 장소로 이동하는 행위를 말한다.

(2) 피난계획 방법 및 목적

건물의 용도, 규모에 따른 수용인원의 성격과 인원 수(數) 등을 고려하여 피난자가 안전한 구획(1, 2, 3차 안전구획)을 통과하여 최종적으로 옥외까지 퇴피할 수 있는 계획을 고려해야 한다.

(3) 피난계획 시 고려되는 인간 행동

① 귀소본능 : 간 길로 되돌아오는 본능이다. 따라서 진입경로를 안전하게 보호하여야 한다.

② 지광본능 : 밝은 길로 향하는 본능이다. 따라서 건물의 밝은 장소에 계단과 피난 발코니 설치해야 한다.

③ 군집심리 : 선도자를 추종하는 본능이다. 따라서 방송설비와 유도원 등의 음성 유도가 고려되어야 한다.

(4) 피난 시 고려사항

① 피난 지시(指示)의 시간 차 경보 : 전체 건물에 화재 경보를 울려 각 층의 사람이 동시에 한정된 피난계단으로 쇄도하면 패닉 상태가 발생될 수 있다(전관명동 지양). 따라서 적당한 때 피난을 지시한다.

② 피난로의 분산 : 한 개소로의 집중화를 방지한다.

③ 피난로의 보호 : 연기, 가스, 열 기류 등으로부터 피난로를 보호한다.

2) 피난계획의 일반 원칙

(1) 일반원칙

① 두 방향 피난로 확보 : 피난경로 중 한 방향이 화재 등의 재해로 사용할 수 없을 경우에 다른 방향이 사용되도록 고려한다(fail-safe).

② 피난경로는 간단, 명료할 것 : 굴곡지고 복잡하며 전체길이가 긴 것은 부적당하다. 복도와 통로의 말단부에는 출구나 계단 등이 있는 것이 이상적이다(fool-proof).

③ 피난의 수단으로서 가장 기본적인 방법에 의한 것을 원칙화 함 : 재해 발생과 같은 비상사태에서는 복잡한 조작을 필요로 하는 장치는 부적당하며, 가장 원시적인 인간 보행에 의한 것을 원칙으로 해야 한다(엘리베이터 사용 불가 등). 즉, 피난수단으로 계단을 이용하는 것이 원칙이다.

④ 피난설비는 고정시설에 의하며, 가반식(可搬式) 기구와 장치(피난기구)는 탈출에 늦은 소수 사람에 대한 극히 예외적인 보조수단으로 간주된다. 여기에는 피난용 로프, 미끄럼대, 피난 트랩, 피난 사다리, 피난 다리, 완강기, 구조대, 공기안전매트가 해당된다.

⑤ 피난경로에 따라 일정 구역을 한정하여 피난 존으로 설정하고, 최종 안전한 피난장소 쪽으로 진행됨에 따라 각 존의 안전성을 높인다. 즉, 출화실에서보다는 실 출구, 복도, 계단의 안전성을 높이고, 이보다는 계단실을 포함한 수직통로의 안전성을 높인다. 다음으로는 건물의 외부 및 주변부의 안전성을 높인다(건물 밖으로의 탈출이 불가능하거나 늦어져 외부 발코니, 옥상 등으로 피난한 사람의 구조를 위한 소방 사다리차 범위확보 등이 필요하다).

3) 피난시설계획

(1) 계획방침

피난계획은 최우선적으로 화재 층의 피난을 고려해야 하고, 건물 전체의 일시적 피난은 계단 등으로의 일시적 집중화를 일으켜 화재 층의 피난을 방해하고 패닉 발생을 유발할 수 있으므로, 화재 층 피난 이후에 상부 층의 피난을 고려하는 방안도 있다.

피난을 순서있게 하기 위해서 적당한 위치에 방연구획을 하여 조닝(Zoning)피난을 하는 것이 바람직하다. 각 존은 방연벽과 피난문을 갖는 것이 원칙이며 이후에 그 다음 단계의 안전구획을 거쳐 안전한 곳으로 옮겨지는 것이 기본이다.

(2) 피난문 계획

피난물 종류에는 방화문, 방화 셔터가 있으며, 각 존마다 적절한 시간 내에 피난이 가능하도록 문의 폭, 개폐 기구, 방화 및 방연 구조를 가진 피난문이 적정한 위치에 배치되어야 한다.

(3) 복도, 로비의 계획

복도에 연결된 임의의 거실에 의해 복도가 오염되면 다른 거실에서의 피난이 곤란해지므로 복도에 연결된 거실의 문은 자동 폐쇄문으로 계획되어야 한다. 엘리베이터 로비는 피난용으로 사용하지 않지만 연기의 상승로가 되므로 상층으로의 연기확산이 우려되어 방연구획으로 한다. 엘리베이터의 최상층 개구부를 확대하여 상부 각층으로의 연기 확산을 배제 유도하고, 피난층 로비는 피난상 가장 중요한 거점이므로 어느 부분에서의 화재이던 곧바로 오염되어서는 안된다. 따라서 완전한 불연화로 외부까지 통하는 경로가 보호되어야 한다.

(4) 계단의 계획

가장 중요한 수직방향의 피난경로이다. 계단의 배치, 구조, 출입구에 대해서 피난상의 조건을 만족시킴과 동시에 방연화를 통해 상층으로의 연기 확산을 방지해야 한다. 위치는 피난 상 위치파악이 용이하고, 동시에 방연상 유리한 장소여야 한다. 계단의 위치 선정은 일반적으로 다음과 같다.

① 백화점과 시장 : 네 모서리에 위치
② 대여 사무소, 학교(중복도) : 복도의 단부
③ 중앙집중식 코어 평면 : 동시에 오염되기 쉬우므로 가급적 떨어진 위치로 선정하고 건물 외주부에 발코니 설치 등으로 보완해야 된다.
④ 고층 건축물, 지하건축물 : 계단에 부속실과 전실을 설치하여 연기의 유입을 억제한다.

계단의 종류에는 직통계단(피난계단, 특별피난계단), 옥외계단, 부분계단(지하층 전용계단, 집회실 전용계단) 등이 있다.

① 직통계단

임의의 층에서 피난층(직접 옥외의 안전한 장소로 나갈 수 있는 층 : 통상적으로 1층을 의미함)까지 직통하도록 연결된 계단이다. 5층 이상 또는 지하 2층 이하의 층에 설치되는 직통계단은 피난계단 또는 특별피난계단으로 해야 한다.

② 피난계단

피난계단의 구조는 다음과 같다.

- 계단실의 창문, 출입구외에는 건축물과 내화구조 벽으로 구획할 것
- 계단실은 예비전원에 의한 조명 설비를 할 것
- 계단실의 내부는 불연 재료로 할 것
- 계단실의 창문은 망입 유리의 붙박이 창으로 하되 면적이 $1\ m^2$ 이내
- 건축물에서 계단실로 통하는 출입구는 0.9 m 이상의 폭을 가지고, 피난방향을 열 수 있으며, 항상 닫혀 있는 구조의 갑종(을종) 방화문을 설치할 것

③ 특별피난계단

발코니 또는 부속실을 갖는 피난계단을 특별피난계단이라고 하며, 구조는 그림 3-37과 같고, 상세한 내용은 다음과 같다.

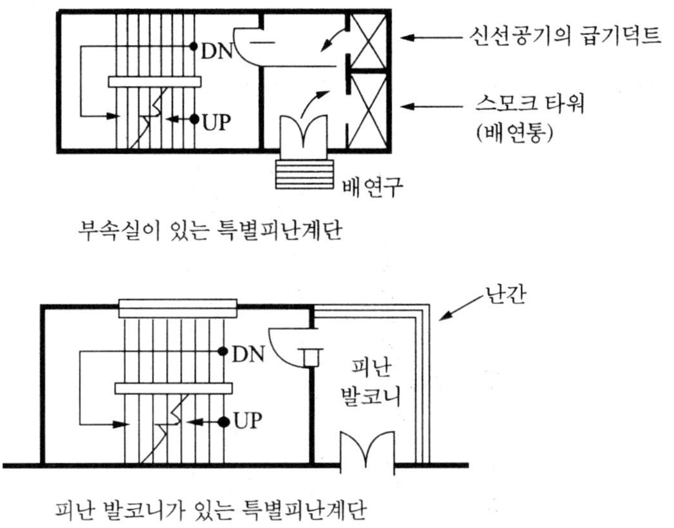

그림 3-37 특별피난계단의 종류

- 부속실 : 옥외 배연을 위한 개구 또는 자연 급기통과 배연설비를 갖춘 것이며, 옥내에 면한 부분은 피난 상 필요한 출입구(갑종 방화문) 이외에는 내화구조의 벽으로 구획되어야 한다.
- 발코니 부설 특별피난계단 : 발코니 부분의 외부 면을 개방하지만 하층의 화재로 발코니가 연기에 오염되지 않도록 건축물의 우각부 등 연기 오염이 적은 장소를 택하는 것이 바람직하다.

④ 옥외계단(피난계단)

옥외계단은 피난계단으로서 안전성 높고, 옥내에 면한 부분은 피난용 출입구 이외에는 내화구조의 벽체로 구성되어야 한다. 옥외계단의 특징은 배연설비가 필요 없고, 옥상까지 연결되어 계단면적이 부족할 경우에는 발코니를 가급적 넓게 취해 대피장소로 활용할 수 있다.

4) 피난기구, 유도등, 비상용 조명장치

(1) 피난기구

피난기구는 계단 등에 의한 피난이 불가능해 도피하지 못한 사람의 피난을 위해 사용되는 기구로 최후의 탈출 수단이다. 설치위치는 옥외 발코니 또는 옥외에 면한 창 등의 개구부에 부착된다.

피난기구의 종류에는 완강기(그림 3-38), 피난교, 피난 사다리, 피난 밧줄 등이 있다.

그림 3-38 완강기

(2) 유도등

유도등은 화재 등 기타 재해가 발생된 경우, 건축물 내의 사람들을 신속하고 안전하게 피난시설로 유도하는 것을 목적으로 한다. 유도등의 종류에는 그림 3-39와 같은 피난구 유도등, 통로 유도등, 객석 유도등이 있다.

피난구 유도등

통로 유도등

객석 유도등

그림 3-39 피난구, 통로, 객석 유도등

① 피난구 유도등 : 피난구의 상부 또는 그 부분에 설치된 녹색의 등
② 통로 유도등 : 복도 또는 통로에 설치하며 녹색 등화를 가지고 있으며, 피난방향을 명시한다.
③ 객석 유도등 : 극장, 영화관의 객석에 설치하여 객석의 통로를 조명한다.

유도등의 설치방법은 다음과 같다.

- 설치 법령에 따라 적합하게 설치
- 사람들의 눈에 띄기 쉬운 위치에 소요 크기와 밝기를 갖출 것
- 화재 시의 연기발생을 고려하고, 통로 유도등은 바닥면에서의 높이가 1 m 이하가 되도록 낮은 개소에 설치할 것

(3) 비상용 조명장치

화재 기타 재해와 사고발생 시에 상용 전원이 차단되면 건축물 내부가 패닉(panic)상태에 빠질 위험성이 있어 피난행동이 원활하게 이루어지지 못할 수 있다. 따라서 피난을 위한 최저 조도를 확보하기 위해서 설치하는 것이 비상용 조명장치이다(3-40).

그림 3-40 비상용 조명장치

4. 소화용수설비

소화용수설비란 화재를 진압하는데 필요한 물을 공급하거나 저장하는 설비로서 상수도 소화용수설비와 소화수조, 저수조 그 밖의 소화용수설비를 의미한다.

소화수조란 대규모 부지 위에 축조된 건축물, 고층 건축물과 같이 많은 양의 소화용수를 요구하는 소방 대상물의 인근에 설치하여 소방 대상물의 화재 발생 시에 소화를 위한 물을 적절하게 사용할 수 있도록 설치된 것이다. 소화용수설비의 소화수조와 저수조는 소방 대상물에 따라 지하에 설치하는 지하수조와 건축물의 옥상과 옥탑에 설치하는 지상수조로 대별된다.

5. 소화활동상 필요한 설비

소활활동상 필요한 설비란 소방 활동 중 인명의 구조, 구급활동을 제외하고 소화 활동에 도움이 되는 설비를 말한다. 소방법령상 범위는 제연설비, 연결 송수관 설비, 연결 살수 설비, 비상 콘센트 설비 및 무선 통신 보조설비 등이 있다.

(1) 제연설비

건축법상 배연설비의 규제 목적은 피난안전을 확보하기 위함이고, 소방 기본법상 규제 목적은 특히 소화활동이 곤란한 건축물에 대해 피난안전이 효과적으로 이루어질 수 있도록 하는 것이다.

지하 구조물과 무창층의 화재 시 소방대가 화재층에 쉽게 도달할 수 있도록 배기되어야 한다.

제연설비를 설치해야 하는 특정소방대상물은 다음과 같다.

- 문화집회 및 운동시설로서 무대부의 바닥면적이 200제곱미터 이상 또는 문화집회 및 운동시설 중 영화상영관으로서 수용인원 100인 이상인 것
- 근린생활시설 · 위락시설, 판매시설 및 영업시설, 숙박시설로서 지하층 또는 무창층의 바닥면적이 1천 제곱미터 이상인 것은 당해 용도로 사용되는 모든 층
- 판매시설 및 영업시설 중 시외버스정류장 · 철노역사 · 공항시설 · 해운시설의 내합실 또는 휴게시설로서 지하층 또는 무창층의 바닥면적이 1천 제곱미터 이상인 것. 지하가(터널을 제외한다)로서 연면적 1천 제곱미터 이상인 것
- 지하가 중 터널로서 길이가 1천 미터 이상인 것
- 특정소방대상물(갓복도형아파트를 제외한다)에 부설된 특별피난계단 또는 비상용승강기의 승강장

(2) 연결 송수관(送水管) 설비

지상 7층 이상의 건축물과 무창층 및 지하 3층 이상의 건축물 화재 시에는 외부 살수에 의한 소화가 매우 어려워진다. 따라서 건물 외부에 연결 송수구를 설치하고, 건물 내부에는 방수구를 설치하여 화재 시 소방차에 의한 송수로 방사함으로써 소화활동을 할 수 있게 하는 설비가 필요하다(그림 3-41).

연결 송수관 설비의 배관방식은 건식과 습식이 있다.

- 건식 : 옥내소화전과는 독립된 배관(송수구에서 방수구)에 물이 들어있지 않은 방식
- 습식 : 배관에 물이 들어 있는 방식(일반적으로 옥내 소화전과 병용)

연결 송수구 방수구

그림 3-41 연결 송수구, 방수구

연결송수관 설비를 설치해야 하는 특정소방대상물은 다음과 같다.

- 층수가 5층 이상으로서 연면적 6천 제곱미터 이상인 것
- 가목에 해당하지 아니하는 특정소방대상물로서 지하층을 포함하는 층수가 7층 이상인 것
- 가목 및 나목에 해당하지 아니하는 특정소방대상물로서 지하층의 층수가 3개 층 이상이고 지하층의 바닥면적의 합계가 1천 제곱미터 이상인 것
- 지하가 중 터널로서 길이가 2천 미터 이상인 것

(3) 연결 살수(撒水) 설비

지하층, 무창층의 화재에 대해서는 연기제어가 충분히 않으면 소방대의 진입과 소화활동이 거의 불가능하게 된다. 따라서 소방펌프 자동차에서의 송수에 의해 유효적절하게 연소부분에 소화수를 방사시키는 설비가 필요하게 된다. 연결 살수 설비는 송수구, 배관, 살수헤드(개방형)로 구성되고, 스프링클러 설비가 설치된 경우에는 제외된다(그림 3-42).

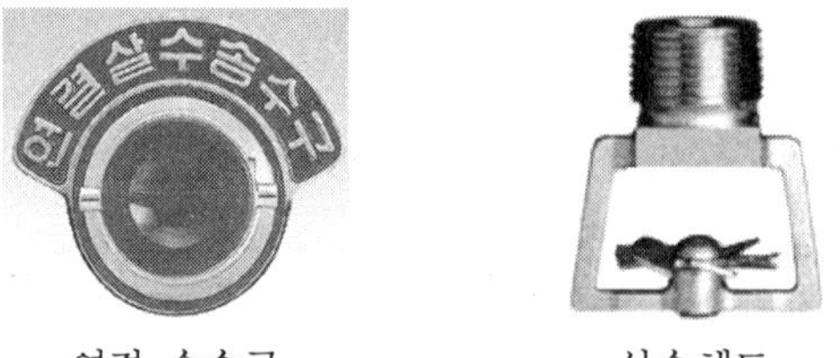

연결 송수구 살수헤드

그림 3-42 연결 송수구, 살수헤드

연결 살수 설비를 설치하여야 하는 특정소방대상물(지하구를 제외한다)은 다음 각목의 1과 같다.

- 판매시설 및 영업시설로서 당해 용도로 사용되는 부분의 바닥면적의 합계가 1천 제곱미터 이상인 것
- 지하층으로서 바닥면적의 합계가 150제곱미터 이상인 것. 다만, 「주택법 시행령」 제21조 제4항의 규정에 의한 국민주택규모 이하인 아파트의 지하층(대피시설로만 사용하는 것에 한한다)과 학교의 지하층에 있어서는 700제곱미터 이상인 것
- 가스시설 중 지상에 노출된 탱크의 용량이 30톤 이상인 탱크시설
- 가목 및 나목의 특정소방대상물에 부속된 연결통로

(4) 비상 콘센트 설비

화재 시에 소방대가 보유하고 있는 조명장치, 파괴기구 등의 장비를 접속하여 사용하는 전원 설비이다. 설치 위치는 진입이 용이한 계단, 비상용 엘리베이터 로비 등이며, 설치대상은 다음과 같다.

- 지하층을 포함하는 층수가 11층 이상인 특정소방대상물의 경우에는 11층 이상의 층
- 지하층의 층수가 3개 층 이상이고 지하층의 바닥면적의 합계가 1천 제곱미터 이상인 것은 지하층의 전 층
- 지하가 중 터널로서 길이가 5백 미터 이상인 것

(5) 무선통신 보조설비

지하가, 대규모 빌딩 지하층 화재에서 소화활동을 효과적으로 하기 위해 지하와 지하 그리고 지하와 지상과의 무선 교신이 가능해야만 한다. 무선통신 보조설비의 설치 목적은 소방대 소유 무선기기와의 교신을 위함이고, 누설 동축케이블, 누설 동축케이블과 이것에 접속하는 공중선, 동축케이블과 이것에 접속하는 공중선 등의 방식으로 구성된다.

설치 시 유의사항은 다음과 같다.

- 무선통신 불능구역이 없도록 부설할 것
- 평상시에 손상이 되지 않는 위치에 부설할 것

- 화재 시에 열 장애를 가능한 받지 않는 위치에 부설할 것
- 접속부분의 방수조치를 충분히 할 것

무선통신보조설비를 설치하여야 하는 특정소방대상물(가스시설을 제외한다)은 다음과 같다.

- 지하가(터널을 제외한다)로서 연면적 1천 제곱미터 이상인 것
- 지하층의 바닥면적의 합계가 3천 제곱미터 이상인 것 또는 지하층의 층수가 3개층 이상이고 지하층의 바닥면적의 합계가 1천 제곱미터 이상인 것은 지하층의 전 층
- 지하가 중 터널로서 길이가 5백 미터 이상인 것
- 지하구로서 국토의 계획 및 이용에 관한 법률 제2조 제9호의 규정에 의한 공동구

참고문헌

1) 구재오 외, 이해력을 향상시킨 건축설비, 태림문화사

2) 이용재, 핵심시리즈2 건축설비, 성안당

3) 조광희 외, 건축설비개론, 보문당

4) 김정태 외, 건축설비시스템, 기문당

5) 서승직, 건축설비계획, 일진사

6) 양병갑외, 건축설비 용어사전, 예문사

7) 권인규, 건축방재학, 동화기술, 2007

8) 양병갑 외, 건축설비 용어사전, 예문사, 2009

9) 대한건축학회, 건축기술지침(전기), 2008

10) 정광섭, 건축환경 공학개론, 아진, 2005

11) 한국조명 · 전기설비학회, 건축전기설비 설계기준, 2005

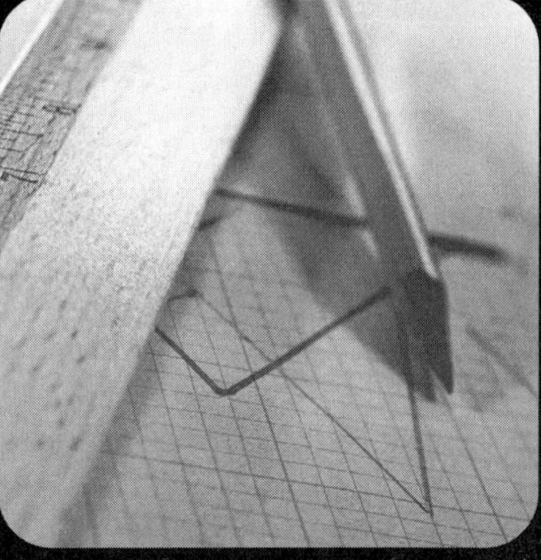

4-1 총론
4-2 가설공사
4-3 토공사
4-4 지정 및 기초공사
4-5 철근콘크리트공사
4-6 철골공사

제 4 장 건축시공

4-7 조적공사
4-8 목공사
4-9 지붕공사 및 방수공사
4-10 창호 및 유리공사
4-11 미장 및 타일공사
4-12 도장공사

인간 창작활동의 결과물인 건축물은 건축계획과 설계과정을 통하여 2차원의 도면으로 형상화된다. 도면에 의해서 주어진 건축물은 평면과 입면과 단면을 통하여 3차원의 이미지를 구축할 수 있다. 이러한 3차원 건축물의 형태를 공간적으로 표현하는 과정을 건축시공이라고 한다.

건축시공은 항상 하나의 공사가 마무리되고 그 이후에 다른 공사가 연속적으로 진행되는 것이 일반적이며, 공사의 진행방향은 일반적으로 아래에서 위로 진행되고, 골조공사 이후에 마감공사의 진행으로 마무리된다.

본 장에서는 건축시공에서 반드시 알아야하는 공정을 중심으로 서술한다.

4-1 총론

1. 공사관계자와 조직의 특성

1) 공사관계자

(1) 건축주

건축주는 자금을 투자하여 공사하는 시행하는 주체를 나타내며 개인, 국가, 지방 자치단체가 해당된다.

(2) 설계자

건축주의 의뢰를 받아 건축물의 설계를 행하는 자

(3) 설계감리자

건축주의 의뢰를 받아 건축행위가 설계도서대로 진행되는지를 감독 및 지도하는 자로서 다음의 업무를 수행한다.

- 공사비 내역명세의 확인
- 공사의 지시 또는 입회검사

- 시공방법의 지도
- 공사의 진도파악
- 설계도서대로 공사가 되고 있는 지의 여부확인

(4) 시공자

공사를 일정한 기간 내에 책임지고 완성시키는 자(원도급자, 하도급자, 재하도급자 등)

(5) 건설노무자

시공자에 고용되어 해당 단순 작업을 수행하고 임금을 받는 자로서 다음과 같이 분류한다.

- 직용노무자 : 원도급자에게 직접 고용되어 있는 자
- 정용노무자 : 전문 건설업자 또는 하도급 전문업자에게 상시 종속되어 있는 기능노무자로서 출역일수에 따라 임금을 지급받는 자
- 임시고용노무자(일용노무자) : 날품노무자로서 보조노무자를 말함.

(6) 원도급(원도급자)

건축주와 직접 도급계약을 하여 공사하는 수행 또는 수행하는 업자
(도급계약을 한 시공업자)

(7) 하도급

도급공사를 부분적으로 분할하여 제3자인 전문건설업자에게 도급하여 시행하는 행위

(8) 재도급

도급공사 전부를 건축주와는 관계없이 다른 공사자에게 도급주어 시행하는 행위

(9) 재하도급

하도급 공사의 경비와 이윤을 공제하고 다시 제3자에게 도급주어 시행하는 행위
(단, 재도급의 재하도급은 건설업법에서 금지하고 있음)

2) 건축주와 도급자의 권리와 의무

- 건축주 : 완성된 건축물을 인수 받을 권리와 건축공사비용을 지불할 의무가 있다.

• 도급자 : 건축공사의 공사비를 청구할 권리와 해당 건축물을 기간 내에 완성하고 인도할 의무가 있다.

2. 공사의 시공방법

공사의 발주 방식에는 건축주가 직접 공사를 수행하는 직영공사, 하도급자에게 일괄 공사를 발주하는 도급공사, 그리고 터언키(Turn-Key)공사 및 성능발주 방식으로 구분되며 다음 그림 4-1과 같다.

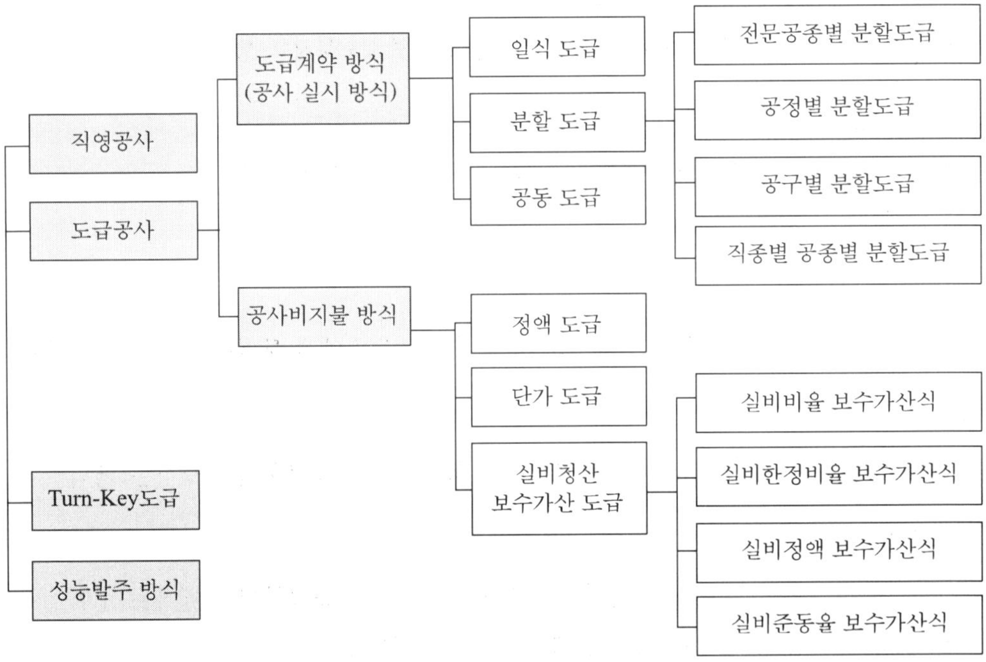

그림 4-1 공사발주의 종류

1) 직영공사

건축주가 직접 공사에 관한 계획, 재료의 구입, 노무자 고용 등에 공사에 관한 일체를 책임 시공하는 형태를 말한다.

직영공사의 장・단점은 다음 표 4-1과 같다.

표 4-1 직영공사의 장·단점

장 점	단 점
• 영리를 도외시 한 확실성 있는 공사 • 계약에 구속되지 않고 임기응변 처리가 가능 • 발주, 계약 등의 수속 간편	• 공사비 증대 • 잉여가설재, 시공기계 등의 비경제성 • 공사기간 연장 • 시공관리 능력의 부족

2) 일식도급공사

공사에 관한 일체의 사항을 도급업자에게 위임하는 것으로서 감독이 간단하고 전체공사의 진척이 원활한 공사계약제도이다.

일식도급공사의 장・단점은 다음 표 4-2와 같다.

표 4-2 일식도급공사의 장·단점

장 점	단 점
• 영리를 도외시한 확실성 있는 공사 • 계약에 구속되지 않고 임기응변 처리가 가능 • 발주, 계약 등의 수속 간편	• 공사비 증대 • 잉여가설재, 시공기계 등의 비경제성 • 공사기간 연장 • 시공관리 능력의 부족

3) 분할도급

공사를 유형별로 구별하여 각 전문 공사별로 전문 시공업자를 선정, 도급계약을 맺는 방식이며, 분할도급의 종류별 특징은 다음과 같고, 분할도급의 장 · 단점은 표 4-3과 같다.

(1) 전문공종별 분할도급

설비공사와 같은 전문 공정을 주체공사에서 분리하여 도급 주는 것이며, 설비업자와 같은 전문공사업체의 자본기술이 강화되고 복잡한 공사내용이 전문화되므로 기업주와 시공자와의 의사소통이 잘되지만 공사전체의 관리가 어렵다.

(2) 공정별 분할도급

시공과정별로 도급 주는 방식이며, 예산 배정 상 구분이 될 때 택하는 것으로, 후속공사에 비해서 도급업자의 변경이 곤란하다.

(3) 공구별 분할도급

대규모 공사에서 지역별로 발주하는 것으로, 도급업자에게 균등한 기회를 주며 공기단축, 시공기술향상 및 공사의 높은 성과를 기대할 수 있다.

(4) 직종별, 공종별 분할도급

전문직별이나 각 공종별로 도급을 주는 방식이며, 직영제도에 가까운 형태로 전문 직공에게 건축주의 의도를 반영할 수 있으나 현장관리가 번잡하고 경비가 많이 소요된다.

표 4-3 분할도급방식의 장·단점

장 점	단 점
• 전문 업자에 의한 우량공사 • 업자간의 경쟁에 의한 저렴한 공사비 • 건축주와의 의사소통이 원활하다. • 설계도서의 취지가 잘 반영된다.	• 건축공사와의 관계에 대한 상호교섭 등이 복잡하다. • 감독의 업무가 많아진다. • 비용이 증대된다.

4) 공동도급

공사가 대규모로 진행될 경우, 1개의 업체가 수주 및 공사하기 어려운 경우가 있다. 이때 2개 이상의 건설업체가 임시로 결합, 출자하여 연대 책임으로 공사를 수주, 시공하는 방식이다. 공사의 완료 후에는 해체되며 장 · 단점은 표 4-4와 같다.

표 4-4 공동도급의 장·단점

장 점	단 점
• 상호보증에 의한 융자력 증대 • 위험율 분산 • 상호기술력 보완 • 공사도급의 경쟁 완화	• 단일회사보다 간접비 증대 • 구성원 상호간의 의사소통 애로 • 경영방식의 차이에 따른 관리 애로

5) 정액도급

공사비의 총액을 확정하여 계약하는 방식으로 장 · 단점은 표 4-5와 같다.

표 4-5 정액도급의 장·단점

장 점	단 점
• 경쟁 입찰에 의한 공사비 절감 • 자금, 공사의 계획수립이 명확하다. • 공사관리가 용이하다.	• 공사변경에 따른 도급금액 증감이 곤란하다. • 이윤관계로 공사가 조잡해질 우려가 있다. • 설계도서가 완공되어야 한다. • 설계변경이 잦은 곳에는 부적합하다.

6) 단가도급

단위공사부분(재료, 노임, 면적 등)의 단가만을 계약하고 실시 수량에 따라 차후에 정산하는 방식이며, 장 · 단점은 표 4-6과 같다.

표 4-6 단가도급의 장·단점

장 점	단 점
• 공사를 조기에 착공 가능하다. • 설계변경으로 인한 수량증감이 용이하다. • 긴급공사 시 간단하게 공사계약을 할 수 있다.	• 총공사비의 산출이 곤란다. • 자재, 노무비를 절감하고자 하는 노력이 적다. • 단위 가격변동에 따른 대처가 어렵다. • 공사비 증대가 우려된다.

7) 실비정산 보수가산도급

공사비의 실비를 3자(건축주, 감독자, 시공자)의 입회 하에 확인 후 청산하고, 건축주는 미리 정한 보수율에 따라 공사비를 지급하는 방식이며, 장 · 단점은 표 4-7과 같다.

표 4-7 실비정산 보수가산도급의 장·단점

장 점	단 점
• 신뢰관계가 형성되어 양심적인 공사가능 • 시공자가 손해를 입을 염려가 없어 양질의 공사가 기대된다. • 시공자는 안심하고 공사를 진행할 수 있다.	• 공사비 절감 노력이 적다. • 공사기간의 지연이 우려된다. • 계약상 분재의 소지가 있다. • 신용이 없으면 공사비 상승 우려

8) 터언키(Turn-Key)도급

공사에 관한 모든 부분(설계, 금융, 시공, 시운전 등)을 포함하여 계약하는 형태이다. 즉, 시공자는 건축주가 요구하는 모든 부분을 충족한 후 결과물을 인도하는 계약형태이며 다음 표 4-8과 같은 장 · 단점이 있다.

표 4-8 터언키의 장·단점

장 점	단 점
• 공사비의 절감과 공사기간의 단축기대 • 창조적인 설계와 책임시공 가능 • 설계와 시공이 동일인이므로 시공상의 애로사항이 없다.	• 건축주의 의도가 반영되지 않는다. • 중소건설업체 육성지원 • 대규모 회사 유리 • 품질저하 우려

9) 성능발주 방식

최근에 실시되는 발주 방식으로 건축주가 요구하는 성능에 맞게 도급자가 제시하는 시공조건을 심사하여 적격자에게 공사를 발주하는 방식이며, 장·단점은 다음 표 4-9와 같다.

표 4-9 성능발주 방식

장 점	단 점
• 시공자의 창조적 시공기대 가능 • 설계와 시공의 관계개선 도모 • 시공자의 기술향상기대	• 성능확인기준이 없으므로 성능의 확인이 곤란 • 정확한 성능표현 곤란 • 공사비 증대

3. 입찰

1) 입찰의 종류

입찰을 경쟁에 의한 방식과 공사에 가장 적격으로 판단되는 단일 도급업자에 의한 방식으로 구분되며, 다음 그림 4-2와 같은 방식이 있다.

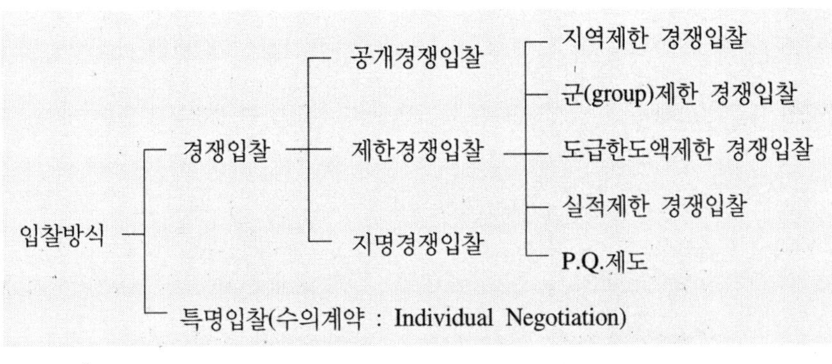

그림 4-2 입찰의 종류

(1) 특명입찰

건축주가 시공회사의 기술, 신용상태 등을 고려하여 가장 적절하다고 판단되는 특정업자를 선정하여 발주하는 방식으로 일종의 수의계약이라고도 한다.

(2) 공개경쟁입찰

공모(신문, 관보)를 통하여 최소한 3개 이상의 업체를 선정하며, 입찰시킨 후 가장 합당한 시공업자를 선정하는 방식

(3) 지명경쟁입찰

건축주가 공사에 적격하다고 인정하는 다수의 시공업체(3～7개)를 선정한 후 입찰시키는 방식

(4) 제한경쟁입찰

건축주가 입찰 참가 자격을 제한하여 경쟁 입찰시키는 방식
(지역제한, 실적 제한, 도급한도액 제한 등)

2) 각 입찰의 장·단점

각 입찰의 장·단점은 다음 표 4-10과 같다.

표 4-10 입찰 방식의 종류별 장·단점

종 류	장 점	단 점
특명입찰	입찰수속 간단 공사기밀 유지 우량시공 기대	공사금액 결정 불명확 공사비 증대 불공평한 일이 내재
공개경쟁입찰	경쟁으로 인한 공사비 절감 담합의 우려가 적음. 균등한 기회	입찰수속 복잡 과다경쟁으로 부실공사 우려 부적격업자에게 낙찰될 우려 있음.
지명경쟁입찰	부적격업자 제거 시공상의 신뢰성	담합의 우려 있음. 공사비가 공개경쟁보다 상승

3) 입찰순서

입찰의 순서는 일반적으로 다음과 같다.

- 입찰공고 → 참가등록(설계도서교부, 현장설명, 질의응답) → 견적
  → 입찰등록(입찰, 개찰, 낙찰) → 계약 → 착공

현장설명에는 다음의 내용이 포함된다.

- 대지의 위치, 고저 차
- 인접대지상황 및 주변안전사항
- 지하매설물(전기, 설비 등)
- 공사비 지불조건 및 공사기간

4. 도급계약서 및 시방서

낙찰자가 결정되면 건축주와 도급자간에 상호계약을 체결하고 도급자는 계약보증금을 납부한다. 도급계약에 필요한 서류와 공사비 지급금과 지급시기는 다음과 같다.

1) 도급계약서

(1) 계약서류와 계약서 내용

- 필요서류 : 도급계약서, 도급계약서약관, 설계도, 시방서
- 참고서류 : 공사내역서, 공정표, 현장설명서, 질의응답서

(2) 계약서 내용

- 공사의 내용(공사명)
- 도급금액
- 공사 착수시기 및 완공시기
- 도급금액 지불방법 및 지불시기

- 설계변경, 공사 중지의 경우 도급금액의 변경 또는 손해부담
- 준공검사와 인도시기에 따른 절차
- 계약에 관한 분쟁의 해결방안

(3) 공사비 지급금과 지급시기

- 전도금(착공금) : 공사 계약 후 1개 이내(선급금)
- 기성금(중간불) : 공사를 수행한 양만큼 일정 기간 내에 지불하는 방식
- 준공금(완공불) : 공사 완료 후 하자보수비[40]를 제외한 비용 지불

2) 시방서

설계도면에 표현할 수 없는 내용과 공사의 전반적인 사항을 설계자가 작성하는 설계도서의 일부이다.

(1) 종류

- 표준시방서 : 건축공사의 재료와 시공방법의 표준과 공통공사에 대한 내용을 표현한 시방서
- 특기시방서 : 표준 시방서에 기재되지 않은 특별한 사항(공법, 재료) 등을 설계자가 표현한 시방서

(2) 기재내용

- 시방서의 적용범위, 사전 준비사항
- 사용재료(재료에 관한 기준)
- 시공방법(공사의 기준)

(3) 시방서와 설계도서의 우선순위

- 설계감리자와의 협의 〉 특기시방서 〉 표준시방서 〉 설계도면

---

40) 계약 이행 후 일정기간(1~10년) 동안 공사 계약자가 공사의 하자보수를 책임질 목적으로 금융기관에 예치하는 비용

4-2 가설공사

1. 가설공사 일반사항

가설공사는 공사를 진행하기 위하여 임시로 구축하는 공사로서 본 공사가 완료되면 해체, 정리된다. 따라서 가설공사에는 다음 항목이 고려되어야 한다.

- 본 공사에 지장을 초래하지 않는 위치를 선정한다.
- 반복사용으로 전용성을 높인다.
- 가설물의 조립과 해체가 용이해야 한다.
- 가설설비의 규모가 적정해야 한다(경제성 고려).

가설공사에는 공사전반에 거쳐 공통으로 이용되는 공통가설공사와 해당 공사에만 관여되는 직접가설공사로 대별된다.

- 공통가설공사 : 가설울타리, 가설운반로, 가설건물, 시험, 동력, 용수설비 등
- 직접가설공사 : 수평규준틀, 비계(비계발판, 비계다리, 비계), 보양 등

2. 가설건물

(1) 가설울타리

- 목적 : 대지의 경계표시, 위험방지, 도난방지, 미관 및 광고효과
- 내용 : 나무널, 목재, 철재판

(2) 현장사무소

- 크기 : 3.3 m^2/1인, 보통 6～12 m^2/1인으로 설계한다.

(3) 시멘트 창고

시멘트 창고는 다음 사항을 고려하여 선정한다.

- 주위에 배수도랑을 설치하여 우수 침입에 대비한다.
- 마루높이는 방습상 지면에서 30 cm 이상으로 한다.
- 출입구, 채광창 이외에는 개구를 설치하지 않는다.
- 쌓기 높이는 13포 이하로 한다(장기 저장시는 7포 이하).
- 3개월 이상 경과된 시멘트는 시험을 거친 후 사용한다.

3. 기준점 및 규준틀

(1) 기준점(Bench mark)

기준점이란 공사 중에 높낮이의 기준이 되는 점으로 해당 건축물의 인근에 설치한다. 기준점의 설치 시에 유의사항은 다음과 같다.

- 이동의 염려가 없어야 한다.
- 현장 어디서나 확인이 가능하고 공사에 지장이 없어야 한다.
- 최소 2개소 이상이 바람직하다.

(2) 규준틀

가. 수평규준틀

건물 각 부분의 위치와 높이, 기초 너비 등을 결정하기 위한 가설물이며, 이동과 변형이 없어야 한다(그림 4-3).

나. 세로 규준틀

조적공사에서 높낮이 및 수직면의 기준을 설정하기 위한 가설물이며 줄눈, 창문틀, 1일 쌓기 단수 등을 표시한다(그림 4-4).

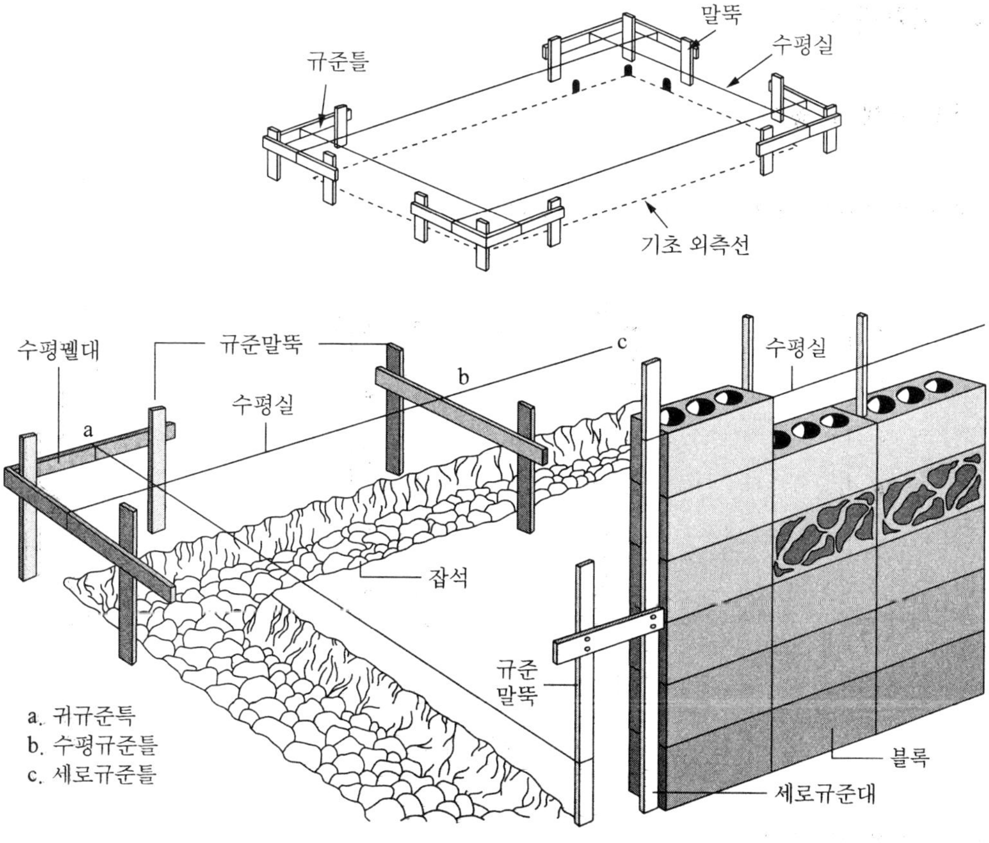

그림 4-3 규준틀

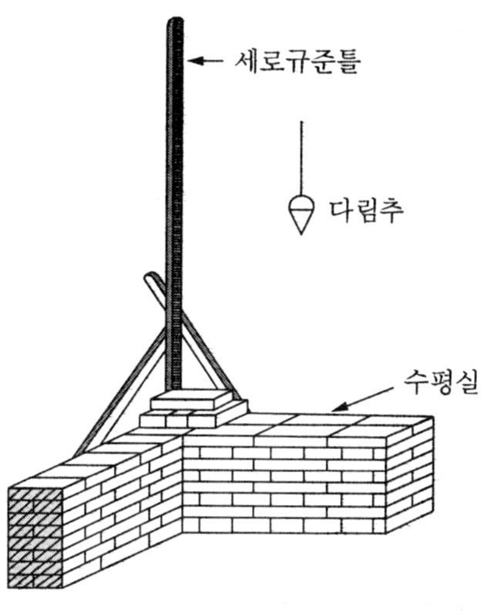

그림 4-4 세로 규준틀

4. 비계공사

1) 비계의 종류

비계의 종류는 다음 그림 4-5 및 표 4-11과 같다.

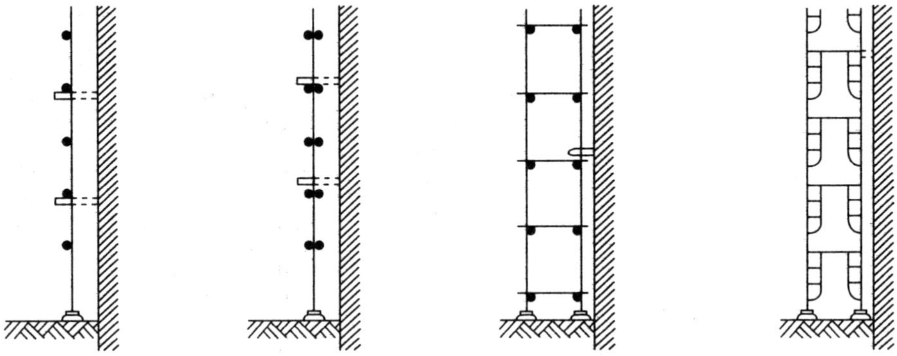

〈외줄비계〉 〈겹비계〉 〈쌍줄비계〉 〈틀비계〉

그림 4-5 비계의 종류

표 4-11 비계의 종류

재료별 분류	• 통나무 비계, 강관파이프(단관, 틀)비계
위치별 분류	• 외부비계 : 외줄비계, 겹비계, 쌍줄비계, 달비계 • 내부비계 : 수평비계 • 비계다리
비계설치 형식별 분류	• 외줄비계, 겹비계, 쌍줄비계

(1) 통나무 비계

비계의 재료가 통나무이며, 다음과 같은 특징을 가진다.

① 비계용 통나무 : 밑동에서 1.5 m에서의 지름이 10 cm 이상이고, 마구리 지름이 4.5 cm 이상을 단면을 가져야 하며, 낙엽송과 삼나무를 이용한다.

② 비계 결속선 : 직경 4.2～3.4 mm(#8～#10)의 철선을 이용한다.

③ 비계기둥 : 간격은 1.2～2 m(보통 1.5～1.8 m)이다.

④ 비계 띠장 : 간격은 1.5 m 이내로 하고, 제1띠장의 높이는 통행로의 확보를 위해서 2～3 m로 한다.

⑤ 비계장선 : 간격은 1.5 m 이내로 한다.

⑥ 구조체와의 결속 : 수직 5.5 m 이하, 수평 7.5 m 이내로 지지한다.

(2) 강관비계

아연 도금된 강관을 비계로 사용하고 다음과 같은 특징을 가진다.

① 비계의 기둥간격
- 장선방향(보) : 0.9～1.5 m
- 띠장방향(도리) : 1.5～1.8 m

② 구조체와의 연결
- 단관비계 : 수직, 수평 5 m
- 강관틀비계 : 수직 6 m, 수평 8 m

③ 비계기둥의 하중 한계
- 비계의 기둥과 기둥사이의 하중 : 400 kg 이하
- 비계기둥 1본당의 하중 : 700 kg 이하

④ 띠장 : 간격은 1.5 m 이내로 하고 제1띠장은 통행로 확보를 위하여 2 m 이하로 한다.

⑤ 장선 : 간격은 1.5 m 내외로 한다.

강관틀비계는 그림 4-6과 같다.

(3) 달비계

달비계는 건물 구조체가 완성된 이후에 외부 작업할 때 사용하는 가설재이며, 구조체에서 와이어로프로 작업대를 매달아 오르락내리락 하도록 고안된 것이다(그림 4-7)

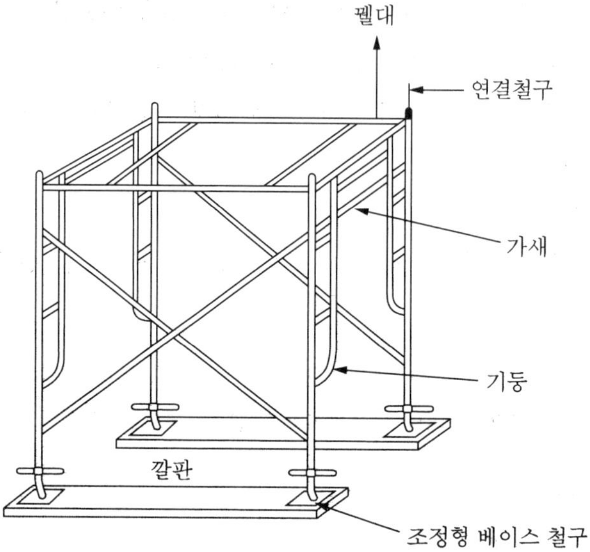

그림 4-6 강관틀비계

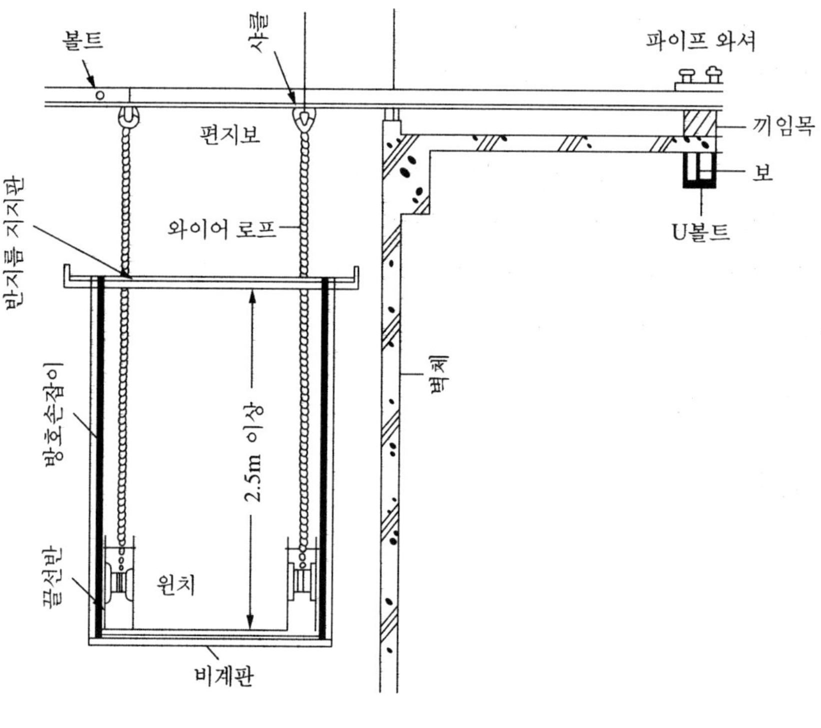

그림 4-7 달비계

(4) 비계다리

비계다리는 외부에서 자재의 이동 통로로 활용되는 가설물로서 다음과 같은 특징을 가진다.

- 비계다리의 폭(나비)은 90 cm 이상으로 한다.
- 경사는 5/10 이내로 하고 30° 이내로 한다(보통 17° 이내).
- 비계다리의 참은 높이 7 m 이내마다 설치하고, 길이는 1.8 m 이상으로 한다.
- 건물면적 1600 m²마다 1개소를 설치한다.

4-3 토공사

1. 지반조사

지반은 건물의 자중을 충분히 지지할 수 있어야 한다. 그러나 지반은 땅속에 보이지 않는 조건으로 존재하기 때문에 토질의 종류 등이 매우 불확실하다. 따라서 다양한 방법으로 지반의 조건을 파악하는 것이 중요하다.

지반조사의 종류는 일반적으로 다음 표 4-12와 같다.

표 4-12 지반조사의 종류

종 류	특 징	비 고
사전조사	예비지식으로 지반의 개황을 파악	기존 구조물 파악, 문헌조사, 원주민 대상으로 조사
예비조사	본 조사의 기본 자료가 되는 대지 내의 기초적 조사	자료조사, 현장답사, 보링, 표준관입시험 등
본 조 사	지반의 물리적, 역학적 성질을 조사	함수비, 지내력 시험
추가조사	본 조사의 결과를 보완하기 위한 조사	

2. 지반조사항목

지반조사항목은 다음 표 4-13과 같다.

표 4-13 지반조사 종류

항 목	종 류
지하탐사법	짚어보기, 터파보기, 물리적 탐사법
보링(boring)	오거(auger) 보링, 수세식 보링, 충격식 보링, 회전식 보링
사운딩(sounding)	표준관입시험, 베인(vane)시험
토질시험	물리적 시험, 역학적 시험
지내력시험	평판재하시험, 말뚝재하시험

1) 지하탐사법

(1) 터파보기(시험파기)

대지의 일부를 시험하기 위하여 구멍을 파보는 행위이다. 직경은 60~90 cm, 깊이는 1.5 m, 간격은 5~10 m이다.

(2) 짚어보기

9 mm 직경의 철봉을 땅속을 박음으로써 땅의 성질을 판단하는 것이다.

(3) 물리적 지하탐사

전기저항식, 탄성파식, 강제진동식이 있으며, 지반의 성질을 정확하게 판단하는 것은 다소 기술적 한계가 있다.

각종 지하 탐사법의 종류는 그림 4-8과 같다.

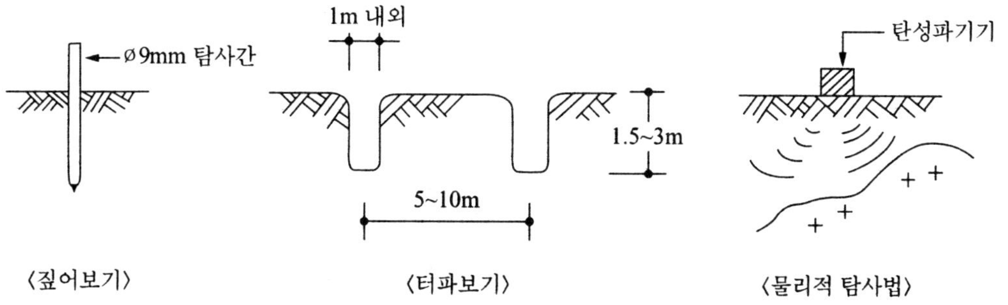

그림 4-8 각종 지하 탐사법

2) 보링(Boring)

실제 땅속의 조건을 파악하기 위하여 땅속의 시료를 채취하여 역학적 성질을 파악하는 지반조사 방법이며, 다음과 같은 종류가 있다.

(1) 오거 보링(Auger boring)

나선형의 송곳을 인력을 땅속에 박아 보는 방법으로서 깊이 10 m 이내에 사용된다(그림 4-9).

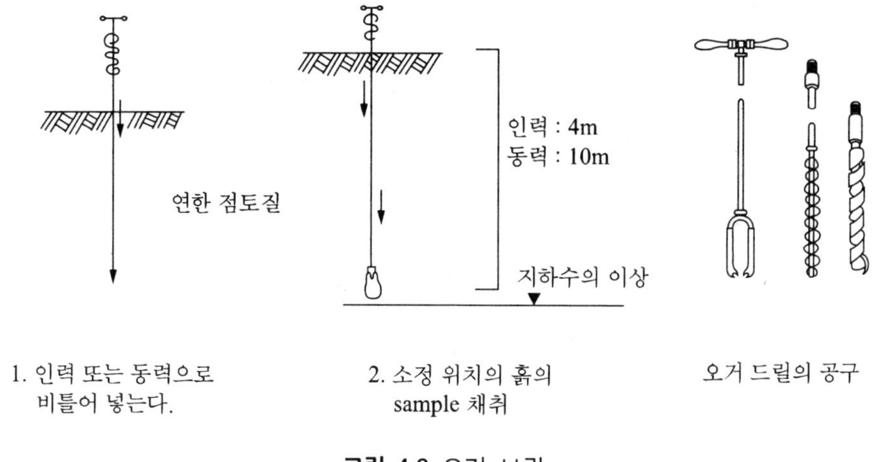

그림 4-9 오거 보링

(2) 수세식 보링(Wash boring)

물을 주입하면서 흙과 물을 동시에 배출시켜 흙탕물의 침전에 의한 지층의 토질을 파악하는 방법이다. 이중관을 박아서 사용하고, 30 m 정도의 연질 층에 사용된다(그림 4-10).

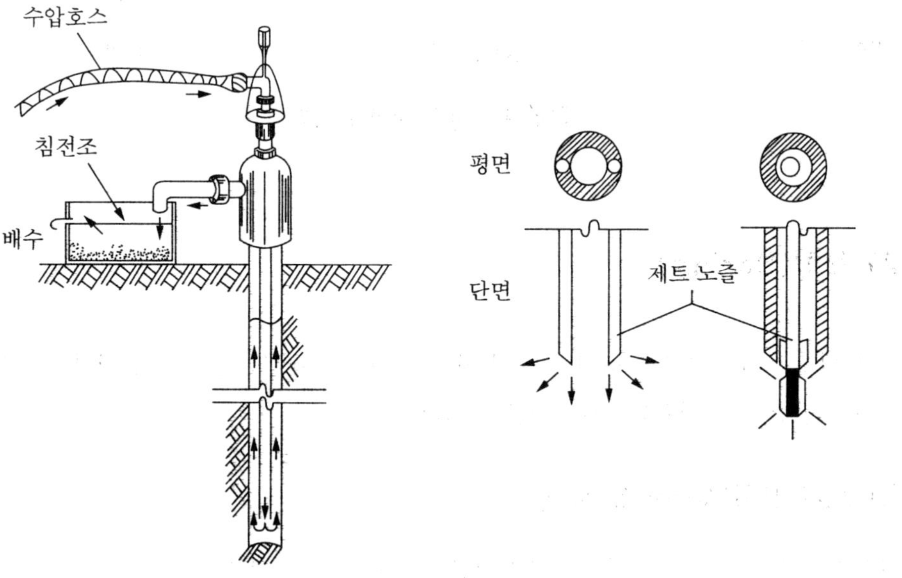

그림 4-10 수세식 보링

(3) 충격식 보링

와이어로프 끝부분에 충격날(bit)을 설치하고 60~70 cm 상하로 낙하시켜 토사 암석을 파쇄 하여 굴착하는 방법이다(그림 4-11).

(4) 회전식 보링

비트(bit)를 회전시켜 천공하는 방법으로 지층의 연속적 변화를 알 수 있으며 불교란 시료를 확보할 수 있다. 가장 정확한 지반조건을 확인할 수 있는 방법이다(그림 4-12).

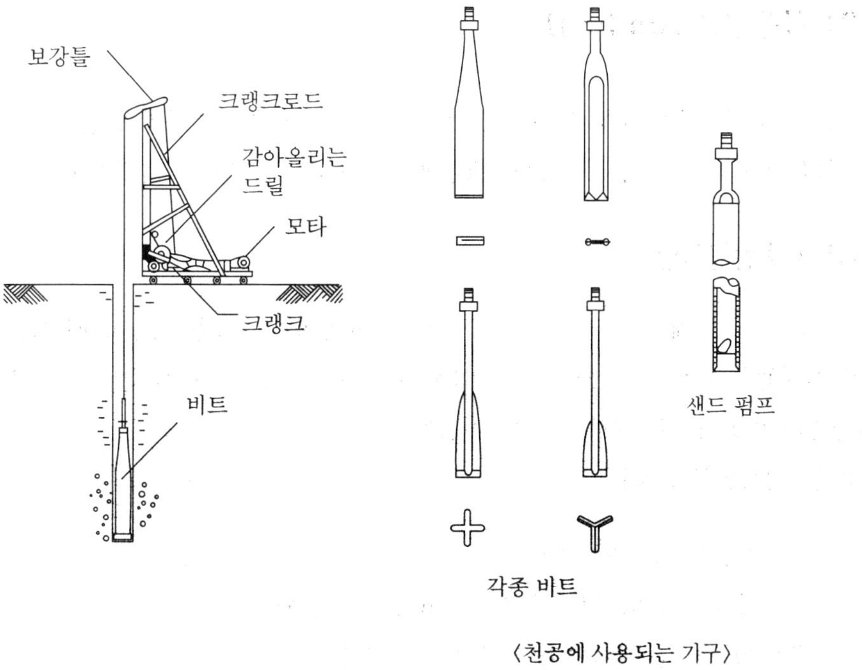

그림 4-11 충격식 보링

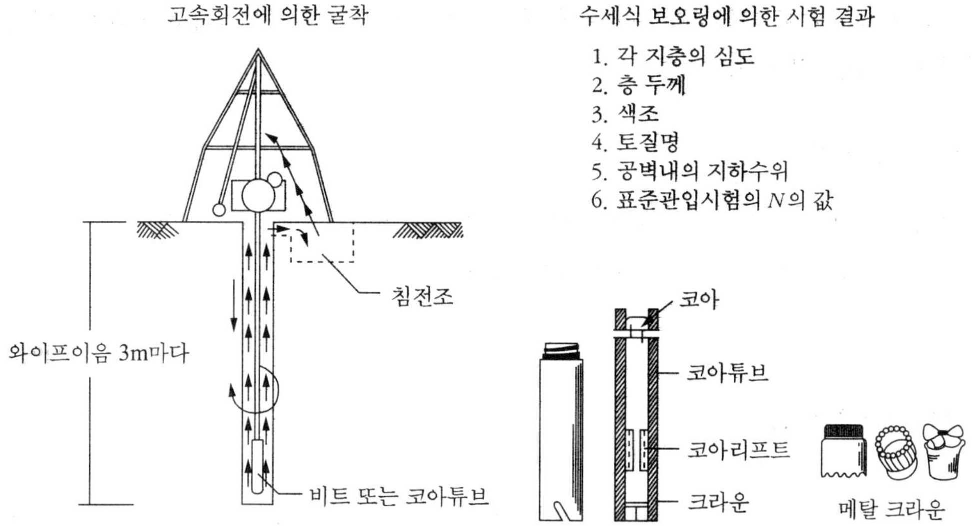

그림 4-12 회전식 보링

3) 사운딩(Sounding)

로드(rod) 끝부분에 저항 물체를 설치하고 이를 땅속에 삽입하면서 관입, 회전, 인발하여 땅의 저항을 평가하는 방법으로 표준관입시험과 콘관입시험, 베인시험 등이 있다.

(1) 표준관입시험

불교란 시료의 채취가 어려운 사질지반에서 지반의 밀실도를 측정할 때 사용되는 방법으로 표준관입 시험용 샘플러를 중량 63.5 kg의 추를 높이 76 cm에서 자유 낙하시켜 30 cm관입되는 타격회수 N을 구하는 방법이다.

표준관입시험의 순서는

① 로드 끝단에 샘플러 부착

② 로드 상단에 충격(63 kg 추를 76 cm 높이에서 낙하)

③ 지반 30 cm관입될 때까지의 타격횟수 N측정

(2) 콘관입시험

로드의 끝부분에 원추형 콘(corn)을 지중에 관입시켜 저항치를 도출하고 지반을 성질을 파악하는 시험방법이다.

(3) 베인시험

보링된 구멍을 이용하여 이 구멍 속에 +자형의 날개모양의 베인테스트를 박으면서 저항력을 도출하여 지반을 성질을 파악하는 방법

4) 지내력시험

지반이 견디는 정도를 측정하는 시험방법으로서 평판재하시험과 말뚝재하시험이 있다.

(1) 평판재하시험

기초저면까지 판 자리에서 직접 재하하여 허용 지내력을 구하는 시험으로 다음의 시험

방법으로 진행한다(그림 4-13).

① 기초저면을 정리한다.
② 하중 시험용 재하판은 정방형 또는 원형(면적 0.2 m²)을 표준으로 하고, 보통 45 cm (0.2025 m²)를 사용한다.
③ 단기하중에 대한 허용지내력은 총 침하량이 2 cm에 도달했을 경우 또는 침하량이 2 cm 이하일 경우라도 침하곡선이 항복상태를 나타낼 경우 중 작은 값을 기준으로 산정한다.
④ 장기하중에 대한 허용 지내력은 다음 중 작은 값으로 한다.
- 총 침하량이 20 mm에 도달했을 때 단기하중의 1/2
- 침하곡선이 항복상황을 표시할 때 단기하중의 1/2
- 파괴 시 극한하중의 1/3

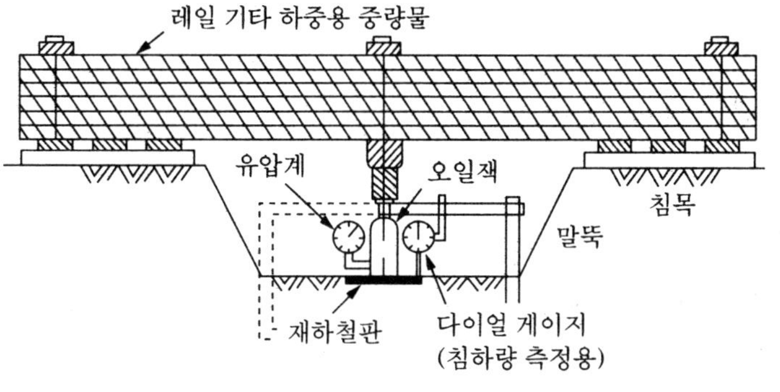

그림 4-13 평판재하시험

(2) 말뚝재하시험

말뚝을 지반을 박아서 지내력을 평가하는 방법으로 정재하시험과 동재하시험이 있다. 시험의 순서는 다음과 같다.

- 시험면 터파기 → 재하판 설치 → 하중대 설치 → 재하 및 재하량 측정 → 단기 허용 지내력 산출 → 장기 허용 지내력 산출

3. 지반개량공법

건물을 충분히 지지할 수 있는 지반의 성질이 확보되지 않을 경우에는 다양한 지반개량공법을 수행하여 지반을 보강하여야 한다.

1) 지반개량목적

- 지반의 지지력 증대
- 부동침하 방지
- 지하굴착 시 안전성 확보
- 기초 보강

2) 지반개량공법의 종류

(1) 다짐법

느슨한 지반을 다짐에 의해서 견고한 지반으로 치환하는 방법으로 그림 4-14 및 표 4-14와 같은 방법이 있다.

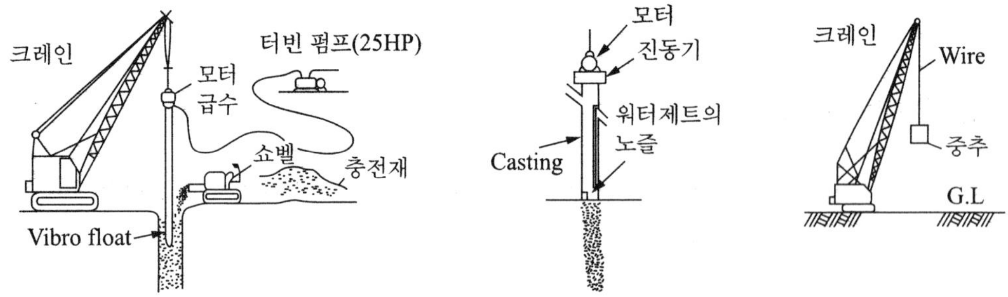

〈진동다짐공법〉 〈Vibro composer 공법〉 〈동다짐공법〉

그림 4-14 다짐법의 종류

표 4-14 다짐법의 종류

종 류	방 법
진공다짐공법 (Vibro floatation)	수평방향으로 진동하는 Vibro float를 이용하여 사수와 진동을 동시에 일으켜 느슨한 모래지반을 개량하는 공법
Vibro composer 공법	특수 파이프를 관입하여 모래를 투입하고, 이것을 진동하여 다지면서 파이프를 빼내어 진동다짐 모래말뚝을 형성하는 공법
다짐말뚝공법	사질지반에서 모래로 지중에 말뚝을 형성하여 다지는 공법
동다짐공법	개량하고자 하는 지반에 10~200 t 의 중추를 크레인 또는 타워 등의 특별한 장치를 사용하여 10~40 m 높이에서 낙하시켜 지표면에 충격을 주어, 이때 발생하는 충격에너지(100~4000 t · m)가 지반의 심층까지 다짐효과를 주어 지반을 다져 강도를 증진시키는 공법
폭파다짐공법	지중에 화학류를 폭파시켜서 지반을 다지는 공법

(2) 치환공법

양호한 흙으로 치환하여 지반을 개량하는 공법으로 다음 표 4-15와 같은 종류가 있다.

표 4-15 치환공법

종 류	방 법
굴착치환공법	연약층의 일부 또는 전부를 굴착 제거하여 양질의 흙으로 치환하는 공법
미끄럼치환공법	양질의 치환토의 성토자중에 의해 연약층 전단면을 강제적으로 밀어내어 연약지반을 양질토로 치환하는 공법
폭파치환공법	연약층 중에 폭약을 삽입하여 폭발시킴으로써 연약토를 밀어내어 양질의 성토재와 치환하는 공법

(3) 탈수 및 배수공법

연약지반 속의 수분을 배출함으로써 지반을 개량하는 공법으로 표 4-16 및 그림 4-15의 종류가 있다.

표 4-16 탈수 및 배수공법

종 류	방 법	
웰포인트 (Well point)공법	사질지반에 대표적인 탈수공법으로 집수 장치를 붙인 파이프를 지중에 박아 이것을 지상의 집수관에 연결하여 펌프로 지중의 물을 배수하는 공법	
샌드드레인 (Sand drain)공법	정의	점토지반의 대표적인 탈수공법으로 지름 40~60 cm의 철관을 이용 모래말뚝을 형성한 후, 지표면에 성토하중을 가하여 점토질 지반을 압밀 탈수하는 공법
	목적	연약점토층의 수분을 탈수시켜 지반의 경화개량을 도모
	방법	지름 40~60 cm의 철관을 적당히 간격으로 때려 박는다. 철관 속에 모래를 다져 넣어 모래말뚝을 형성한다. 지표면에 성토하중을 가하여 모래말뚝을 통해서 수분을 탈수시킨다.
페이퍼드레인 (Paper drain)공법	점토지만에서 모래 대신 합성수지로 된 hard board를 사용하여 탈수하는 공법	
생석회말뚝 (케미코 파일)공법	지반 내에 생석회(CaO)에 의한 말뚝을 설치하여 흙을 고결화시켜 지지력의 증대와 말뚝 주변의 지반 강화를 도모하는 공법	

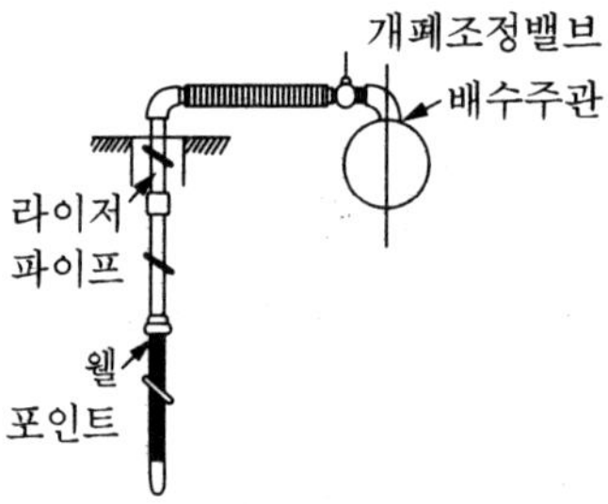

〈웰포인트공법〉

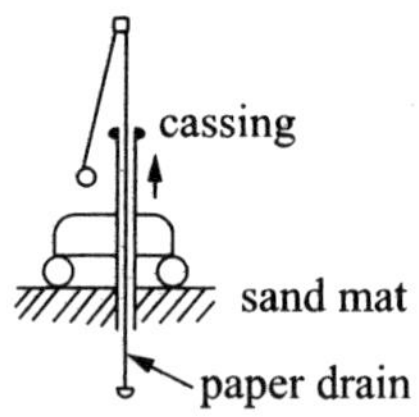

〈페이퍼드레인〉

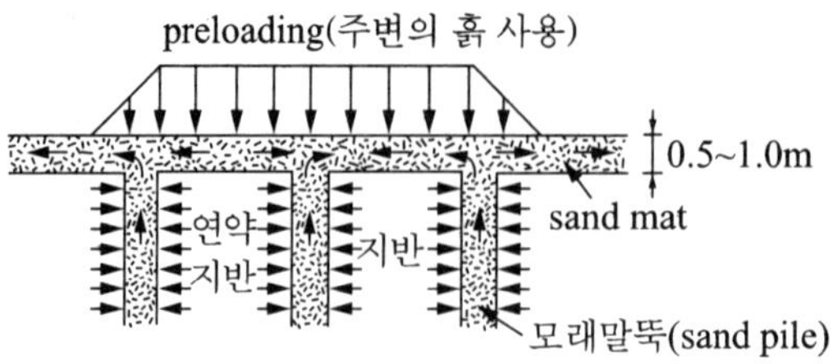

〈샌드드레인공법〉

그림 4-15 탈수 및 배수공법

(4) 고결방법

흙 입자 간의 공극에 고결재를 투입하여 지반의 강도 증가에 의해 지반을 개량하는 공법이며, 다음 표 4-17 및 그림 4-16과 같은 종류가 있다.

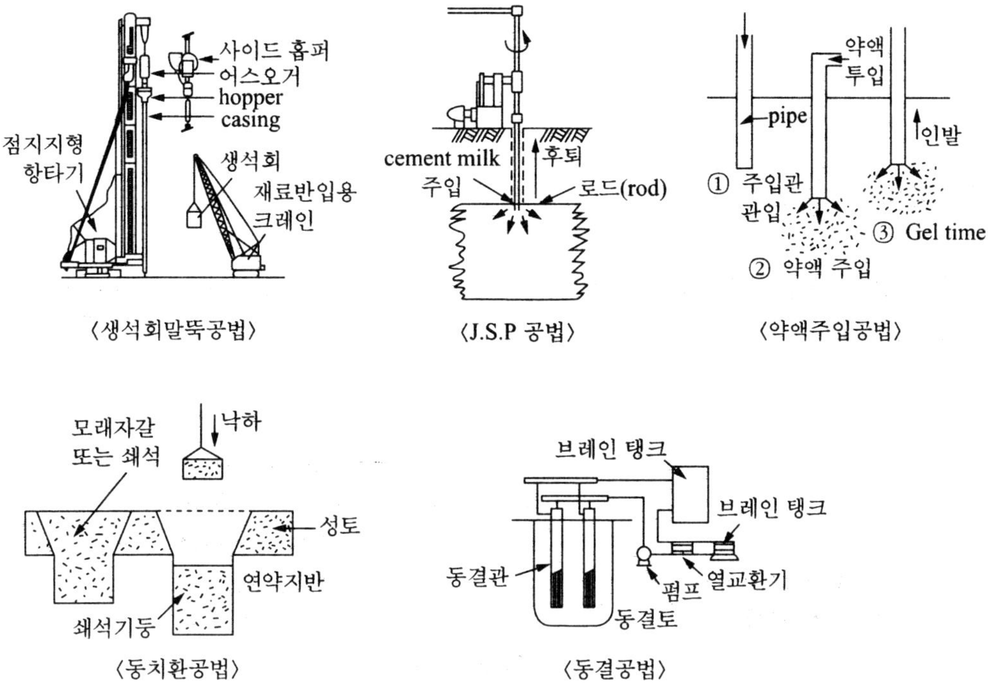

그림 4-16 고결방법의 종류

표 4-17 고결방법의 종류

종 류	방 법
동결공법	지중의 수분을 일시적으로 동결시켜 지반의 강도와 차수성을 향상하고, 그 동안에 목적된 본 공사를 실시하는 일종의 가설공법
소결공법	점토질의 연약지반 중에 보링하여 구멍을 뚫고 그 속을 가열하여 그 주변의 흙을 탈수시켜 지반을 개량하는 고결공법의 일종
약액주입공법	지반 내에 시멘트, 약액 등을 주입하여 연약지반을 고결시켜 지내력을 증진시키는 공법

표 4-17 (계속)

J.S.P공법 (Jumbo special pile)	초고압(200kg/cm^2)의 제트를 이용하여 연약지반의 내력을 증가시키는 지반 고결재(시멘트 주입재)의 주입공법으로 double rod 선단에 Jetting 노즐을 장착하여 시멘트 주입재를 분사하면서 회전하게 하여 지반을 강화한다.

4. 흙막이 공법

흙막이를 설치하고 터파기 및 기초를 원활하게 할 수 있으며, 흙막이의 종류는 다음 그림 4-17과 같다.

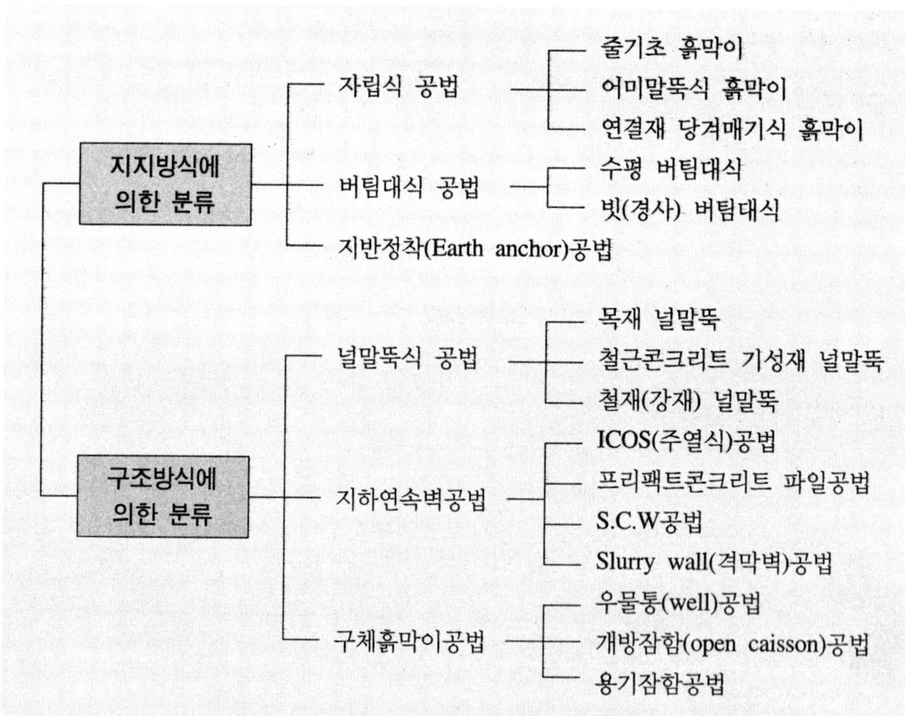

그림 4-17 흙막이의 종류

1) 자립식 흙막이공법

① 줄기초 흙막이 : 간단한 줄기초에 사용되고, 깊이는 1.5 m 내외이며 너비는 1 m 정도의 층에 사용된다.

② 어미말뚝식 흙막이 : 어미말뚝(통나무, 각재, 기성 콘크리트 말뚝 등)을 지중에 박고, 터파기를 하면서 흙막이 널을 가로대어 띠장을 대고 널을 수평으로 대어 토압에 견디는 방식

③ 연결재 및 당겨매기식 흙막이 : 흙막이 말뚝과 널말뚝 상부에 ㄱ자형 형강 또는 각재를 연결재 또는 로프로 당겨매는 방식(그림 4-18)

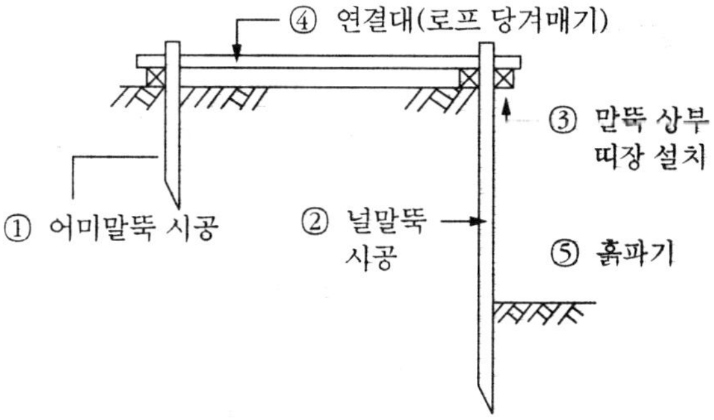

그림 4-18 연결재 및 당겨매기식 흙막이

2) 버팀대식 흙막이 공법

(1) 빗버팀대식 흙막이

흙막이의 지주를 빗대어 설치하는 방식이며, 시공순서는 다음과 같다(그림 4-19).

① 줄파기	② 규준대 대기
③ 널말뚝 박기	④ 중앙부 흙파기
⑤ 띠장 대기	⑥ 버팀 말뚝 및 버팀대 대기
⑦ 주변부 흙파기	

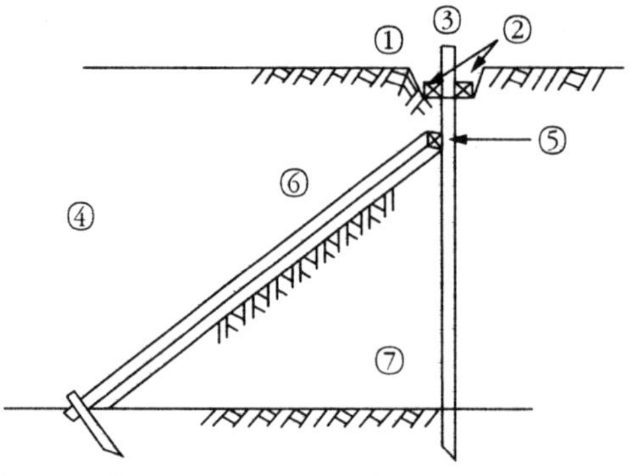

그림 4-19 빗버팀대식 흙막이 시공순서

(2) 수평버팀대식 흙막이

버팀대를 수평으로 설치하여 흙막이를 지지하는 방식이며, 시공순서는 다음과 같다(그림 4-20).

① 줄파기	② 규준대 대기
③ 널말뚝 박기	④ 흙파기
⑤ 받침기둥 박기	⑥ 띠장 및 버팀대 대기
⑦ 중앙부 흙파기	⑧ 주변부 흙파기

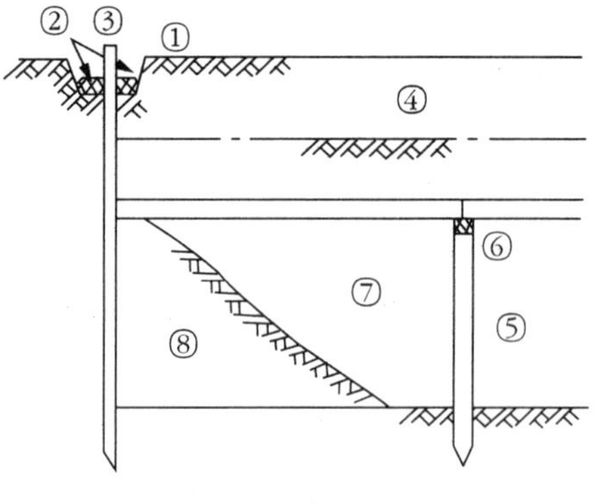

그림 4-20 수평버팀대식 흙막이 시공순서

3) 어스앵커 공법(Earth anchor)

흙막이 벽체에 어스드릴로 천공을 하고, 여기에 인장재와 모르타르를 주입하여 경화시킨 후 인장함으로써 토압을 지지하는 공법이며, 시공순서는 다음과 같다(그림 4-21).

① 어미말뚝 설치
② 흙파기
③ 흙막이 널(토류판) 설치
④ 어스앵커 드릴로 천공을 한다.
⑤ P.S케이블을 삽입한 후 그라우팅
⑥ 띠장설치
⑦ 앵커를 긴장하고 정착시킴

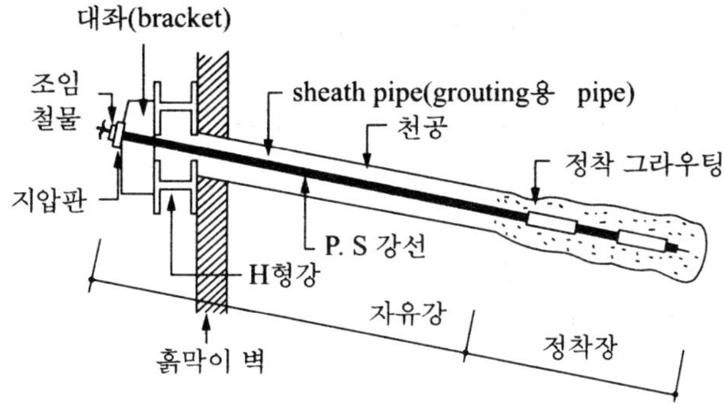

그림 4-21 어스앵커 시공

4) 널말뚝식 흙막이 공법

널말뚝의 종류는 목재 널말뚝과 강재 널말뚝 그리고 철근콘크리트 기성재 널말뚝이 있으며, 목재 널말뚝과 강재 널말뚝이 많이 사용되고 있다(그림 4-22).

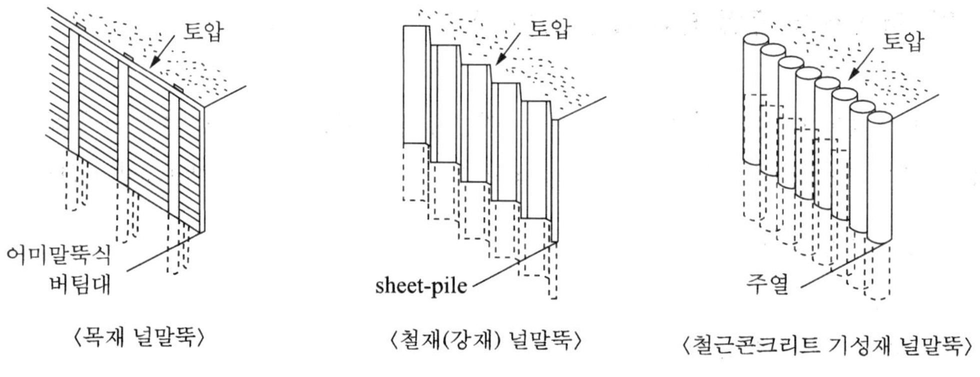

그림 4-22 널말뚝의 종류

5) 지하연속벽 공법

(1) 이코스(ICOS)공법 - 주열식 지하 연속벽

이탈리아 ICOS사에서 개발된 공법으로 제자리 콘크리트 말뚝을 연속적으로 삽입하여 만든 주열식 지하 연속벽 공법이며, 시공순서는 다음과 같다(그림 4-23).

① 말뚝구멍을 하나 걸러서 천공한다.
② 콘크리트를 부어 넣는다.
③ 말뚝과 말뚝 사이에 다음 구멍을 천공한다.
④ 다음 말뚝구멍에 콘크리트를 타설한다.

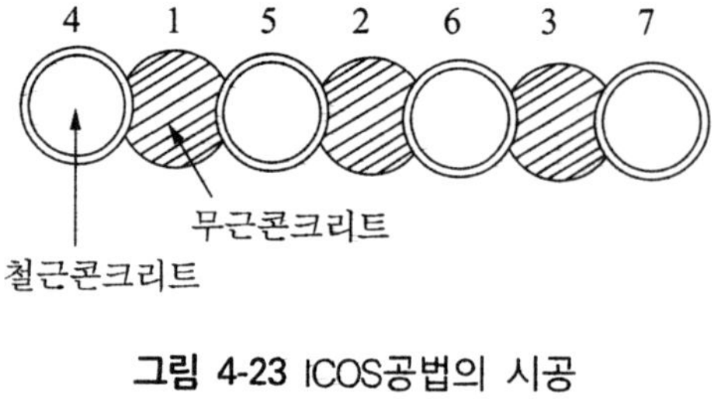

그림 4-23 ICOS공법의 시공

(2) 프리팩트 콘크리트 파일공법

① CIP(Cast in place)파일

오거로 천공을 한 이후 자갈을 채워넣고, 주입관을 통하여 모르타르를 주입하는 공법으로 시공순서는 다음과 같다(그림 4-24).

① 천공을 한다.
② 철근을 조립한다.
③ 모르타르 주입용 파이프를 설치
④ 자갈 다져넣기
⑤ 모르타르 주입

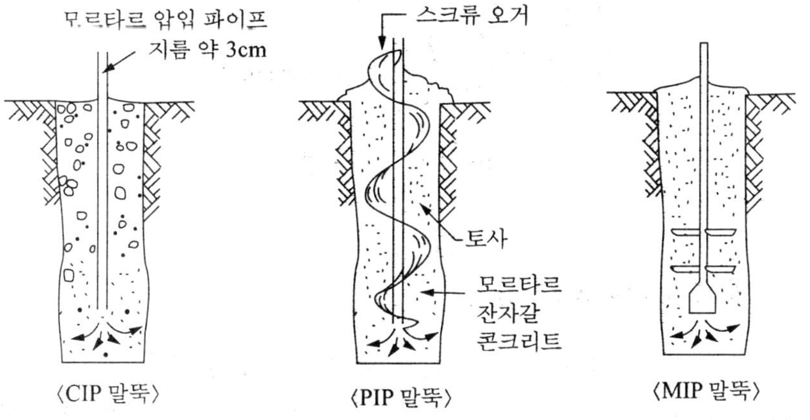

그림 4-24 프리팩트 콘크리트 파일의 종류

② PIP(Packed in place) 파일

오거로 소정의 깊이까지 천공한 이후, 흙과 오거를 동시에 인발하면서 오거 끝부분을 통해 모르타르, 잔자갈 콘크리트를 주입하는 방식이다.

③ MIP(Mixed in plate) 파일

파이프 회전용의 끝단에 커터(cutter)를 사용하여 천공한 이후 파이프 끝단에서 모르타르를 분출시켜 흙과 모르타르를 혼합하여 소일 콘크리트 말뚝을 형성하는 공법이다.

(3) SCW(Soil Cement Wall) 공법

일종의 MIP공법으로 오거를 사용하여 천공하면서 흙과 모르타르를 혼합하여 소일 콘크리트를 형성하고, 필요에 따라 형강을 삽입하는 공법이다(그림 4-25).

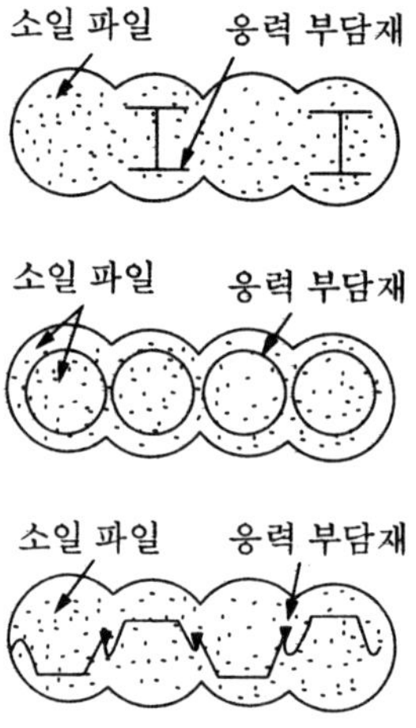

그림 4-25 SCW공법

(4) 지하연속벽(Slurry wall) 공법

베토나이트 이수를 사용하여 흙의 붕괴를 방지하면서 지반을 굴착하고 여기에 철근망을 삽입, 콘크리트를 타설함으로써 연속적으로 벽체를 형성하는 공법이며, 장 · 단점은 표 4-18과 같고 그림은 4-26과 같다.

표 4-18 지하연속벽의 장·단점

장 점	단 점
• 인접건물에 근접시공이 가능하다. • 무소음·무진동공법, 차수성이 높다. • 벽체강성이 높아 본 구조체로 사용 가능하다. • 지반조건에 좌우되지 않는다. • 임의의 형상, 치수, 깊이 조절이 가능하다.	• 장비가 고가이다. • 이동이 어렵다. • 고도의 기술, 경험이 필요 • 콘크리트 타설시 품질관리에 유의해야 한다. • 수평방향의 연속성이 부족하다.

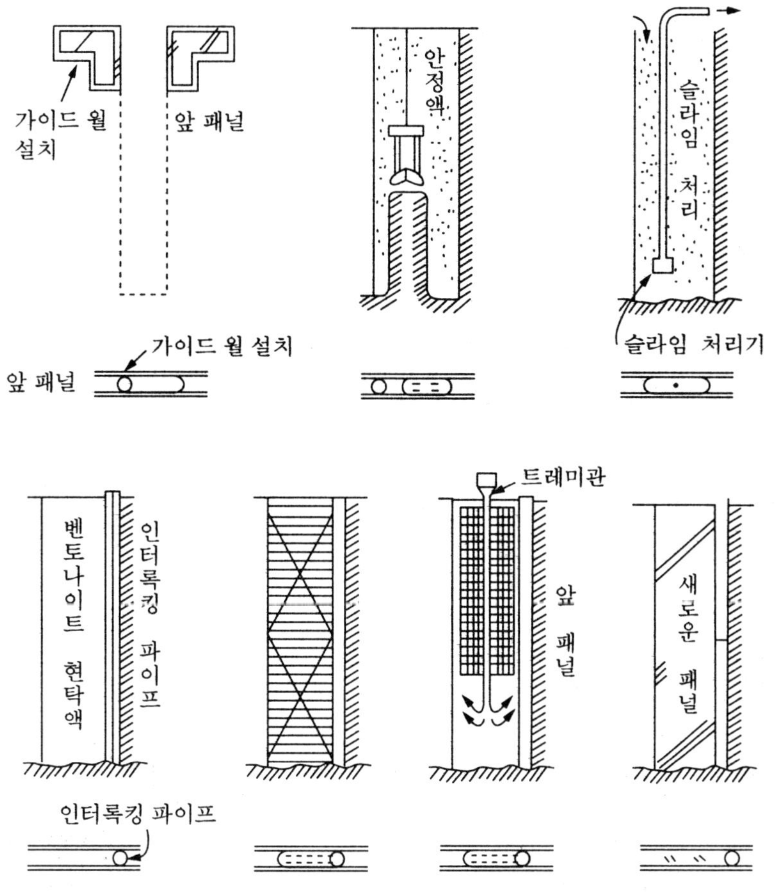

그림 4-26 지하연속벽 시공

지하연속벽의 시공순서는 다음과 같다.

- 가이드 월(guide wall) 설치 및 안정액 플랜트 설치 → 굴착 → 안정액 투입 → 철근망 투입 → 트레미관 설치 → 콘크리트 타설 → 양생

5. 널말뚝 설치 시의 문제점

널막뚝 설치에 발생될 수 있는 문제점은 히빙현상, 보일링현상 그리고 파이핑현상으로 각각의 현상은 다음과 같다(그림 4-27).

① 히빙(Heaving)현상 : 흙막이 뒤쪽의 흙이 기초 파기하는 공사현장 안으로 밀려 올라오는 현상

② 보일링(Boiling of sand)현상 : 모래질 지반에서 발생되는 현상으로, 흙막이 널 뒤쪽의 수위가 높아서 지하수가 흙막이널을 돌아서 지하수가 모래와 같이 공사현장으로 솟아오르는 현상

③ 파이핑(Piping)현상 : 흙막이 벽체에 뚫린 구멍과 연결부위를 통하여 물이 공사장 내부로 스며드는 현상

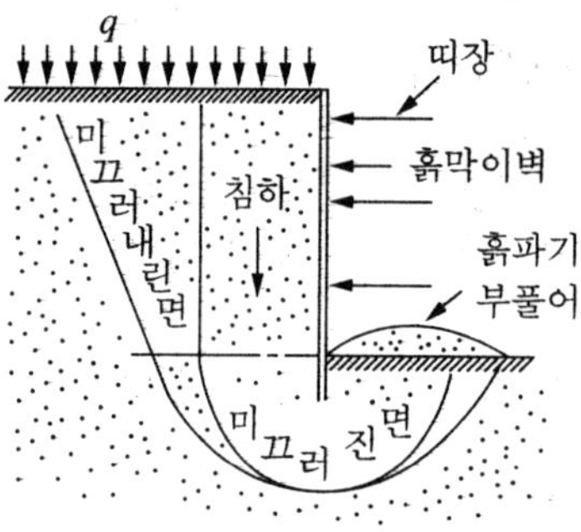

〈히빙〉

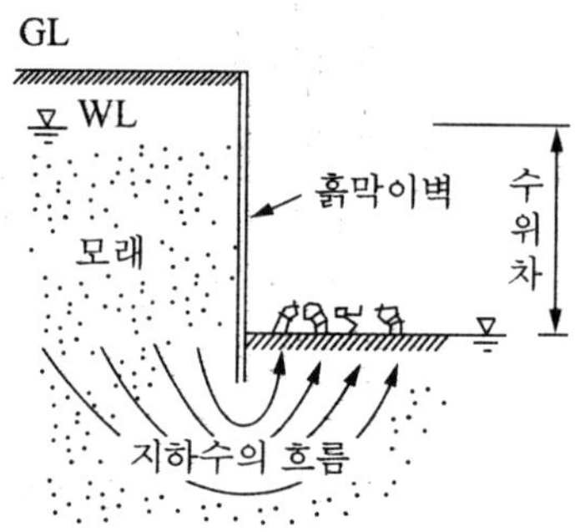

〈보일링〉

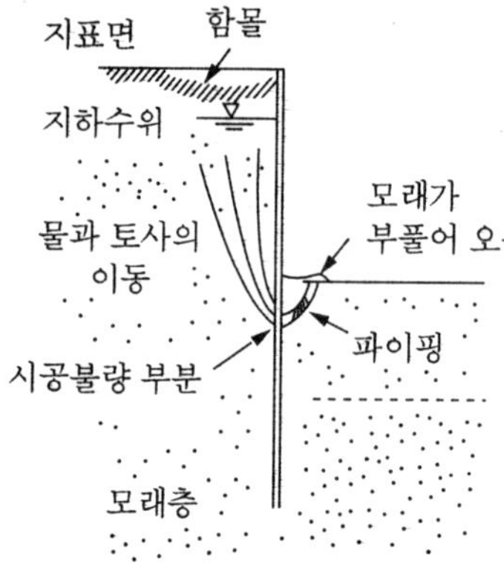

〈파이핑〉

그림 4-27 널말뚝 설치 시 문제점

6. 흙파기 공법

(1) 오픈 컷(Open cut) 공법

지반이 넓고 단단한 경우에 사용되는 공법으로 흙막이를 지지할 필요가 없다(그림 4-28).

그림 4-28 오픈 컷 공법

(2) 아일랜드 컷(Island cut) 공법

터파기 예정부분의 중앙부분을 먼저 파고 기초를 형성한 다음, 여기에 버팀대를 지지하여 주변부의 흙파기를 하는 공법(그림 4-29)이다. 시공순서는 다음과 같다.

① 흙막이 설치 ② 중앙부 굴착
③ 중앙부 기초 구축물 축조 ④ 버팀대 설치
⑤ 주변부 흙파기 ⑥ 지하 구조물 완성

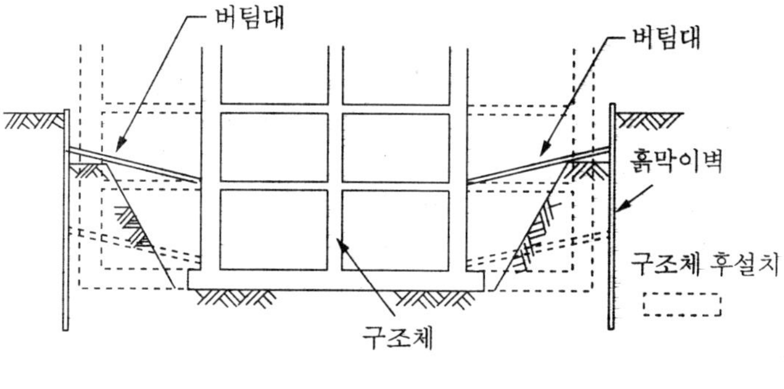

그림 4-29 아일랜드 컷 공법

(3) 트렌치 컷(Trench cut) 공법

아일랜드 공법과 역순으로 건물의 측벽을 먼저 파내고 주변부 기초를 형성한 다음, 여기에 버팀대를 형성하고 중앙부의 흙파기를 시행하는 공법(그림 4-30)이다.

시공순서는 다음과 같다.

① 외주부분의 흙막이벽 설치
② 외주부분 굴착
③ 외주부분 구조체 축조
④ 중앙부의 나머지 부분 굴착
⑤ 중앙부 구조물을 외주부분 구조물과 연결하여 구조물 완성

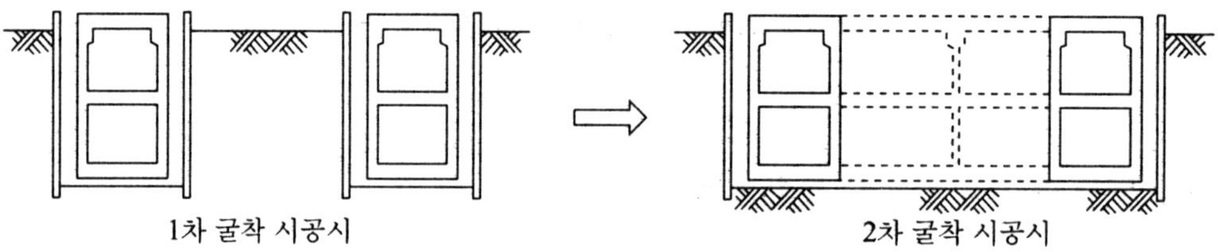

그림 4-30 트렌치 컷 공법

(4) 역타(Top down) 공법

흙막이벽체로 시공한 지하연속벽체를 구조체의 벽체로 활용하고 기둥과 기초를 시공한 다음, 지하로 진행하면서 동시에 지상 구조물도 공사하는 공법으로 다음 표 4-19와 같은 장·단점이 있다.

표 4-19

장점	• 지하, 지상 동시에 작업이 가능하므로 공기단축이 가능 • 1층 바닥의 선 시공으로 작업공간의 극대화 • 주변지반 및 인접건물에 영향이 적음. • 슬래브 밑에서 작업이 가능하므로 기후조건에 민감하지 않음. • 소음 및 진동이 적어 도심지 공사에 적합함.
단점	• 소형의 고성능 장비 필요 • 설계변경이 곤란 • 정밀한 시공계획의 수립이 요구됨.

7. 계측관리

설계에 의한 예측값과 시공에 의한 실측값의 경우, 오차가 발생할 확률이 높다. 따라서 토공사에서의 정확성을 높이기 위해서 다양한 측정기기의 도입과 지속적인 관찰 및 수정이 필요하다. 이러한 과정을 계측관리 또는 정보화 시공이라고 한다.

4-4 지정 및 기초공사

기초란 건축물의 최하단에서 상부구조의 하중을 받아 지반으로 전달하는 구조체이며, 지정은 기초 밑면을 보강하거나 지반의 지지력을 보강하는 역할을 하며 그림 4-31과 같고, 기초와 지정의 종류는 그림 4-32와 같다.

- 기초판 형식
  - 독립기초
  - 복합기초
  - 연속기초
  - 온통기초
- 지 정 형 식
  - 직접기초(보통지정)
    - 모래지정
    - 자갈지정
    - 잡석지정
    - 밑창 Con'c 말뚝
    - 긴주춧돌지정
  - 말뚝기초
    - 기능상 분류
      - 지지말뚝
      - 마찰말뚝
      - 다짐말뚝
    - 재료상 분류
      - 나무말뚝
      - 기성 Con'c 말뚝
      - 제자리 Con'c 말뚝
      - 강재말뚝
  - 깊은기초
    - 피어(pier) 기초
    - 잠함기초(케이슨 기초)

그림 4-31 지정 및 기초

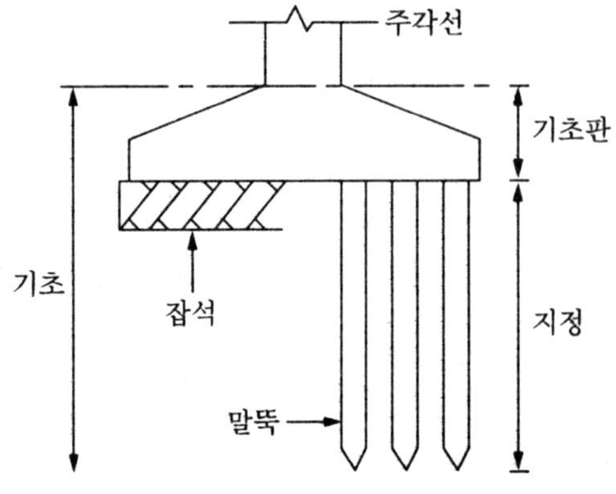

그림 4-32 지정과 기초의 종류

1. 기초의 분류

(1) 기초판의 형식에 따른 분류(그림 4-33)

- 독립기초 : 단일 기둥을 하나의 기초로 지지하는 방식
- 복합기초 : 2개 이상의 기둥의 하나의 기초로 연결하는 방식
- 줄(연속)기초 : 연속된 기초판이 벽, 기둥을 지지하는 방식
- 온통기초 : 건물하부의 전체를 기초판이 지지하는 방식

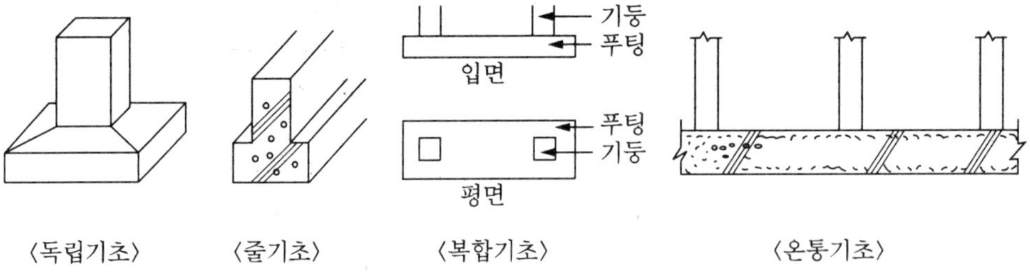

그림 4-33 기초의 종류

(2) 지정의 형식에 따른 분류(그림 4-34)

- 직접기초 : 기초판의 하부에 잡석다짐, 모래다짐 등의 지정을 하는 기초
- 말뚝기초 : 기초판의 하부에 말뚝(나무, 강, 콘크리트)으로 상부 하중을 전달하는 구조
- 피어기초 : 기초판의 하부에 기둥모양으로 피어를 설치하여 하중을 전달하는 구조
- 잠함기초 : 지상에서 원통형, 사각형통의 밑 없는 박스를 만들어 그 속에서 흙파기를 한 후 박스를 내려 앉히고 내부에 콘크리트를 채워 기초를 만든 형식

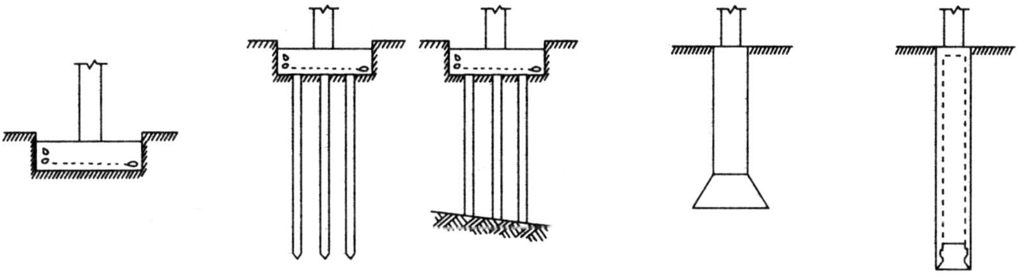

〈직접기초〉 〈말뚝기초〉 〈피어기초〉 〈잠함기초〉

그림 4-34 지정에 의한 기초의 종류

2. 지정의 분류

- 잡석지정 : 지름 10~25 cm의 호박돌을 기초판 밑에 설치한 것
- 자갈지정 : 잡석대신 자갈을 두께 6~12 cm 정도 깔고 다짐한 것
- 모래지정 : 연약층을 파내고 모래를 넣고 물 다짐한 것
- 밑창 콘크리트 지정 : 먹매김을 위해서 잡석, 자갈 지정 위에 1 : 3 : 6의 콘크리트를 두께 5~6 cm 정도로 타설한 것
- 말뚝지정 : 말뚝지정은 연약지반을 관통하여 굳은 지반에 도달하는 지지말뚝과, 연약층이 깊어서 말뚝이 굳은 지반에 도달할 수 없는 경우에 말뚝과 지반의 마찰력을 이용하는 마찰말뚝이 있다. 또한 느슨한 사질지반에 말뚝을 무리지어 무른 지반을 다지는 다짐말뚝이 있다.

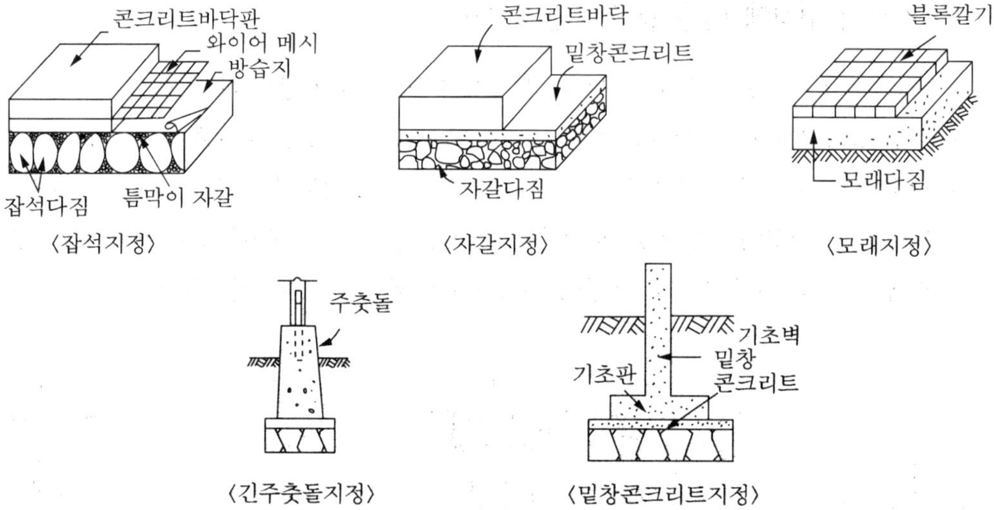

그림 4-35 지정의 종류

3. 연약지반의 기초와 대책

(1) 부동침하

부동침하란 한 건물에서 부분적으로 서로 상이하게 침하가 발생하는 현상을 말하며, 그림 4-36과 같은 원인이 있다.

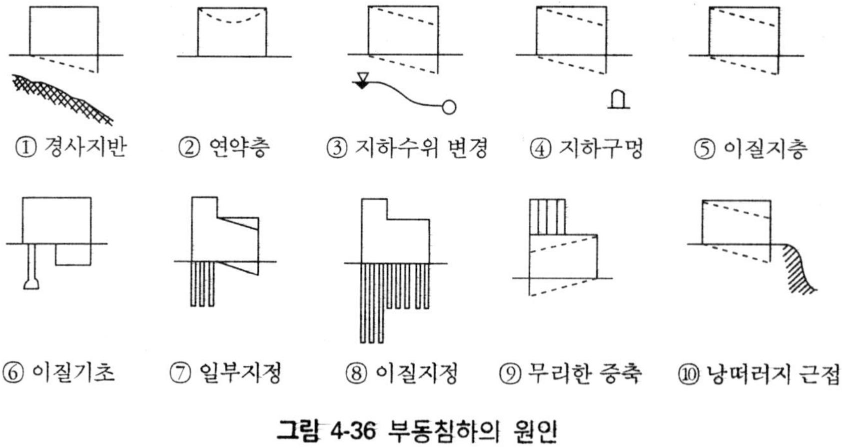

그림 4-36 부동침하의 원인

(2) 부동침하의 방지 대책

① 상부구조물

- 건물의 경량화
- 평면길이를 짧게 할 것
- 건물의 강성을 높인다.
- 건물의 자중을 고르게 분포시킨다.

② 하부구조물

- 마찰말뚝을 사용할 것
- 경질지반에 지지시킬 것
- 지하실을 설치한다.

4-5 철근콘크리트공사

1. 철근공사

(1) 철근의 종류

철근콘크리트 공사에 적용되는 철근의 종류는 원형철근, 이형철근, 용접철망 등이 있다.

(2) 철근공정의 순서

• 공작도 작성 → 재료반입 → 저장 → 검사 및 시험 → 가공 → 조립 → 검사

① 공작도 작성

철근의 절단 및 구부리기 등의 작업을 하기 위하여 철근모양, 치수, 구부림 위치, 지름, 수량 등을 정확하게 기입한 도면으로 기초 상세도, 기둥 및 벽상세도, 보상세도, 바닥판 상세도가 있다.

② 재료반입 및 저장

가공과 조립순서에 맞게 반입하며, 지름, 길이별로 따로 보관한다.

③ 재료검사 및 시험

치수, 중량, 강도시험을 한다.

④ 철근가공

25 mm 이하의 철근은 상온에서 구부림 등의 가공을 하고, 28 mm 이상은 가열 가공을 한다.

⑤ 철근조립

철근콘크리트 구조물에서의 철근조립순서는 다음과 같다.

- 기초 → 기둥 → 벽체 → 보 → 바닥판 → 계단

⑥ 조립검사

배근이 완성된 이후에는 배근도에 의해 검사를 수행한다.

(3) 이음과 정착

철근의 이음이란 동일한 위치에서 두 개의 철근을 하나의 철근으로 연결하는 방식이며, 정착이란 한 부재에서 다른 부재로 철근이 연결되는 방식이다.

① 이음의 종류(그림 4-37)

- 겹친이음 : 철근을 이음할 1개소에 두 군데 이상 결속선으로 연결하는 이음
- 용접이음 : 금속이 고열에 의해 융합하는 성질을 이용한 이음
- 가스압접이음 : 철근의 접합면을 맞대고 압력을 가하면서 가스로 가열하면 접합부가 부풀어 오르면서 접합
- 나사이음 : 철근에 수나사를 만들고 커플러 양단을 너트로 조여 이음
- 슬리브 이음(기계적 이음) : 슬리브 속에 접합 철근을 넣고 유압잭으로 이음
- 슬리브 충전이음 : 슬리브 구멍을 통하여 에폭시나 모르타르 등의 그라우팅으로 이음

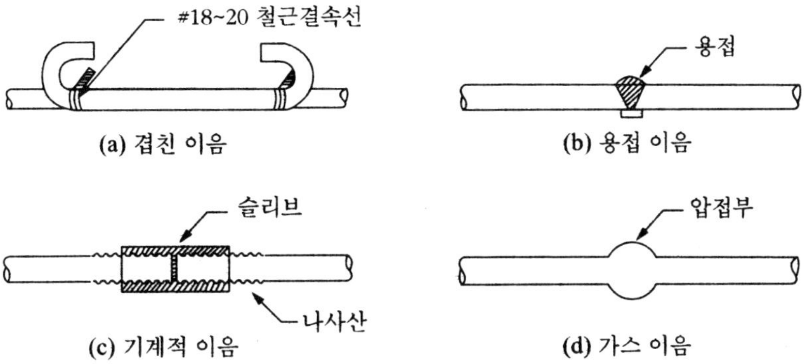

그림 4-37 철근 이음의 종류

② 철근의 정착위치(그림 4-38)

- 기둥의 주근 : 기초에 정착
- 큰 보의 주근 : 기둥에 정착
- 벽철근 : 기둥, 보, 바닥에 정착
- 바닥철근 : 보, 벽체에 정착
- 지붕보의 주근 : 기초 또는 기둥에 정착

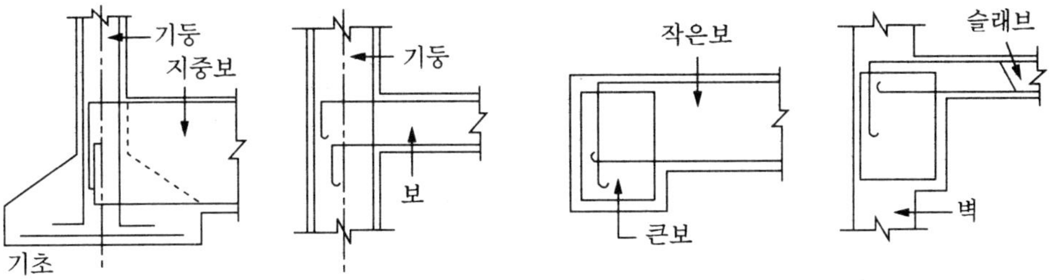

그림 4-38 철근의 정착 위치

③ 철근의 이음 및 정착 길이

- 압축력 또는 적은 인장력이 작용하는 곳 : $25d$
- 기타의 부분 : $40d$

  여기서, d : 철근의 직경

(4) 철근의 간격 및 피복두께

① 철근의 간격

- 철근지름(주근)의 1.5배 이상
- 25 mm 이상
- 굵은 골재의 최대지름의 1.25배

위에서 가장 큰 값으로 철근의 간격을 결정한다. 철근의 간격과 내화피복두께의 관계는 그림 4-39와 같다.

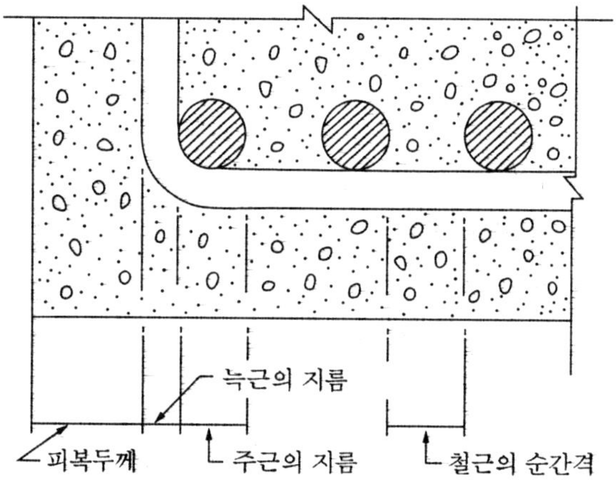

그림 4-39 철근의 간격과 내화피복두께

② 철근피복의 목적

- 내화성능 확보
- 내구성능 확보 : 콘크리트 중성화에 의한 내구력 저하 방지

③ 내화피복두께

다음 표 4-20은 각 부위별 철근의 내화피복두께를 나타낸다.

표 4-20 각 부위별 내화피복두께

구 분	현장타설 콘크리트		피복두께(mm)
흙에 접하거나 옥외공기에 직접 노출되는 콘크리트	D29 이상인 철근		60
	D25 이하인 철근		50
	D16 이하, 지름 16mm 이하인 철선		40
흙에 접하거나 옥외공기에 직접 노출되지 않는 콘크리트	슬래브 벽체 장선구조	D 35 초과	40
		D 35 이하	20
	보와 기둥	40MPa 이상이면 규정값에서 10mm 저감가능	40

2. 거푸집 공사

(1) 거푸집의 특징

거푸집은 콘크리트의 수화반응이 완료될 때까지 형상과 치수를 유지하는 가설공사로서 콘크리트 경화에 필요한 수분의 누출방지, 콘크리트 표면의 성형과 유지를 목적으로 한다. 또한 거푸집의 시공 상 요구사항은 다음과 같다.

- 형상과 치수가 정확하고, 처짐이나 배부름 등이 없어야 한다.
- 외력에 안전해야 한다.
- 조립, 해체 시 파손이 적어야 한다.
- 재사용이 가능하여야 한다.
- 시멘트풀이 새어나가지 않도록 조밀하여야 한다.

(2) 거푸집의 구성요소

① 거푸집널 재료

- 목재널 : 삼나무, 미송, 육송의 판재를 사용
- 합판널 : 얇은 판을 3, 5, 7의 홀수로 섬유방향이 직교하도록 접합

• 패널 : 철제 패널과 알루미늄 패널이 있으나 철제 패널을 많이 사용함.

② 지지부재

• 띠장 : 거푸집널을 지지하고 콘크리트의 측압력을 멍에에 전달하는 부재

• 장선 : 지붕 또는 바닥 거푸집을 지지하기 위해 설치된 부재

• 멍에 : 장선의 하중을 받침기둥 또는 긴 결재에 전달하는 부재

• 동바리 : 바닥 거푸집의 자중과 콘크리트 중량, 작업하중을 지지하는 부재

③ 부속철물류(그림 4-40)

• 간격재(space) : 철근이 거푸집에 밀착되는 것을 방지하기 위한 자재

• 격리재(separator) : 거푸집의 간격유지를 위한 자재

• 긴결재(form tie) : 거푸집의 형상유지 및 측압에 의한 벌어짐 방지 자재

• 박리제(form oil) : 거푸집의 해체를 용이하도록 도포하는 기름

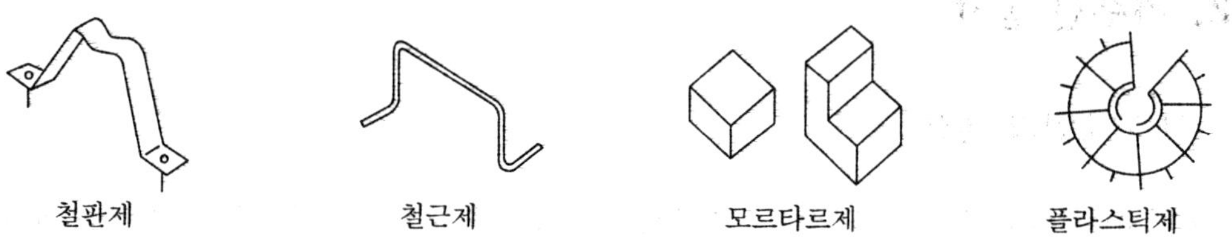

〈간격재(spacer) 종류〉

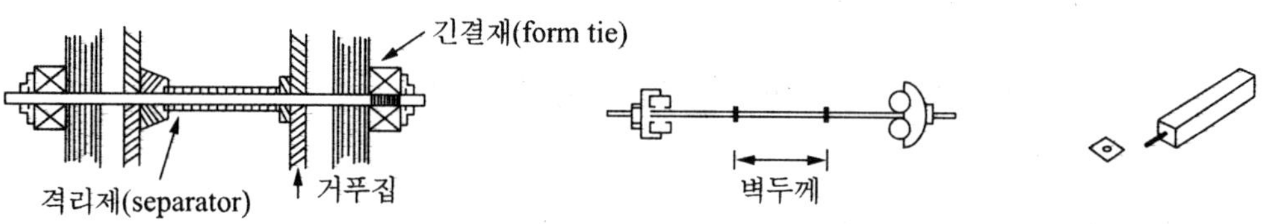

그림 4-40 거푸집의 부속 철물

(3) 거푸집 설계

① 거푸집 설계 시 고려하중

• 보, 슬래브의 밑면 : 고정하중[생콘크리트 중량(2.4 t/m³)], 작업하중[41], 충격하중[42]

• 벽, 기둥, 보옆 : 고정하중[생콘크리트 중량(2.4 t/m³)], 작업하중, 충격하중

② 거푸집 측압에 영향을 주는 요소

- 슬럼프값 : 값이 높으면 측압이 크다.
- 벽두께 : 두꺼울수록 측압은 크다.
- 대기 중의 습도 : 높을수록 측압이 크다.
- 부어넣기 속도 : 빠를수록 측압이 크다.
- 콘크리트 배합 : 부배합[43]일수록 측압이 크다.
- 온도 : 온도가 낮을수록 경화가 늦으므로 측압이 크다.
- 철근량 : 철근량이 적을수록 측압이 크다.

(4) 거푸집 조립

거푸집의 조립은 일반적으로 다음의 순으로 한다.

- 기초 → 기둥 → 내벽 → 보(큰 보 → 작은 보) → 바닥 → 외벽

(5) 거푸집 철거

① 거푸집 존치기간

콘크리트의 수화반응이 종결될 때까지 거푸집을 원래대로 두는 기간을 존치기간이라고 하며, 존치기간의 결정은 시멘트 종류, 기온, 하중 등에 따라서 다르다. 보 옆, 벽 및 기초 옆면의 거푸집은 콘크리트 압축강도 50 kgf/cm² 이상이면 제거가 가능하다.

동바리의 존치기간은 표 4-21과 같으며, 압축강도에 의하지 않고 기초, 보평, 기둥 및 벽 거푸집을 제거하는 것은 표 4-22의 존치기간을 유지해야 한다.

표 4-21 동바리의 존치기간

슬래브 밑, 보 밑	설계기준강도의 2/3 이상
해체 가능한 최저 압축강도	140 kgf/cm² 이상
받침기둥 바꾸어 세우기 순서	큰 보 → 작은 보 → 바닥판(슬래브)

41) 충격하중은 고정하중의 50%로 산정한다.
42) 작업하중은 150 kgf/cm²로 산정한다.
43) 시멘트의 양이 배합보다 많은 경우

표 4-22 기초, 보 옆, 기둥, 벽의 거푸집 존치기간

시멘트 종류 / 평균기온	콘크리트의 재령	
	20℃ 이상	20℃ 미만 10℃ 이상
조강 포틀랜드 시멘트	2일	3일
보통 포틀랜드 시멘트 고로슬래그 시멘트 특급 포틀랜드포졸란 시멘트 A종 플라이애시 시멘트 A종	4일	6일
고로슬래그 시멘트 1급 포틀랜드포졸란 시멘트 A종 플라이애시 시멘트 B종	5일	8일

3. 콘크리트공사

1) 사용재료

(1) 시멘트

콘크리트는 시멘트와 골재(자갈, 모래)와 물의 혼합으로 이루어지는 구조재료이다. 이중 가장 중요한 역할을 하는 재료는 시멘트이고, 시멘트의 종류와 특성은 다음 표 4-23과와 같다.

시멘트의 시험은 다음의 항목 및 그림 4-41과 같다.

- 비중시험 : 르샤르틀리에 비중병
- 안정성 시험 : 오틀레이브 팽창도 시험
- 강도시험 : 표준모래를 사용하여 압축강도, 휨시험을 수행
- 응결시험 : 길모아비늘, 비카바늘에 의해서 시험
- 분말도 시험 : 수화작용, 시공연도에 큰 영향을 미치는 요소이며, 체가름 시험과 블레인 공기투과 시험

표 4-23 시멘트의 종류와 특징

종 류		특 성	재 료
포틀랜드 시멘트	보통 PC	• 비중은 3.05 이상(실제는 3.15 이상) • 단위용적중량 1500 kgf/m³ • 분말도가 클수록 조기강도는 커지지만 풍화되기 쉽다. • 응결은 비빔 후 1시간부터 시작되며 10시간 이내 종결한다.	
	조강 PC	• 조기강도가 크다(재령 7일 이내에 보통 PC의 28일강도 발현). • 수화발열량이 크다(매스콘크리트 사용금지). • 긴급공사, 한중공사, 수중공사에 사용	클링커 + 석고 (석고 : 응결지연제)
	중용열 PC	• 강도증진은 늦지만 장기강도는 보통 시멘트보다 크다. • 수화발열량이 적어 수축 균열발생이 적다. • 댐 공사 등의 매스콘크리트에 사용	
	백색 PC	• 착색제, 미장재료, 치장줄눈 등에 사용	
혼합 시멘트	고로 시멘트	• 비중이 낮다(보통 2, 9). • 수화열이 적어 수축균열이 적다. • 동결융해저항성이 크다. • 해수에 대한 화학적 저항성이 크다.	클링커 + 고로슬래그 + 석고
	플라이 애쉬 시멘트	• 시공연도 및 수밀성이 좋다. • 조기강도가 낮으나 장기강도가 높다. • 수화발열량이 적어 수축균열이 적다.	클링커 + 플라이 애쉬 + 석고
	실리카 시멘트	• 시공연도가 좋아지고 블리딩 및 재료분리 현상 감소	클링커 + 포졸란 + 석고
특수 시멘트	알루미나 시멘트	• 조기강도는 24시간에 포틀랜드 시멘트의 28일 강도 발현 • 해수, 화학약품에 대한 저항력이 크다. • 긴급공사, 해안공사, 동절기 공사에 사용	
	팽창 시멘트	• 물과 반응하여 경화과정에서 팽창되는 무수축 시멘트(균열방지) • 수축율은 보통 시멘트에 비해 20～30% 적다.	

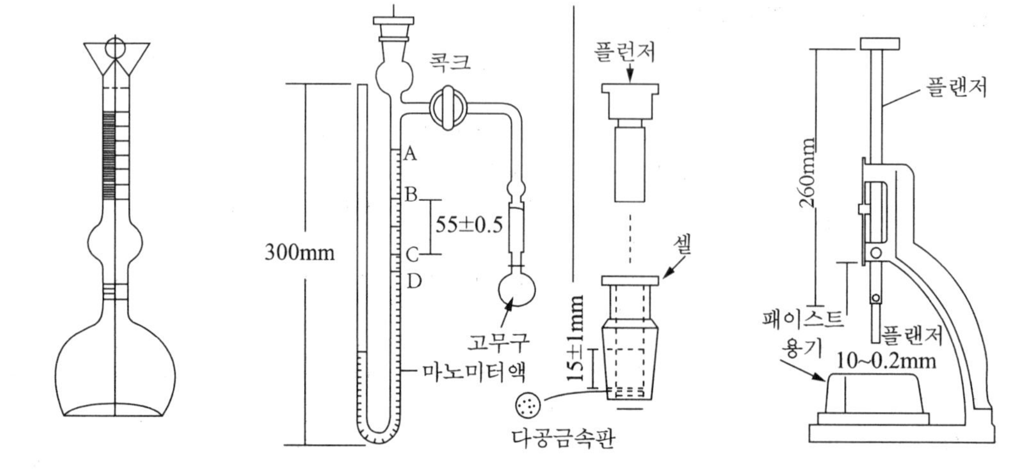

(a) 르샤틀리에 비중병　(b) 브레인 공기 투과장치　(c) 비카바늘 장치

그림 4-41 시멘트의 시험방법

(2) 골재

① 골재의 종류

가. 크기에 따른 분류

- 잔골재 : 5 mm 체에 중량으로 85% 이상 통과하는 골재
- 굵은골재 : 5 mm체에 중량으로 85% 이상 남는 골재

나. 비중에 따른 분류

- 경량골재 : 비중 2.0 이하인 골재
- 보통골재 : 비중 2.5~2.7 정도인 골재
- 중량골재 : 비중 2.7 이상인 골재

② 골재에 요구되는 품질

- 표면이 거칠고 둥근 모양일 것
- 강도가 클 것
- 입도가 적당할 것
- 청정하고 불순물이 없을 것
- 내마모성이 있을 것

③ 골재의 염화물

- 염화물의 제한 : 콘크리트 내부의 염소이온량은 0.3 kg/m³ 이하
  잔골재의 염분 함유량은 0.04%(NaCl기준)

④ 골재의 함수상태

골재에 포함된 물의 상태에 따라서 표 4-24 및 그림 4-42로 분류한다.

표 4-24 골재의 함수상태

구분	내용
함 수 량	습윤 상태의 골재가 함유하는 전수량
흡 수 량	표면건조 내부포수상태의 골재 중에 포함되는 물의 양
표면수량	습윤 상태의 골재표면의 물의 양(함수량과 흡수량과의 차)
유효흡수량	흡수량과 기건 상태의 골재 내에 함유된 수량과의 차

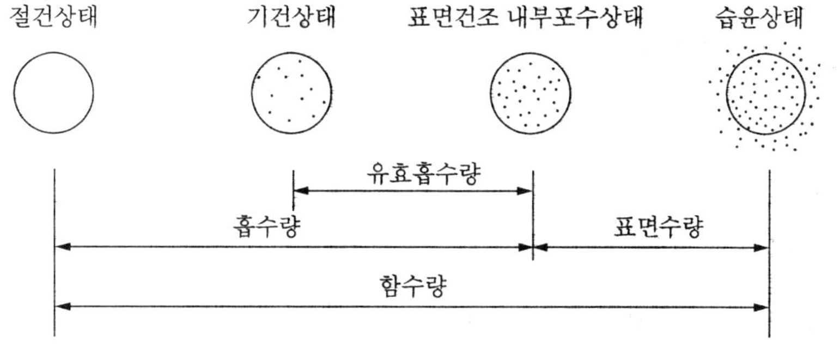

그림 4-42 골재의 함수상태

(3) 물

물은 유해한 불순물(산, 기름, 알칼리, 염류 등)이 포함되지 않은 청정한 것이라야 한다.

(4) 혼화재료

혼화재료는 콘크리트의 성질과 물성을 개선하기 위하여 추가로 투입되는 재료이며, 혼화재와 혼화제로 구분된다.

① 종류

• 혼화재 : 콘크리트의 물성 개선을 위하여 비교적 다량으로 사용되는 부가물
  고로슬래그, 플라이애쉬, 실리카흄, 팽창재 등이 포함된다.
• 혼화제 : 콘크리트의 성질을 개선하기 위하여 약품으로 사용되는 부가물
  표면활성제, 유동화제, 방청제 등이 포함된다.

② 표면활성제

표면활성작용에 의해서 콘크리트 속에 미세한 기포를 형성하거나 시멘트입자를 분산시켜 콘크리트의 시공연도를 증진시키는 혼화제이다. 표면활성제에는 AE제, AE감수제, 감수제가 포함된다.

③ AE제(Air Entraining agent)

미세한 기포를 형성시키는 혼화제로서 사용목적은 다음과 같다.

• 시공연도 증진
• 동결융해 저항성 증대
• 단위수량 감소
• 내구성, 수밀성 증대

④ 그 외 혼화제의 특징

• 고성능감수제 : 감수제의 성능을 더욱 향상시켜 단위수량을 대폭 감소시키는 것
• 유동화제 : 단위수량이 적은 콘크리트의 유동성을 일시적으로 증대시키는 것
• 응결경화촉진제 : 시멘트와 물과의 화학반응을 촉진시켜 초기에 강도를 확보하는 것
• 응결지연제 : 시멘트와 물과의 화학반응을 지연시킴으로써 응결을 지연시키는 것
• 방청제 : 염화물에 의한 철근부식 방지
• 방동제 : 염화칼슘, 식염 등으로 콘크리트 동결방지

⑤ 포졸란(Pozzolan)

포졸란이란 콘크리트 중의 수산화칼슘과 화합하여 불용성의 화합물을 만드는 재료이며 포졸란 반응이란 실리카가 수산화칼슘과 반응하여 불용성의 화합물을 만드는 작용을 말한

다. 포졸란 재료에 의한 포졸란 반응은 다음과 같은 성질을 가진다.

- 시공연도 증진
- 해수에 대한 화학적 저항성 증대
- 재료분리 감소
- 조기강도 감소, 장기강도 증진

⑥ 플라이애쉬(Fly ash)

화력발전소의 집진시설에 포집되는 구형의 미립자이며 다음의 특징을 가진다.

- 입자가 구형이므로 시공연도 개선
- 수화열이 적음
- 내황산염, 화학적 저항성 향상
- 장기강도 증진
- 세공량 감소로 수밀성 증대

⑦ 고로 슬래그(Slag)

선철을 제조하는 과정에서 발생되는 부산물, 즉 철강석에서 철을 제외한 나머지 부분이며 다음의 특징을 보인다.

- 콘크리트 구조체의 장기강도 증진
- 해수, 하수 등에 대한 저항성이 높다

2) 콘크리트 배합설계

(1) 배합

배합이란 1 m^3의 콘크리트를 생산하기 위하여 소요되는 각 재료의 양을 결정하는 것이며, 배합의 순서는 다음 그림 4-43과 같다.

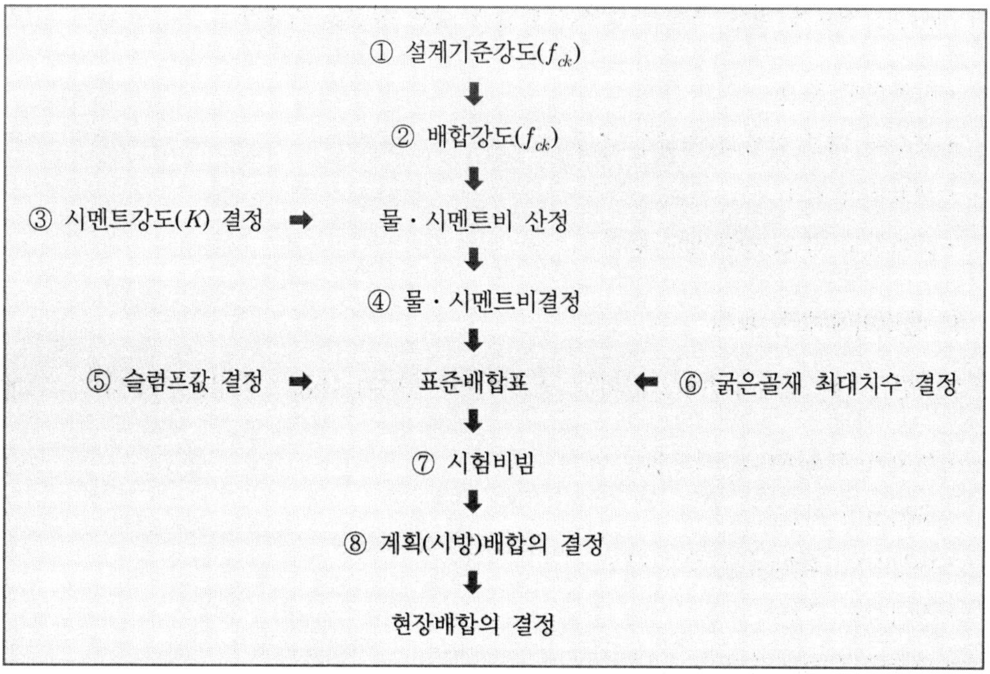

그림 4-43 콘크리트 배합순서

① 배합의 표시법

- 절대용적배합 : 콘크리트 비벼내기 1 m³에 소요되는 각 재료를 절대용적(m³)으로 표시한 배합
- 중량배합 : 콘크리트 비벼내기 1 m³에 소요되는 각 재료를 중량(kg)으로 표시한 배합으로 골재는 절대건조 중량을 기준으로 한다.
- 표준계량 용적배합 : 콘크리트 비벼내기 1 m³에 소요되는 각 재료의 양을 표준계량용적(m³)으로 표시한 것. 단 시멘트는 1500 kg을 1 m³으로 한다.

② 설계기준강도(소요강도)의 결정 F_c

- 구조계산에서 요구하는 28일 압축강도
- 설계기준강도(F_c) = 콘크리트 허용응력도에 안전율을 곱한 강도
- F_c = 3 × 장기허용응력도 = 1.5 × 단기허용응력도

③ 배합강도 결정 F

구조체 콘크리트의 강도관리 재령이 28일인 경우는 다음의 두 식을 만족해야 한다.

$$F \geq F_c + T + 1.73\delta$$

$$F \geq 0.8(F_c + T) + 3\delta$$

여기서, T : 기온에 따른 온도보정치(표 4-25)

δ : 콘크리트의 표준편차

표 4-25 기온에 따른 온도 보정치

시멘트의 종류	보통포틀랜드시멘트	콘크리트강도의 기온에 따른 보정값(kgf/cm²)
콘크리트 타설 후 28일간의 예상 평균기온의 범위	18℃ 이상	0
	15℃ 이상 18℃ 미만	15
	9℃ 이상 15℃ 미만	30
	5℃ 이상 9℃ 미만	45
	3℃ 이상 5℃ 미만	60

④ 시멘트 강도

가. 단기강도에서 28일 강도 추정

시멘트 강도의 추정은 표 4-26에 나타난 자료를 활용한다.

표 4-26 시멘트 강도의 추정식

시멘트의 종류	K3, K7에서 K28 추정	K7에서 K28 추정
조강 포틀랜드 시멘트	K28 = 0.65K7 − K30.25 + 280	K28 = 0.6K7 + 240 K28 = K7 + 150
보통. 고로 fly-ash. 실리카c종	K28 = 1.2v − K30.4 + 160	

나. 다음의 두 값 중 하나를 택한다.

- 연구소, 시험소의 최근의 통계적 평균값
- 제조회사의 시험성적표의 월 평균 강도값으로부터 30 kgf/cm²를 공제한 값

다. 시멘트 강도 K의 최대치(표 4-27)

표 4-27 시멘트 강도의 최대치

K의 최대치(kgf/cm^2)	시멘트의 종류
400	조강 포틀랜드
370	보통 포틀랜드, 고로 A종, 플라이애쉬 A종
350	고로 B종, 중용열 포틀랜드
320	플라이애쉬 B종

⑤ **물시멘트비(W/C)**

- 시멘트 페이스트 중에서 물과 시멘트와의 중량 백분율
- 콘크리트의 강도, 내구성을 지배하는 가장 중요한 요소
- 물시멘트비는 40～70%로 한다.
- 물시멘트비의 산정은 표 4-28을 활용한다.

표 4-28 시멘트 종류별 W/C비 산정식

보통 포틀랜드 시멘트	$X = \dfrac{61}{\dfrac{F}{K} + 0.34}$
조강 포틀랜드 시멘트	$X = \dfrac{41}{\dfrac{F}{K} + 0.03}$
고로 실리카 시멘트	$X = \dfrac{110}{\dfrac{F}{K} + 1.09}$

여기서, $X = W/C$비

⑥ 소요 슬럼프 값

콘크리트의 시공연도를 측정하는 방법인 슬럼프는 장소에 따라 표 4-29를 활용하여 결정한다.

표 4-29 건축부재별 사용 슬럼프 값

장 소	진동 다짐일 경우	진동기를 사용하지 않을 경우
기초, 바닥판, 보	5～10 cm	15～19 cm
기둥, 벽	10～15 cm	19～22 cm

콘크리트 종류별 소요 슬럼프 값으로 고급인 경우는 18 cm 이하, 보통인 경우는 21 cm 이하로 한다. 슬럼프의 측정은 그림 4-44와 같다.

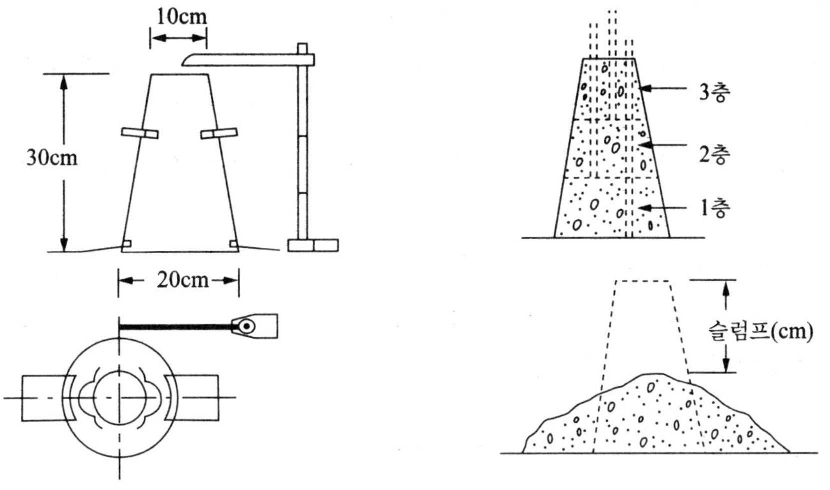

그림 4-44 슬럼프

⑦ 굵은 골재의 최대치수

굵은 골재의 최대치수는 골재와 같은 치수의 체에 중량비로 90% 이상 통과하여야 한다.

⑧ 잔골재율 및 단위수량의 결정

- 단위수량
  콘크리트 1 m^3의 수량으로 시공연도를 확보할 수 있는 범위에서 가능한 작게 하고 평균 185 kg/m^3 이하로 한다.
- 잔골재율
  잔골재 및 굵은 골재의 절대용적의 합에 대한 잔골재 절대용적 백분율

3) 콘크리트의 품질관리

(1) 굳지 않은 콘크리트의 성질

① 시공연도(workability) : 묽기 정도와 재료분리에 저항하는 정도 등의 의미를 가지고 있으며, 시공의 원활성에 대한 정도를 나타낸다.

② 반죽질기, 유동성(consistency) : 단위수량에 대소에 따르는 혼합물의 묽기 정도

③ 다짐성(compactability) : 콘크리트 묽기에 따른 다짐의 용이한 정도

④ 성형성(plasticity) : 구조체에 타설된 콘크리트가 거푸집에 잘 채워질 수 있는 지의 난이도 정도

⑤ 압송성(pumpability) : 펌프에서 콘크리트가 잘 밀려나가서 타설되는 정도

⑥ 안정성(stability) : 시멘트 제품에 팽창균열 등의 변형이 발생되지 않는 정도

⑦ 마감성(finishbility) : 콘크리트의 표면 마감 정도

(2) 콘크리트 구조물의 내구성 저하요인

① 외적요인

- 하중작용 : 피로, 부동침하, 지잔
- 온도 : 동결융해, 기상, 화재
- 기계적 작용 : 마모, 진동, 충격
- 화학적 작용 : 중성화, 염해

② 내적요인

- 골재 반응 : 알칼리 골재반응, 점토광물
- 강재부식 : 중성화, 염분

③ 중성화

중성화란 콘크리트 중의 알칼리 성분과 대기 중의 이산화탄소(CO_2)가 결합하여 탄산칼슘과 물이 생성되는 과정을 의미하고, 탄성칼슘은 중성의 성질을 갖는다. 즉, 알칼리 성질에서 중성으로 변화되는 의미를 내포하고 있다. 이와 같은 중성화의 특징의 문제점은 다음과 같다.

- 강도저하
- 철근 부식
- 철근팽창에 의한 콘크리트 탈락 → 내력저하

④ 알칼리 골재반응

포틀랜드 시멘트 중의 알칼리 성분과 골재 속에 포함된 실리카 광물이 화학반응을 일으켜 팽창을 유발하는 반응으로 균열을 유발시켜 내구성의 저하를 초래한다. 방지대책으로 다음과 같은 것이 있다.

- 저알칼리시멘트 사용(알칼리 함량 0.6% 이하)
- 반응성 골재 사용 금지
- 방수제를 사용하고 수분을 억제한다.
- 고로시멘트, 플라이애쉬 시멘트 사용

(3) 콘크리트의 균열

① 콘크리트 균열 원인

가. 침강 균열

- 콘크리트 타설 후 블리딩에 의해서 콘크리트가 침하할 때 철근을 따라 콘크리트 표면에 발생되는 균열

나. 레미콘에 의한 균열
- 가수로 인하여 물시멘트비가 높은 경우
- 장시간 운반에 따른 재료분리

다. 재료에 의한 균열
- 콘크리트 침하, 시멘트 수화열, 건조수축, 알칼리 골재반응, 콘크리트 중성화

라. 시공에 의한 균열
- 현장에서의 가수, 양생불량, 거푸집의 조기제거

② 균열방지대책

가. 배합적 측면
- 시멘트 사용량을 줄일 것
- 저발열 시멘트 사용
- 수화열 억제 혼화제 사용
- 슬럼프, 단위수량 억제

나. 시공적 측면
- 균질한 비빔시공
- 비빔, 타설 시간 준수
- 거푸집, 동바리 변형 방지
- 타설 후 진동, 충격 방지

다. 품질 관리적 측면
- 습윤 양생 철저
- 해사 사용 시 유의점 준수

4) 특수 콘크리트

(1) 한중(寒中)콘크리트

한중콘크리트란 콘크리트 타설 후 평균기온이 4℃ 이하의 동결우려가 있을 때 타설되는 콘크리트를 의미하고, 다음과 같은 사항을 유의한다.

- 물시멘트비는 60% 이하로 한다.
- 시멘트는 가열하지 않으며, 타 재료의 가열온도는 60℃ 이하로 한다.
- 믹서 내의 온도는 40℃ 이하로 하고 시멘트는 맨 마지막에 투입한다.
- 초기 강도가 50 kgf/cm²가 확보될 때까지 보양한다.
- 재료의 가열순서는 물 → 모래 → 자갈이다.

(2) 서중(暑中)콘크리트

하루의 평균기온이 25℃ 또는 최고온도가 30℃를 초과할 때 시공하는 콘크리트이며, 다음과 같은 유의사항을 준수한다.

- 단위수량과 단위 시멘트량은 최소화한다.
- 슬럼프는 18 m 이하로 한다.
- 타설 시의 온도는 35℃ 이하로 한다.
- 고온의 시멘트는 사용하지 않는다.
- 물, 골재 등은 낮은 온도의 것을 사용한다.
- 거푸집에 물을 뿌려 콘크리트의 수분이 거푸집에 흡수되지 않도록 조치한다.

(3) 매스콘크리트(Mass concrete)

부재단면의 치수가 80 cm 이상이고, 콘크리트 내외부의 온도차가 25℃ 이상인 콘크리트이며, 매스콘크리트의 균열방지를 위한 대안으로 다음과 같은 사항이 있다.

- 단위 시멘트량을 작게 한다.
- 수화열이 낮은 시멘트를 사용한다.
- 슬럼프를 작게 하고 AE제, AE감수제를 사용한다.

(4) 경량콘크리트

기건 비중이 2.0 kg/m³이고 구조물의 경량화, 내화성, 단열성을 높이기 위해서 경량골재를 사용한 콘크리트이며, 표 4-30과 같은 종류가 있다.

표 4-30 경량콘크리트의 종류

경량기포콘크리트	무수한 기포를 고루 형성시킨다. ALC가 대표적이다.
신더콘크리트 (Cinder concrete)	석탄재(cinder)를 골재로 한 일종의 경량콘크리트로 방수층 누름에 쓰인다.
톱밥콘크리트	톱밥을 골재로 하여 못을 박을 수 있는 콘크리트로 흡음벽, 장식용으로 쓰인다.
다공콘크리트	수로(水路) 등의 배수를 목적으로 하는 콘크리트
서머콘 (Thermo-con)	콘크리트 제작 시 골재는 전혀 사용하지 않고 물, 시멘트, 발포제만으로 만든 경량콘크리트

(5) 유동화콘크리트

유동화콘크리트는 미리 비빔된 콘크리트에 유동화제라는 혼화제를 혼합하여 된비빔의 성질을 유지한 채 유동성을 일시적으로 증대시킨 콘크리트이다. 유동화콘크리트의 사용목적은 다음과 같다.

① 품질개선
- 블리딩의 감소 및 건조수축의 저감
- 수밀성 및 기밀성의 개선
- 수화 발열량의 감소 및 내구성의 향상

② 시공성 개선
- 펌프 압송 시 시공능률 향상
- 초기강도 증대 및 공기 단축
- 수화 발열량의 감소 및 내구성 향상

(6) 고강도콘크리트

콘크리트의 설계기준강도가 400 kgf/cm² 이상이고, 초고층 건축물이나 안전성과 내구성이 요구되는 구조물에 사용된다.

(7) 수밀콘크리트

수조 또는 풀장, 지하실 등과 같이 수압이 작용하는 구조물로 수밀성이 특별히 요구되는 곳에 사용되는 콘크리트이며, 다음과 같은 주의사항이 있다.

- 물시멘트비는 50% 이하로 하고 슬럼프는 15 cm 이하로 한다.
- 단위수량 및 단위 시멘트량을 가급적 적게 한다.
- 원칙적으로 이어붓기를 하지 않고, 이어치기 시에는 방수 처리를 한다.

(8) 수중콘크리트

수중 또는 안정액 속에 부어넣는 제자리 콘크리트 말뚝 또는 철근콘크리트 지중벽에 사용되는 콘크리트이며, 다음과 같은 유의사항을 확인한다.

- 트레미관의 끝부분은 콘크리트 타설 중에 원치적으로 콘그리드 상부에서 40 cm 이상 넣어둔다.
- 콘크리트는 설계면 보다 여분의 높이로 타설한다.

(9) 차폐용 콘크리트

원자로 시설, 의료용 시설 등의 방사선을 차단할 목적으로 시공되는 콘크리트로서 다음과 유의사항을 확인한다.

- 슬럼프는 15 cm 이하로 하고 물시멘트비는 60% 이하로 한다.
- 시멘트는 중용열 포틀랜드 시멘트, 보통 포틀랜드 시멘트를 사용한다.
- 골재는 비중이 2.5～6.9인 자철광, 중정석, 갈철광 등을 사용한다.
- 1회 타설은 30 cm 이하로 하고 진동 다짐을 한다.

(10) 레미콘(Ready mixed concrete)

자동 배합과 계량장비를 구비한 배치 플랜트에서 생산된 콘크리트이다.

(11) 제치장콘크리트

콘크리트의 면을 노출시킨 상태로 마감을 한 콘크리트로 다음과 같은 목적으로 타설한다.

- 모양의 간소함 표현
- 외장재 절약
- 건물 자중 경감

(12) 프리팩트콘크리트

굵은 골재를 거푸집에 넣은 이후에 모르타르를 주입하여 타설되는 콘크리트이며 주로 보수공사, 수중 콘크리트, 지수벽 등에 활용된다.

(13) 섬유보강콘크리트(FRC, Fiber Reinforced Concrete)

콘크리트의 휨, 전단, 인성 등을 개선하기 위하여 단섬유상의 재료를 분산시켜 제조한 콘크리트이며 섬유질 재료에는 유리섬유, 강섬유, 탄소섬유 등이 있다.

(14) 숏크리트(Shot crete)

모르타르를 압축공기로 분사하여 소요되는 부위에 바르는 것으로서 다음과 같은 특징이 있다.

- 재료의 표면에 시공하여 수밀성, 강도, 내구성이 향상된다.
- 다공질이며, 외관이 좋지 못하고 균열이 발생되기 쉽다.

4-6 철골공사

1. 재료

① 강재의 품질기준

- 강재는 형상이 바르고, 해로운 흠, 심한 녹, 뒤틀림이 없는 것으로 한다.
- 구조용 압연강재와 용접구조용 압연강재는 한국 산업규격 제품을 사용한다.

② **재료 시험**

- 시험은 인장 및 휨 시험을 한다.
- 시험편은 단면이 다를 때마다 또는 중량이 20 t 마다 1개씩 한다.

2. 철골의 공장 가공

공장 가공 순서는 다음과 같다.

① 공작도 및 원척도 작성 → ② 본뜨기 → ③ 변형 바로잡기 → ④ 금매김 → ⑤ 절단 → ⑥ 구멍 뚫기 → ⑦ 가조립 → ⑧ 리벳치기(본 조립) → ⑨ 검사 → ⑩ 녹막이칠 → ⑪ 운빈

① **공작도 및 원척도 작성**

가. 공작도(shop drawing)

설계도와 시방서를 근거로 해서 그린 시공도면

나. 원척도

설계도와 시방서에 따라 공장 원척소의 바닥 위에 각부 상세 및 재의 길이를 원척(full size)으로 그린 것이다. 원척도에 포함되는 내용은 높이, 총 길이, 스팬, 강재치수, 형상, 중도리의 배치, 리벳 수 및 간격, 게이지 라인 등이 있다.

② **본뜨기(형판 뜨기)**

원척도에서 얇은 강판으로 본뜨기를 하여 본판에 정밀하게 작성한다.

③ **변형 바로잡기**

금매김하기 전에 강재의 변형을 바로 잡는다.

④ **금매김**

리벳구멍, 절단위치 등을 표시하는 작업

⑤ 절단 및 가공

절단의 종류에는 전단절단, 가스절단, 톱절단이 있으며, 휨가공은 800~1100℃로 가열한 이후에 가공하는 것을 원칙으로 한다.

⑥ 구멍 뚫기

가. 펀칭

- 부재두께가 볼트, 리벳 직경의 +3 mm 이하
- 보통 부재두께 13 mm 미만, 리벳지름 9 mm 이하시 사용
- 예상 직경보다 3 mm, 6 mm 적게 펀치하고 리머로 넓힌다.

나. 송곳 뚫기

- 부재두께가 13 mm 이상일 때
- 주철재일 때(펀칭하면 균열이 발생할 경우)
- 부재두께가 리벳지름 +3 mm 초과할 경우

⑦ 가조립

- 각 부재는 1~2개의 볼트나 핀으로 가조립한다.
- 가볼트 조임은 임팩트 렌치나 토크 렌치를 사용한다.
- 세우기용 가볼트수 : 전 리벳수의 20~30%, 현장 리벳수의 1/5 이상

⑧ 리벳치기(본 조립) 및 검사

- 공장치기 리벳수 : 전 리벳수의 2/3 이상
- 현장치기 리벳수 : 전 리벳수의 1/3

⑨ 녹막이칠

가공조립이 완료된 철골의 구성재는 밀스케일, 슬래그, 기름 등의 오염원을 제거하고, 현장 반입전 녹막이칠 1회를 실시한다.

⑩ 운반

공장검사가 완료되고 칠공정이 건조된 이후에는 현장으로 반입한다.

녹막이 칠을 하지 않는 부위

- 현장에서 용접하는 부위, 용접인접의 양쪽 100 mm 이내, 초음파 탐상에 영향을 미칠 수 있는 부위
- 고력볼트의 마찰 접합부의 마찰면
- 콘크리트에 묻히는 부분
- 조립에 의하여 면이 닿는 부분

3. 접합의 종류

1) 철골부재의 접합방법

(1) 리벳접합

① 리벳의 종류 : 둥근머리리벳, 민리벳, 평리벳 등

② 리벳에 사용되는 기기(그림 4-45) : 죠 리벳터, 뉴메틱 해머, 쇠메 손치기, 리벳홀더 등

③ 리벳의 표기방법(표 4-31)

표 4-31 리벳의 표기방법

종류 / 상부를 표면으로 구분		둥근머리 리벳	민리벳			평리벳		
		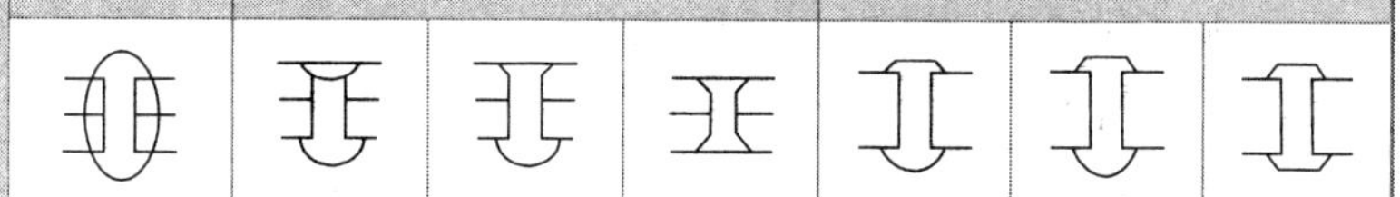						
리벳 기호	공장리벳	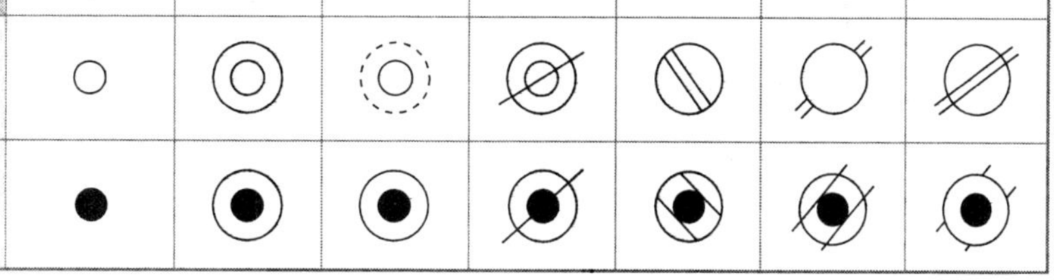						
	현장리벳							

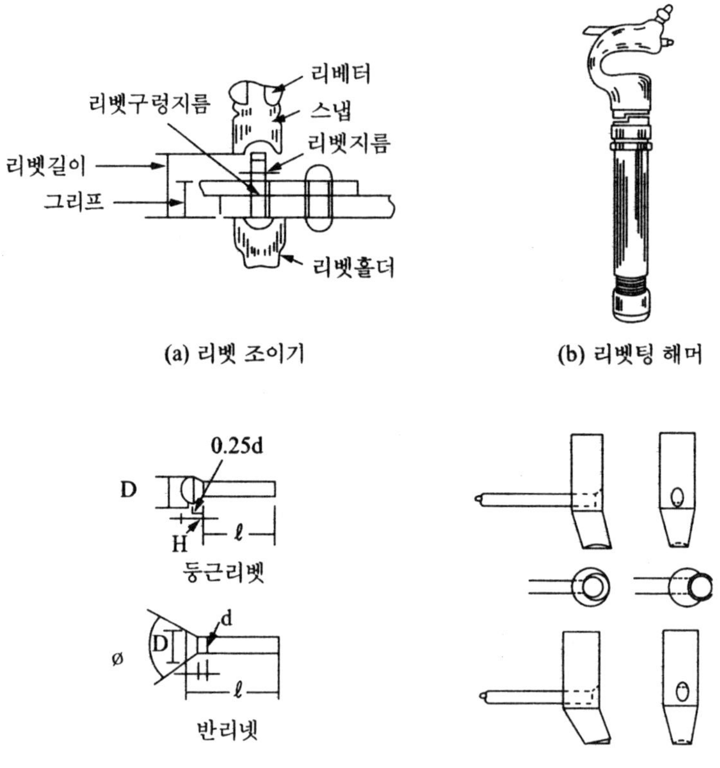

(a) 리벳 조이기 (b) 리벳팅 해머

(c) 리벳 (d) 리벳홀더

그림 4-45 리벳치기에 사용되는 기기

④ 리벳관련 용어(그림 4-46)

- 리머(reamer) : 리벳구멍 주위 가심질 공구
- 드리프트 핀(drift pin) : 리벳구멍 중심 맞춤 공구
- 게이지 라인(gauge line) : 한 열의 리벳 중심을 연결한 선
- 게이지(gauge) : 게이지 라인과 게이지 라인 사이의 거리
- 피치(pitch) : 리벳, 볼트 중심 간의 거리
- 연단거리 : 볼트구멍 중심에서 부재 끝단까지의 거리
- 클리어런스(clearance) : 리벳과 수직재면과의 거리
- 그립(grip) : 리벳으로 접합하는 판의 총 두께

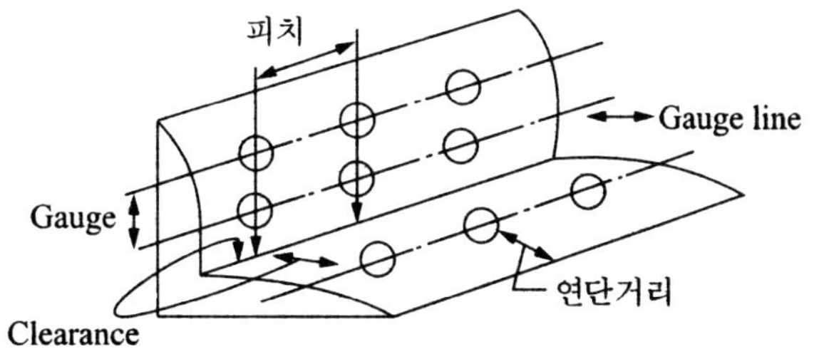

그림 4-46 리벳의 용어

(2) 고력볼트(High tension bolt)접합

고탄소강 또는 합금강을 열처리하여 만든 항복점 7 t/cm² 이상, 인장강도 9 t/cm² 이상의 고강도강으로 제조된 볼트이며 시공 시 숙련공이 요구된다.

고력볼트 접합 시의 주의사항은 다음과 같다.

- 고력볼트 접합면을 거칠게 한다.
- 접촉면의 밀착과 뒤틀림, 구부림이 없어야 한다.
- 표준 볼트 장력이 얻어지게 한다.

(3) 용접접합

① 용접의 장·단점

용접접합의 장 · 단점은 표 4-32와 같고, 종류는 표 4-33과 같다.

표 4-32 용접의 장·단점

구분	내용
장 점	• 강재량의 절약 • 건물의 경량화 • 소음, 진동이 없음 • 응력의 전달 확실 • 수밀성 유지
단 점	• 숙련공이 필요 • 용접 결함에 대한 검사가 어려움 • 모재의 재질에 따라 응력상의 영향 큼 • 용접 열에 의한 변형 발생

표 4-33 용접의 종류

아크용접	직류	일하기 쉽다. 공장용접에 많이 쓰인다.
	교류	고장이 적고 가격이 싸다. 현장용접에 많이 쓰인다.
가스압점		주로 철근을 이을 때 1200~1300℃의 열을 가하면서 압착시키는 접합방식
일렉트로 슬래그 용접		슬래그의 전기저항 열로 모재와 용접봉을 녹여서 접합하는 방식
플러시 버트 용접		전기저항 열로 접촉부를 융용시켜 접합하는 전기저항 압점
가스용접		가스와 산소의 혼합물의 연소열을 이용하여 접합하는 방식

② **맞댄용접**(Butt welding)

접하는 두 부재 사이에 그로브(홈, groove)를 형성하고 그 사이에 용착금속을 채워서 결합하는 방식이다(그림 4-47). 그로브의 종류는 다음 그림 4-48과 같다.

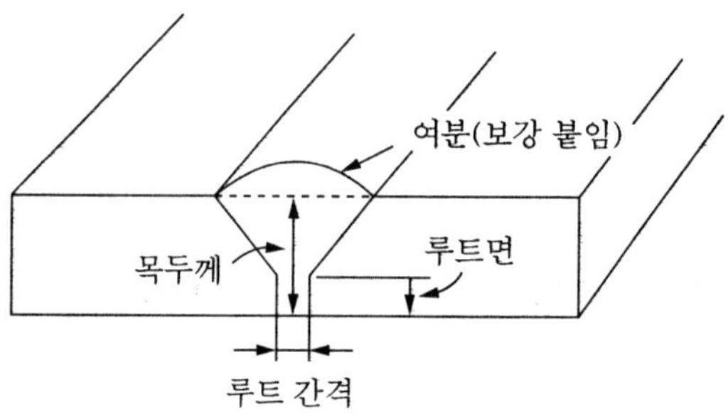

그림 4-47 맞댄 용접

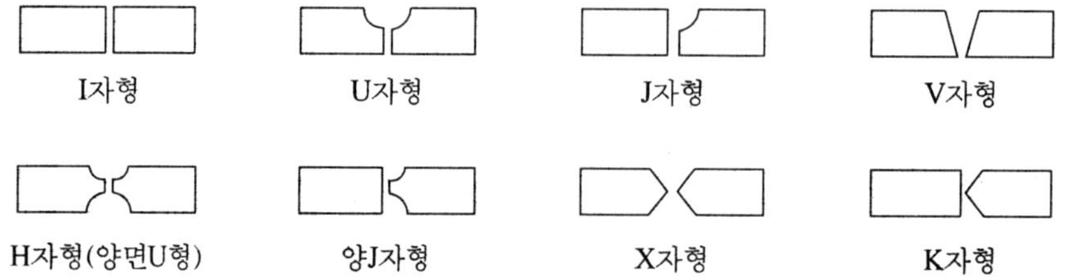

그림 4-48 그로브의 종류

③ 모살용접(Fillet welding)

목두께의 방향이 모재의 면과 45° 정도의 각을 이루며 용접하는 방식(그림 4-49)이다. 모살용접에는 모살부분이 연속되는 연속모살과 중간에 끊어지는 단속모살이 있다.

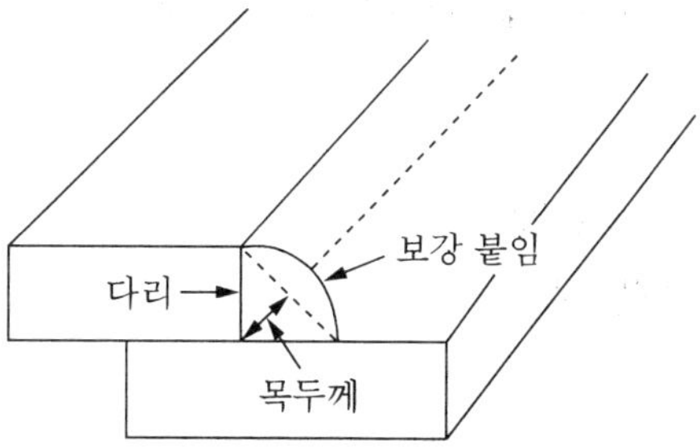

그림 4-49 모살용접

④ 용접의 결함

용접접합에서 발생될 수 있는 결함의 종류는 다음과 같다(그림 4-50).

- 크랙(crack) : 용접 후 냉각 시에 생기는 갈라짐 현상
- 공기구멍(blow hole) : 용융금속이 응고할 때 방출가스가 남아서 생긴 기포 또는 작은 틈

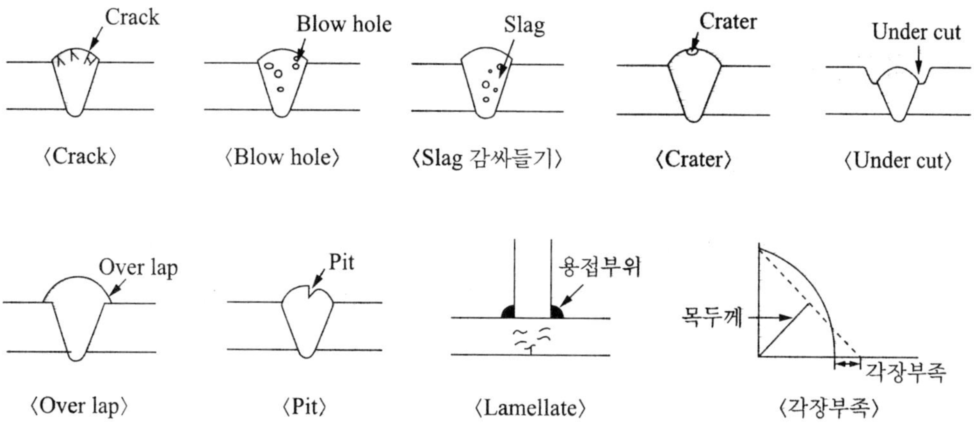

그림 4-50 용접부 결함의 종류

- 슬래그 감싸들기 : 용접봉의 피복재 용해물인 슬래그가 용착금속 내에 혼입되는 것
- 언더컷(under cut) : 용접 상부에 모재가 녹아 용착금속이 채워지지 않고 홈으로 남게 된 부분
- 오버랩(over lap) : 용접금속과 모재가 융합되지 않고 단순히 겹쳐지는 것
- 라멜레이트(lamellate) : 모재 내부에 균열이 발생되는 현상

가. 용접결함의 원인

- 용접전류가 낮거나 높을 때
- 용접봉에 습기가 있을 때
- 모재 불량

나. 용접결함의 대책

- 용접봉은 저수소계 제품을 건조한 상태에서 사용한다.
- 전류의 과도한 흐름을 방지하기 위해서 안전상 과전류 방지기를 설치한다.
- 일정한 속도로 운봉하되 용접방향이 엇갈리게 한다.
- 용접부위를 예열하여 응력에 의한 변형을 방지한다.

4. 현장 철골 세우기

1) 작업순서

현장에서 철골을 세우는 작업의 순서는 다음과 같다.

① 중심먹매김 → ② 앵커볼트 설치 → ③ 기초 상부 고름질 → ④ 철골 세우기
→ ⑤ 가조립(가조임) → ⑥ 변형 바로잡기 → ⑦ 정조립(정조임)
→ ⑧ 리벳접합(현장리벳치기) → ⑨ 접합부 검사 → ⑩ 도장

2) 기초 앵커볼트 매입방법

① 고정 매입법

기초 철근 조립 시 동시에 앵커볼트를 기초 상부에 정확히 매입하고 콘크리트를 타설하는 방법으로서 대규모공사에 적합하다.

② 가동 매입법

고정 매입공법과 유사하나 앵커볼트 상부부분을 조정할 수 있도록 콘크리트 타설 전에 사전 조치를 해두는 공법으로서 중규모 공사에 적합하다.

③ 나중 매입범

앵커볼트 위치에 콘크리트 타설 전 볼트를 묻을 구멍을 조치해두거나 콘크리트 타설 후 코어상비로 전공하여 나중에 고정하는 방법으로서 경미한 공사에 적합하다.

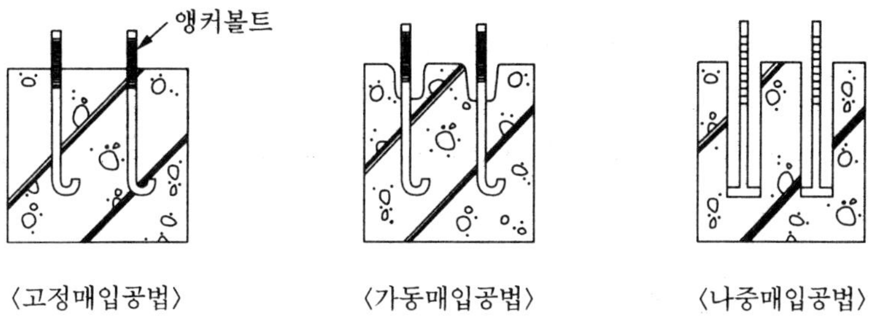

그림 4-51 기초 앵커볼트 매입공법

3) 기초 상부 고름질

기초의 상부는 베이스 판을 완전수평을 고정하기 위해서 30～50 mm 두께로 좋은 모르타르를 펴 바른다(그림 4-52).

① 전면바름 마무리법

기둥 저면의 주위보다 3 cm 이상 넓게 하고, 레벨을 검토한 후 된비빔 1 : 2 모르타르를

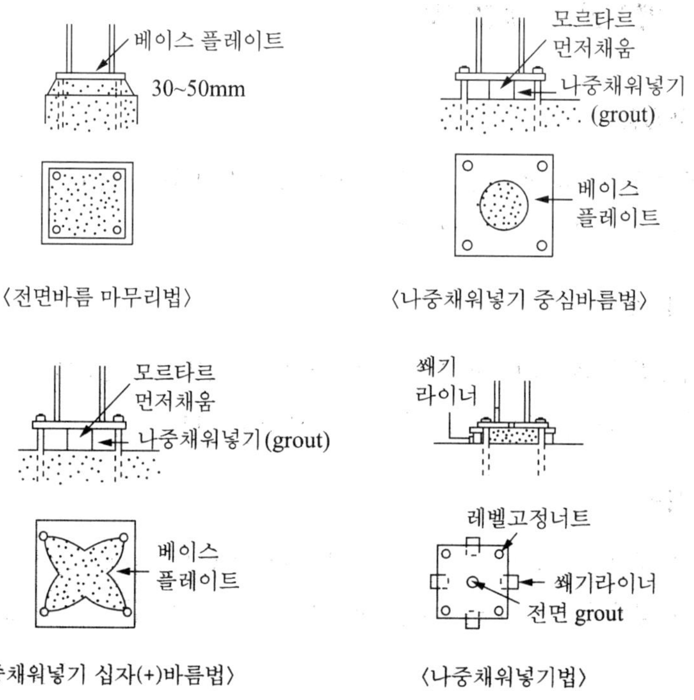

그림 4-52 기초 상부 고름질 공법

다져넣는 방법으로서, 본 방법은 시공이 간단하고 시공 시에 높은 정밀도가 요구되며 경미한 구조물에 사용된다.

② 나중 채워넣기 중심바름법

기둥 저면의 중심부만 지정높이만큼 수평으로 바르고 기둥을 세운 후 사방에서 모르타르를 다져넣는 방법으로서 대규모 공사에 적합하다.

③ 나중 채워넣기 십자(+)바름법

기둥저면에서 대각선방향 + 자형으로 지정높이만큼 모르타르를 바르고 기둥을 세운 후 그 위에 모르타를 다져 넣는 방법으로서 고층 철골 시공 시에 적용된다.

④ 나중채워넣기법

베이스 플레이트 중앙에 구멍을 내고 네 귀에 철판을 괴어 수평을 조정한 후 기둥을 세우고 모르타르를 다져넣는 방법으로서 경미한 공사에 사용된다.

4) 철골공사의 현장 세우기 공법

(1) 세우기 공법 선정 시 고려사항

- 건물의 규모, 형상, 구조
- 세우기 부재의 중량, 크기
- 세우기 부재의 접합방식
- 세우기 기계의 종류, 능력
- 시공성, 안정성, 경제성 등

(2) 세우기 공법의 종류

① 리프트업(lift-up)공법 : 지붕, 탑 등을 지상에서 조립, 접합하여 잭을 이용하여 들어올려 시공하는 공법

② 병립공법 : 한쪽 편에서 일정부분씩 최상층까지 완성하고 계단식처럼 순차적으로 완료해가는 공법

③ 겹쌓기공법 : 하부에서 1개 층씩 완료 후 상부로 조립해가는 공법

④ 현장조립공법 : 부재의 길이, 폭, 중량으로 인해 전체조립 반입이 어려울 경우, 분할해서 반입하여 양중 위치 가까운 곳에서 조립한 후 달아올려 조립하는 공법

(3) 세우기용 기계종류

① 가이데릭(guy derrick) : 가장 일반적으로 사용되는 기중기, 붐의 회전범위는 360°이다.

② 스티프레그 데릭(stiff leg derrick) : 삼각데릭으로 수평이동이 가능하므로 층수가 낮은 긴 평면에 유리하다. 회전범위는 270°이다.

③ 진폴(gin pole) : 소규모 철골공사에 사용되는 간단한 장비이다.

④ 트럭 크레인(truck crane) : 트럭에 설치한 크레인으로서 이동이 용이하고 작업능률이 좋다.

⑤ 타워 크레인(tower crane) : 타워 위에 크레인을 설치한 것으로 대규모, 대스팬 공사에 적합하다.

5. 경량철골 및 내화피복공법

1) 강관 파이프 구조

강관 파이프를 사용한 구조로서 경량, 외관, 부재형상의 단순화, 경제적인 시공이 가능하므로 대규모 공장, 창고, 체육관 등에 많이 적용되고 있다.

강관 파이프의 장 · 단점은 다음 표 4-34와 같다.

표 4-34 강관 파이프의 장·단점

장 점	단 점
• 폐쇄형 단면으로 강도의 방향성이 없다. • 휨강서, 비틀림 강성이 크다. • 국부좌굴에 강하다. • 조립, 세우기가 안전하다. • 살 두께가 작고, 경량이다. • 외관이 미려하다.	• 접합이음이 복잡하다. • 이음부 및 관 끝의 신속한 절단가공이 어렵다. • 리벳접합이 불가능하다. • 이음, 맞춤부의 정밀도가 떨어진다.

2) 경량철골 구조

경량철골 구조는 휨에 대한 단면성능을 개선하기 위하여 얇은 강판을 접어서 만든 경량형강을 주 구조재로 사용하며, 장 · 단점은 다음 표 4-35와 같다.

표 4-35 경량철골 구조의 장·단점

장 점	단 점
• 두께가 얇고 강재량이 적은 방면 휨강도, 좌굴강도가 우수하다. • 단면계수, 단면2차 반경 등이 단면 효율이 높다. • 경량이므로 경제적이다.	• 판 두께가 얇아서 국부좌굴이 생기며, 비틀림에 약하다. • 국부 변형, 처짐에 약하다. • 부식에 약해 방청도료를 사용한다. • 외부 사용과 접합이 어렵다.

3) 내화피복공법

구조용 강재는 화재와 같은 고열에는 내력의 급격한 감소가 발생된다. 따라서 강재는 화재 시의 고온에 노출되지 않도록 피복을 해야 한다.

(1) 종류

내화피복의 종류는 다음과 같다.

① 습식공법 : 뿜칠공법, 타설 공법, 미장공법, 조적공법이 있다. 콘크리트나 모르타르와 같이 물을 혼합한 재료를 타설 또는 미장으로서 부착하는 공법이다.
② 건식공법 : 성형판 붙임공법, 멤브레인공법이 있다. 즉, 각종 성형판을 접착제나 연결철물을 이용하여 구조부재에 접합하는 공법이다.
③ 합성공법 : 두 종류의 내화피복재료를 조합시킨 내화피복공법

(2) 내화피복공법별 적용재료

- 뿜칠공법 : 질석
- 타설공법 : 콘크리트, 경량콘크리트
- 미장공법 : 철망 모르타르
- 조적공법 : 벽돌, 블록, 돌
- 성형판 붙임공법 : ALC판, 석고보드, 규산칼슘판

4-7 조적공사

1. 벽돌공사

1) 재료

(1) 보통벽돌

- 붉은 벽돌 : 완전연소로 구운 것
- 검정 벽돌 : 불완전연소로 구운 것

(2) 특수벽돌

- 이형벽돌 : 특별한 곳에 사용할 목적으로 만든 특별한 모양의 것
- 경량벽돌 : 중공벽돌, 경량벽돌이 있으며, 가볍고 단열, 차음의 효과가 있다.
- 포도용 벽돌 : 차도와 인도용 벽돌. 내마모성과 강도가 크다.
- 내화벽돌 : 고온에 견디는 벽돌로서 내화로에 사용

벽돌의 규격은 표 4-36과 같고, 마름질의 종류는 그림 4-53과 같다.
벽돌의 품질 기준은 표 4-37과 같다.

표 4-36 벽돌의 규격

구 분	길이(mm)	너비(mm)	두께(mm)
기존형(재래형)	210	100	60
표준형(장려형)	190	90	57
내화벽돌	230	114	65

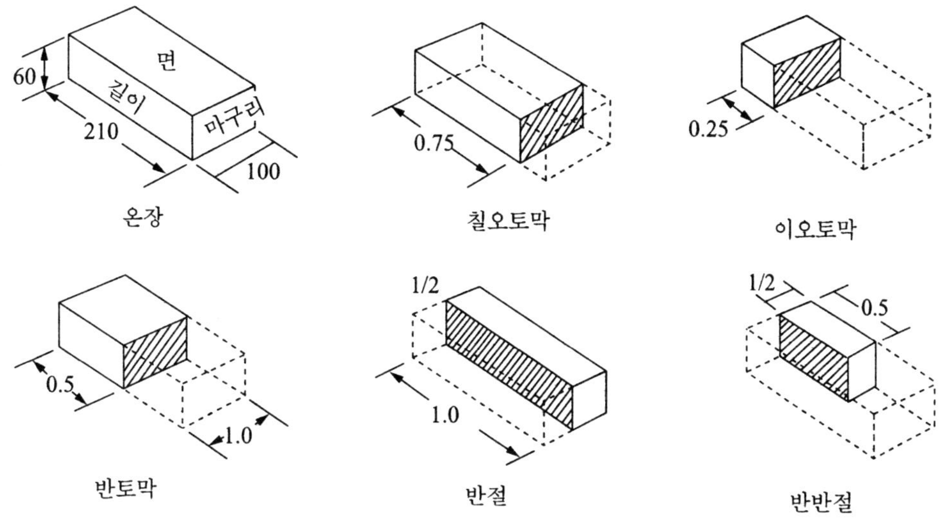

그림 4-53 벽돌의 크기(마름질)

표 4-37 벽돌의 품질기준

등 급	압축강도	흡수율	소 성
1급(1호[44], 2호[45])	150 kgf/cm² 이상	20% 이하	양호 두드리면 금속성 청음
2급(1호)	150 kgf/cm² 이상	23% 이하	

2) 줄눈의 종류

줄눈은 아랫켜의 벽돌과 윗켜의 벽돌을 연결하는 모르타르로서 모양에 따라 민줄눈, 평줄눈 등으로 구분한다(그림 4-54).

44) 형상이 양호하고 갈라짐, 흠이 극히 없는 것

45) 형상이 보통이고 심한 갈라짐, 흠이 없는 것

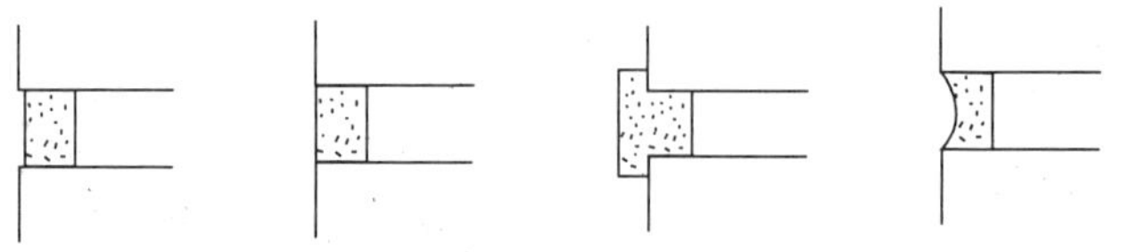

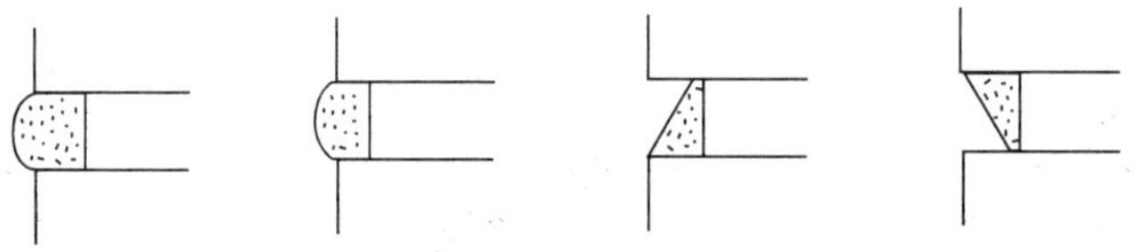

그림 4-54 줄눈의 종류

3) 벽돌 벽의 분류

(1) 내력벽(Bearing wall)

- 상부의 하중을 받아서 아래의 구조체로 전달하는 벽체
- 내력벽은 항상 제 위치에 유지되어야만 한다.

(2) 비내력벽(Curtain wall, 장막벽)

- 벽 자체의 하중만으로 유지되는 벽체
- 철근콘크리트 구조체(기둥, 보)의 구획을 형성하는 벽체
- 비내력벽체는 하중 전달을 하지 않기 때문에 제거하더라도 내력적인 문제는 없다.

(3) 중공벽(Cavity wall)

- 벽체를 이중으로 시공하고 벽체와 벽체 사이에 공간을 형성하는 벽체
- 중간의 공극에 단열재를 시공하여 단열효과를 증대하는 시공이 많다.

4) 벽돌 쌓기

(1) 기본쌓기에 따른 분류

① 길이쌓기

- 길이 방향으로 쌓는 방식. 0.5B
- 칸막이 벽체에 많이 사용됨

② 마구리쌓기

- 벽돌의 마구리면이 보이도록 쌓는 방식. 1.0B
- 굴뚝과 사이 로에 사용됨

③ 세워쌓기

- 길이면이 보이도록 벽돌을 수직으로 세워 쌓는 방식

④ 옆세워쌓기

- 마구리 면이 보이도록 벽돌 면을 옆 세워 쌓는 방식

⑤ 영롱쌓기

- 하중을 받지 않고, 장식이 요구되는 벽체에 구멍을 뚫어 쌓는 방식

(2) 쌓기 방식에 따른 분류(그림 4-55)

① 영식쌓기

- 한 켜는 마구리쌓기, 다른 한 켜는 길이쌓기를 교대로 하여 통줄눈이 생기지 않도록 쌓는 방식
- 마구리쌓기 켜의 모서리 끝 부분에는 이오토목을 사용한다.
- 벽돌 쌓기 중 가장 튼튼한 방식이다.

② 화란식(네덜란드식)쌓기

- 쌓기 방식은 영식과 동일하다.
- 영식쌓기와의 차이점은 길이쌓기 켜에 칠오토막이 사용되는 것이다.
- 가장 일반적으로 많이 사용되는 방식이다.

③ 불식쌓기

- 매 켜에 길이쌓기와 마구리쌓기를 교대로 진행한다.
- 통줄눈이 많이 생기므로 구조적으로 견고하지는 못하다.

• 외관이 미려하여 장식으로 많이 활용된다.

④ 미식쌓기

• 5켜는 길이쌓기, 다음 한 켜는 마구리쌓기인 방식

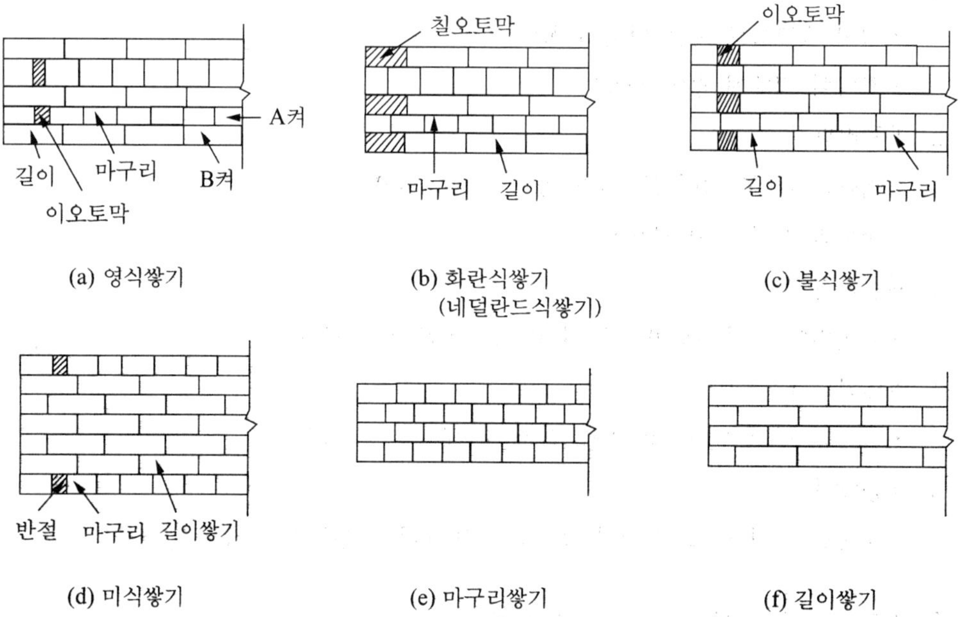

그림 4-55 벽돌쌓기 방식

5) 벽돌 시공 상 주의사항

• 현장에 반입된 벽돌은 검사하여 불합격품은 반출한다.
• 벽돌은 운반, 짐 부리기 시 모서리가 상하지 않도록 주의한다.
• 벽돌은 쌓기 전에 충분히 물을 뿌려둔다.
• 모르타르는 건비빔하여 두고 사용할 때 물을 혼입하여 사용한다. 굳기 시작한 모르타르는 절대 사용하지 않는다.
• 하루 쌓기 높이는 최고 1.5 m(20켜) 이하, 보통 1.2 m(17켜) 정도로 한다.

6) 벽돌공사의 백화현상

백화현상이란 벽돌벽체의 표면으로 침투된 물에 의해서 벽돌 또는 모르타르의 석회분(CaO)이 공기 중의 이산화탄소와 결합하여 백색의 미세한 물질이 생기는 현상이다.

백화현상의 원인은 다음과 같은 것이 있다.

- 벽돌 벽의 빗물 침입
- 재료의 불량
- 시공 불량
- 양생 불량

따라서 백화현상의 방지대책으로서는 다음과 같은 것이 있다.

- 흡수율이 적고 소성이 잘된 벽돌을 사용한다.
- 줄눈 모르타르에 방수제를 혼입하고 밀실하게 시공한다.
- 차양 등의 비막이를 설치한다.
- 재료 배합 시 물시멘트비를 감소시킨다.

2. 블록공사

1) 재료

① 블록의 치수 : 블록의 치수와 종류는 다음 표 4-38 및 그림 4-56과 같다.

표 4-38 블록의 치수

형 상		치 수(mm)			허용치(mm)
		길 이	높 이	두 께	
기본블록	BI형	390	190	190 150 100	± 2
이형블록		단면의 최소치수는 90 mm 이상으로 한다.			

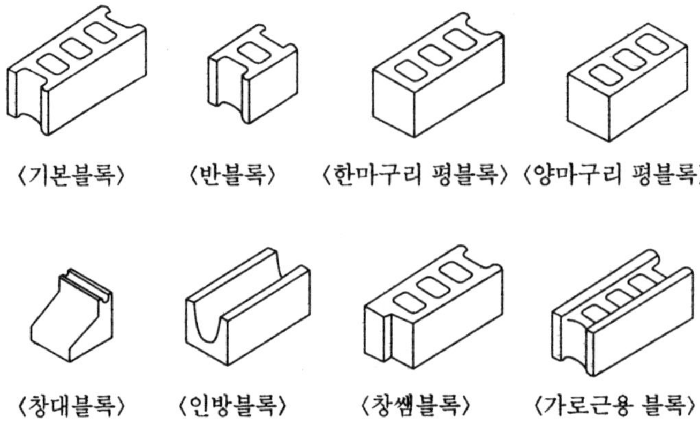

그림 4-56 블록의 종류

2) 블록구조의 종류

① 단순조적 블록조 : 단순히 쌓는 방식으로 내력벽과 비내력벽이 있다.

② 보강 블록조(그림 4-57) : 보강 블록 조는 철근을 가로, 세로로 배근하고 콘크리트를 타설한 구조이다.

③ 거푸집 블록조 : 거푸집을 사용하지 않고 블록을 거푸집으로 사용하는 구조

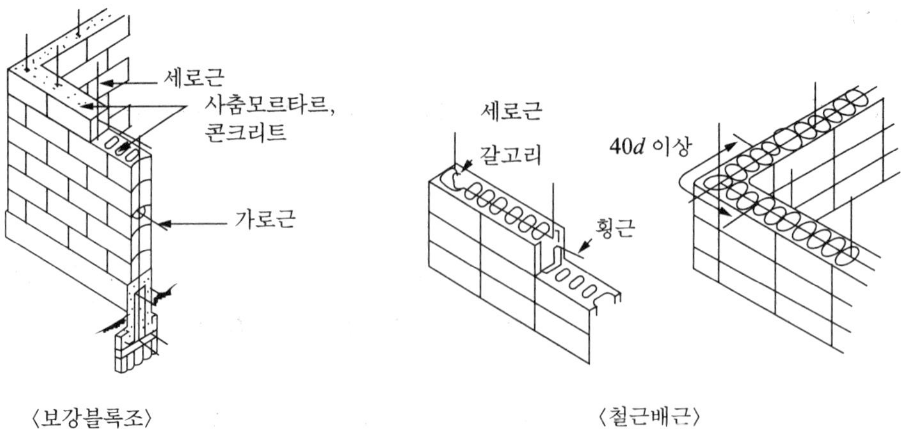

그림 4-57 보강블록조

3) 블록쌓기의 일반사항

① 시공순서

- 하부 고르기 및 물 축이기 → 세로 규준대 설치 → 블록쌓기 → 메쉬 및 철근세우기 → 사춤 모르타르 채우기

② 시공도 작성 시 주의사항

- 블록의 종류
- 블록 나누기
- 개구부의 안목치수
- 철근삽입 및 이음위치
- 철근지름 및 개수
- 나무벽돌, 앵커볼트 위치 등을 표시한다.

③ 줄눈

- 일반 블록 조는 막힌 줄눈으로 시공하고, 보강 블록 조는 통줄눈으로 시공한다.

④ 살두께

- 두꺼운 쪽이 위로 가게 쌓는다.

⑤ 하루쌓기 단수

- 1.2～1.5 m 이내(6～7켜)

4) 테두리보와 인방보

테두리보는 조적조 맨 위에 설치되며 다음과 같은 시공조건과 특징을 가지고 있다.

- 테두리보의 춤은 벽두께의 1.5배이고 철근은 $40d$ 이상 정착시킨다.
- 횡력에 대한 보강
- 하중의 균등한 분포
- 세로철근의 정착

인방보는 개구부 상단의 하중을 개구부 옆벽체로 전달하기 위한 보이며, 인방블록에 철근과 콘크리트를 타설하여 현장에서 제작하는 방법과 기성 철근 콘크리트 제품을 제작하는 방법이 있다(그림 4-58).

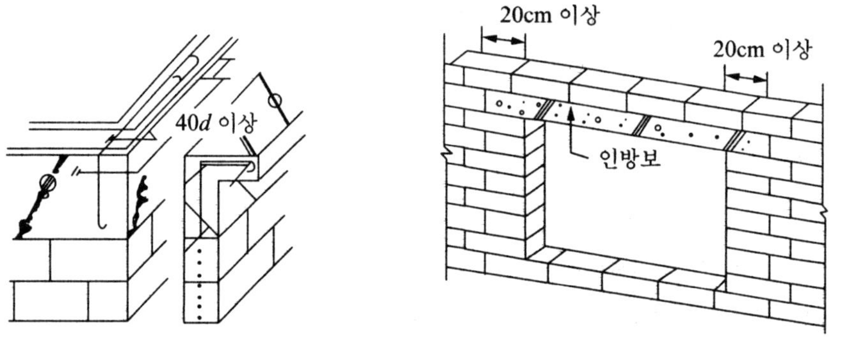

〈테두리보〉 〈인방보(intel)〉

그림 4-58 테두리보와 인방보

3. 석공사

1) 암석의 종류와 특징

암석에는 크게 화성암, 퇴적암 그리고 변성암이 있으며, 그 종류와 특징은 다음 표 4-39와 같다.

표 4-39 암석의 종류와 특징

암석의 종류		용 도	특 징
화성암 (火成巖)	화강암	조적재, 구조재, 건축내, 외장재	① 조직이 균일하다. ② 경도, 강도, 내마모성, 색채, 광택이 우수하다. ③ 내화성이 약하다.
	안산암	구조재, 장식재	① 경도, 강도, 내구성, 내화성이 있다. ② 색조가 일정치 않고 절리에 의해 가공이 용이하다. ③ 큰 재를 얻기가 어렵다.
	현무암	판석재로 많이 사용	

2) 석재의 강도, 흡수율

석재의 압축강도의 대소 순서는 다음과 같다.

• 화강암 > 대리석 > 안산암 > 점판암 > 사문암 > 사암

흡수율의 순서는 다음과 같다.

• 응회암 > 사암 > 안산암 > 화강암 > 점판암 > 대리석

3) 석재의 시공

돌 공사의 장·단점은 다음과 같다.

표 4-40

장 점	단 점
• 다양한 색조와 광택으로 외관이 화려하다. • 내구, 내마모성, 내수, 내약품성이 있다. • 압축강도가 높다.	• 운반, 가공이 어렵고 고가이다. • 장대재를 구하기 어렵다. • 인장강도가 작다. • 지진에 약하다.

4) 석재 사용상의 주의사항

- 압축응력을 받는 곳에만 사용한다.
- 내화성능이 요구되는 곳에는 열에 강한 석재(안산암)를 사용한다.

5) 석재 표면 마무리 방법

석재의 표면마무리 방법 중 손으로 다듬는 방법은 다음 표 4-41과 같고, 도구는 그림 4-59와 같다.

표 4-41 표면 마무리 방법과 내용

순 서	석공구	내 용
① 혹두기(메다듬)	쇠메	원석의 두드러짐 면과 큰 요철만 없앤다.
② 정다듬	정	혹두기면을 정으로 쪼아 평평하게 다듬는 것
③ 도드락다듬	도드락망치	정다듬 면을 도드락망치로 더욱 평탄하게 다듬는 것
④ 잔다듬	날망치	날망치로 처음 두 번은 직교방향, 1번은 평행방향으로 마무리하는 것
⑤ 물갈기	숫돌, 금강사	잔 다듬면을 숫돌이나 금강사로 갈아서 광택이 나게 하는 것

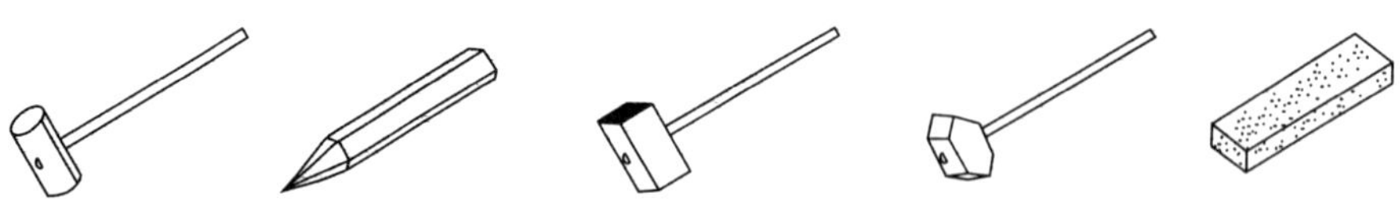

〈쇠메〉 〈정〉 〈도드락망치〉 〈날망치〉 〈숫돌〉

그림 4-59 표면 마무리에 사용되는 도구

6) 돌쌓기 및 석축 쌓기

돌쌓기의 종류에는 다음과 같은 것이 있다(그림 4-60).

① 바른층쌓기 : 1켜의 높이가 동일하고, 수평줄눈이 일직선으로 연속되게 쌓는 방식
② 허튼층쌓기 : 줄눈이 불균일하게 형성되고, 거친돌쌓기에 주로 사용된다.
③ 층지어쌓기 : 허튼층으로 쌓되 3켜 정도마다 수평줄눈 일직선으로 쌓기
④ 막(허튼)쌓기 : 줄눈으로 불규칙하게 쌓는 방식

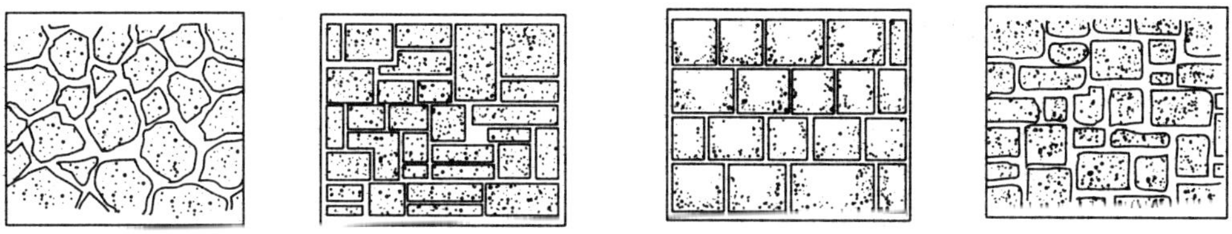

〈거친돌 막쌓기〉 〈다듬돌쌓기〉 〈바른층쌓기〉 〈허튼층쌓기〉

그림 4-60 돌쌓기 방식

석축쌓기에는 다음의 종류가 있다(그림 4-61).

① 건쌓기 : 돌 사이의 뒷 고임에만 다져넣는 쌓기 방식
② 모르타르 사춤쌓기 : 맞댄 면만 모르타르와 콘크리트를 깔고 뒷면은 잡석다짐
③ 찰쌓기 : 돌과 돌에는 모르타르를 넣고 뒤에는 콘크리트를 사춤, 가장 견고한 쌓기 방식이다.

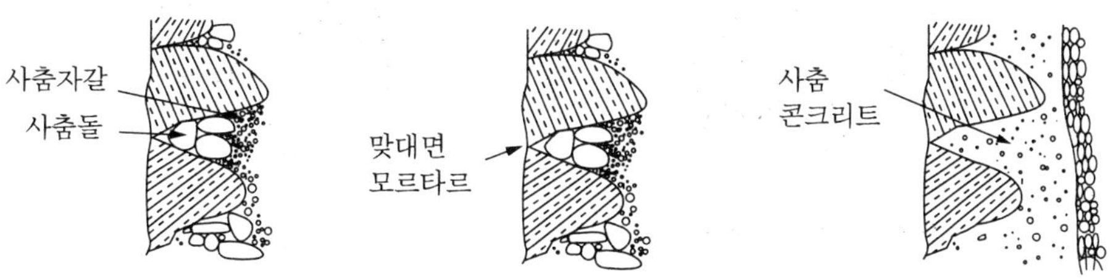

〈건쌓기〉 〈사춤쌓기〉 〈찰쌓기〉

그림 4-61 석축쌓기 방식

7) 석재 붙임공법

석재 붙임공법은 크게 습식공법과 건식공법으로 대별되고, 건식공법에는 앵커긴결공법, 강재트러스공법 및 G.P.C공법이 있다(그림 4-62).

① 습식공법 : 구조체와 석재간은 연결철물과 모르타르로 연결되는 공법

② 앵커 긴결공법 : 구조체에 각종 앵커를 사용하여 석재를 붙여나가는 공법

③ 강재 트러스 공법 : 강재 트러스에 석재를 지상에서 시공한 이후에 조립식으로 강재 트러스를 구체에 연결하는 공법

④ G.P.C공법 : 화강암을 콘크리트에 부착한 PC를 제작하고, 이를 구조체에 부착하는 공법

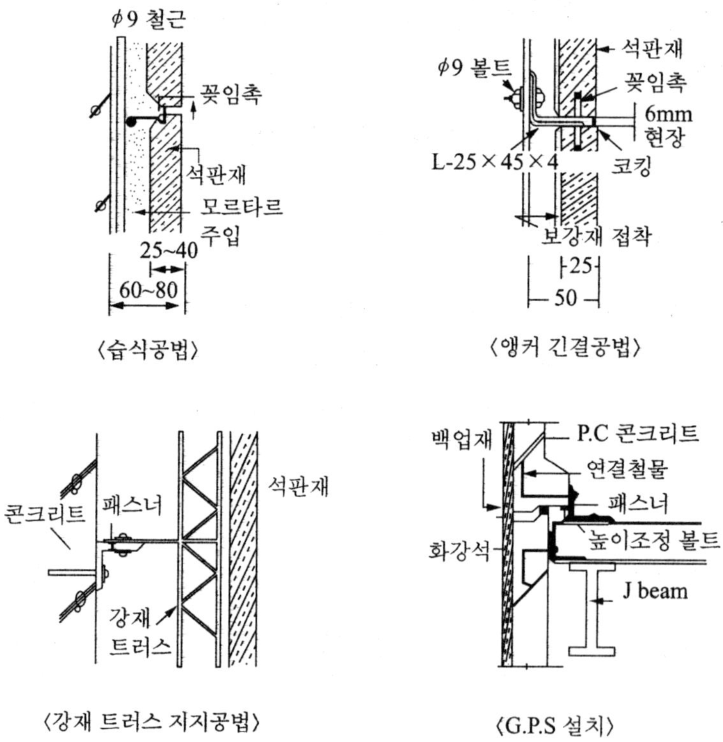

그림 4-62 석재 붙임공법

4-8 목공사

1. 목재의 규격

1) 일반사항

(1) 목재의 수종

나무는 침엽수와 활엽수로 구분하고 특징은 다음과 같다.

① 침엽수 : 건축용 구조재로 사용하고, 소나무, 낙엽송, 삼나무, 잣나무 등이 있다.
② 활엽수 : 치장재, 가구재로 사용하고, 떡갈나무, 오동나무, 느티나무, 밤나무 등이 있다.

(2) 목재의 용도별 요구조건

① 구조용 목재
- 강도가 크고, 직선의 장대재를 얻을 수 있어야 한다.
- 건조변형, 수축이 적을 것
- 산출량이 많고, 구입이 용이할 것
- 충해에 대한 저항성이 높을 것
- 질이 좋고 공작이 용이할 것

② 수장용(치장재) 목재
- 결, 무늬, 빛깔 등이 아름다울 것
- 건조가 잘된 것
- 변형(수축, 굽음, 비틀림)이 없을 것
- 재질감이 우수할 것

③ 가구재 및 창호재
- 수장재보다 흠이 없는 곧은결이 있어야 한다.

2) 목재의 접합

(1) 접합의 구분

접합의 종류는 이음과 맞춤 그리고 쪽매가 있다.

① 이음 : 목재를 길이방향으로 연결하는 방식
② 맞춤 : 목재에 각을 이루어 연결하는 방식
③ 쪽매 : 목재를 옆으로 넓게 연결하는 방식(바닥판)

(2) 접합시의 주의사항

① 이음 또는 맞춤의 경우 가능한 한 응력이 적은 곳에 둔다.
② 각 부재는 되도록 약한 단면이 없게 한다.
③ 접합면은 정확히 가공하여 밀착시켜 빈틈이 없도록 한다.
④ 이음 또는 맞춤은 응력에 직각방향으로 보강한다.
⑤ 볼트의 여유크기는 3 mm로 한다.

(3) 이음

① 주먹장 이음
- 주먹장부로 이음을 하고, 토대, 멍에, 도리, 마루대에 사용

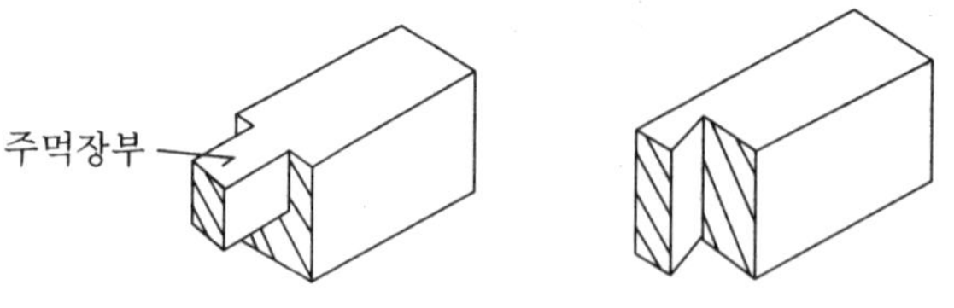

그림 4-63 주먹장 이음

② 맞댄이음
- 두 개의 부재가 동일면내에서 접합하는 이음

③ 엇걸이 산지이음

• 한 재를 엇빗내어 내리 맞추면 물리게 되고 옆에서 산지[46]는 박는 이음

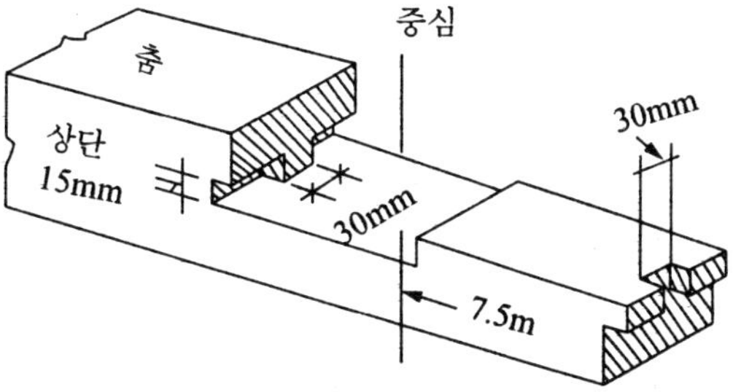

그림 4-64 엇걸이 이음

④ 엇빗이음

• 부재의 한쪽 반을 잘라 서로 반대경사로 빗이음 한 것

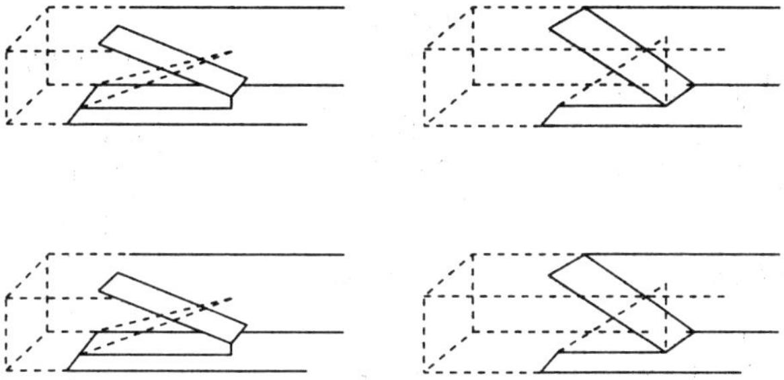

그림 4-65 엇빗이음

⑤ 빗이음

• 부재를 서로 비스듬히 잘라 잇는 이음

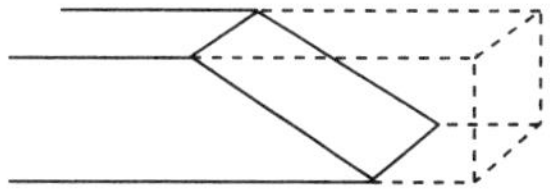

그림 4-66 빗이음

46) 장부, 촉 등의 옆으로 꿰뚫어 박는 가늘고 긴 촉(못)

(4) 맞춤

① 반턱맞춤 : 두 개의 부재를 서로 그 높이의 반만큼 따내고 맞추는 방법

② 걸침턱맞춤 : 수평재의 턱을 따내고 직교하는 재가 통으로 내려끼이게 된 나무의 맞춤

③ 안장맞춤 : 작은 재를 두 갈개로 중간을 오려내고 큰 재의 쌍구멍에 끼워맞추는 맞춤

④ 연귀맞춤 : 연귀에 의한 맞춤

그림 4-67 목재의 맞춤

(5) 쪽매

좁은 폭의 널을 옆으로 연결하여 면적을 넓히는 연결방법으로 종류는 다음 표 4-42 및 그림 4-68과 같다.

표 4-42 쪽매의 종류

종 류	형 상	종 류	형 상
맞대쪽매	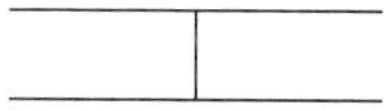	딴혀쪽대	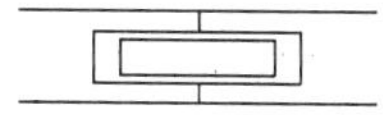
반턱쪽매	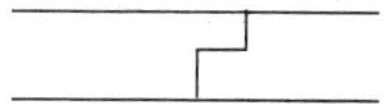	오니쪽대	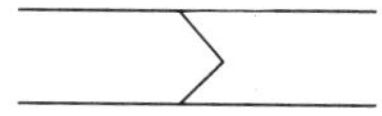
틈막이쪽매	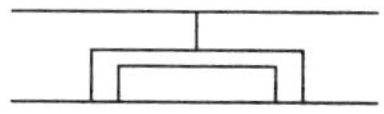	빗쪽대	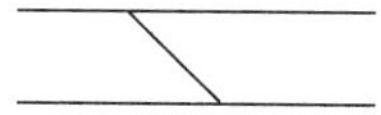
제혀쪽대	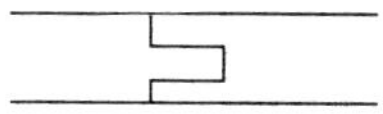		

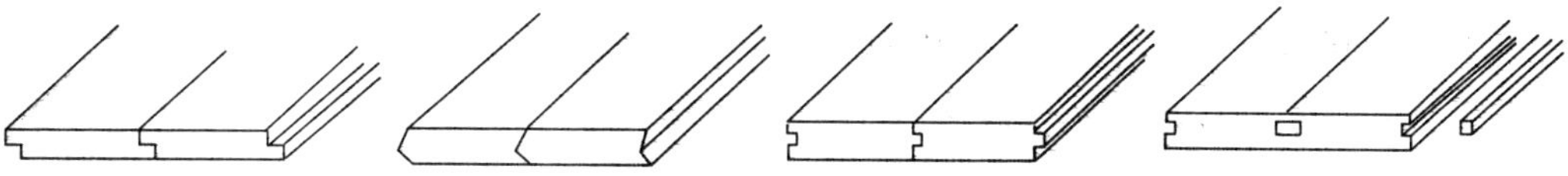

(a) 반턱쪽매　(b) 오늬쪽매　(c) 제혀쪽매　(d) 딴혀쪽매

그림 4-68 쪽매의 종류

3) 목조세우기 및 수장공사

(1) 시공순서

① 세우기 순서

- 토대 → 1층 벽체 프레임 → 2층 마루틀 → 2층 벽체 뼈대 → 지붕틀

② 목공사의 시공순서

- 수평규준틀 → 기초 → 세우기 → 지붕 → 수장 → 미장

(2) 기둥의 종류

① 통재기둥 : 밑층에서 위층까지 1개의 부재로 만들어진 기둥

② 평기둥 : 각 층별 기둥으로 설치간격은 2 m

③ 샛기둥 : 본 기둥 사이에 설치되는 기둥으로 설치간격은 45 cm 정도

(3) 보강부재

① 가새 : 지진, 바람에 견디기 위하여 대각선으로 보강한 부재
② 버팀대 : 수직재와 수평재의 모서리에 45° 각도로 보강한 부재
③ 귀잡이 : 수평재가 서로 만나는 귀부분에 수평으로 댄 버팀대

4) 마루

(1) 종류

① 1층 마루 : 동바리 마루, 납작마루
② 2층 마루 : 장선마루, 보마루

(2) 1층 마루

① 동바리 마루의 시공순서
- 동바리돌 →동바리 → 멍에 → 장선 → 마루널

② 납작마루의 시공순서
- 동바리돌 → 멍에 → 장선 → 마루널

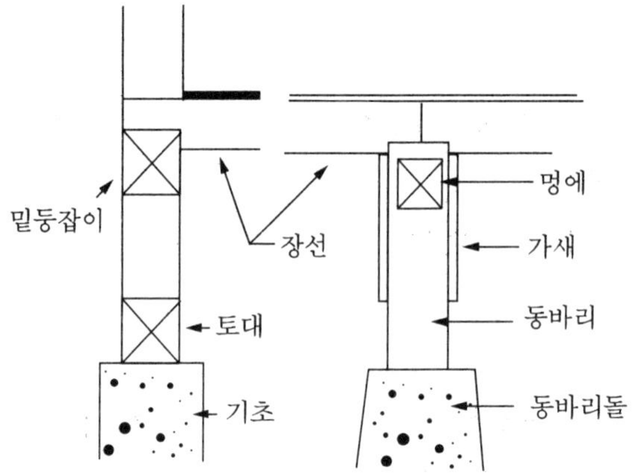

그림 4-69 동바리 마루

4-9 지붕공사 및 방수공사

1. 지붕공사

1) 지붕재료에 요구되는 사항

① 수밀하고 내수성이 양호할 것
② 경량이고 내구성이 우수할 것
③ 방화적이고 열차단성이 큰 것
④ 내한적이고 내풍적인 것
⑤ 외관이 좋고, 건물과 조화가 잘 될 것

2) 지붕의 형태

지붕은 각 지형의 특색에 맞도록 변화되어 왔으며, 그림 4-70과 같은 형태가 있다.

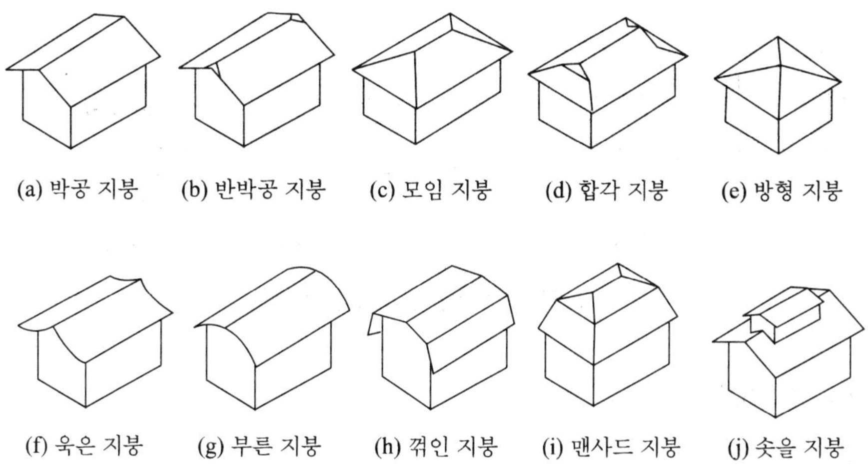

(a) 박공 지붕 (b) 반박공 지붕 (c) 모임 지붕 (d) 합각 지붕 (e) 방형 지붕

(f) 육은 지붕 (g) 부른 지붕 (h) 꺾인 지붕 (i) 맨사드 지붕 (j) 솟을 지붕

그림 4-70 지붕의 형태

3) 슬레이트 잇기

(1) 천연 슬레이트

- 점토질의 수성암을 가공한 것
- 흡수량이 적고 길이 36 cm, 너비 18 cm, 두께 6~9 mm 정도를 사용한다.

(2) 석면 슬레이트

① 작은 평판잇기

- 일자이음과 마름모이음이 사용된다.
- 바탕은 루핑이나 펠트를 깐다.

② 골판잇기

골판잇기는 그림 4-71과 같다.

- 고정 : 아연도금 못이나 갈고리 볼트로 중도리에 고정한다.
- 세로겹침 : 지붕물매가 3/10~5/10일 때 10~15 cm이나 보통은 15 cm이다.
- 가로겹침 : 큰 골은 0.5골, 작은 골은 1.5골 정도로 한다.

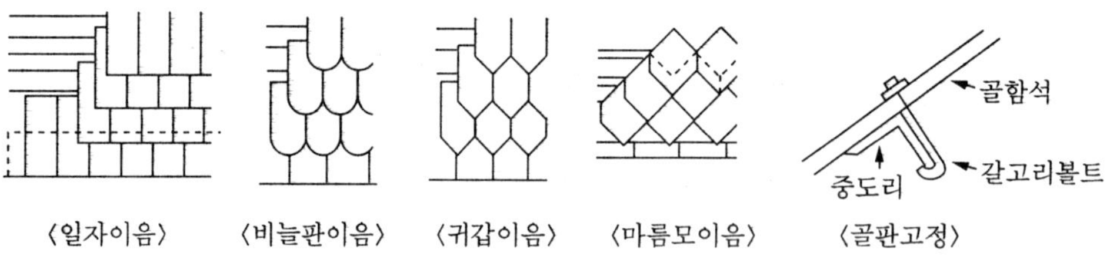

그림 4-71 골판잇기의 종류

③ 한식기와 잇기

가. 재료

보통 구운 토기와가 사용되고 암키와, 숫키와, 내림새, 막새, 감새, 보습장, 용머리 등이 있다(그림 4-72).

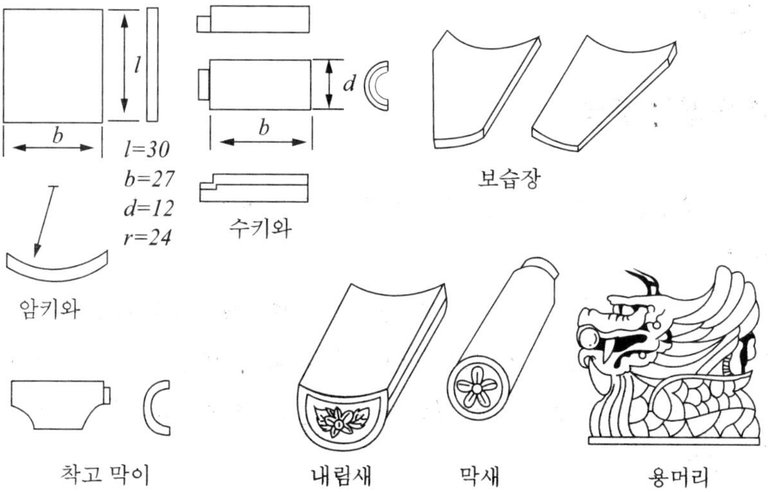

그림 4-72 기와의 종류

- 착고 : 지붕마루의 적새 밑의 기와 골을 막는 기와
- 적새 : 지붕용마루, 내림마루 등을 쌓는 암키와, 암마루장의 별칭
- 부고 : 지붕마루에 있어서 착고막이 이에 옆 세워대는 숫키와
- 머거블 : 용마루의 마구리에 옆 세워 댄 숫키와
- 보습장 : 보습모양의 세모로 다듬어 쓰는 암기와
- 내림새 : 처마 끝에 잇는 암기와로 비흘림판이 달려있는 기와
- 막새 : 처마 끝에 잇는 비흘림판이 있는 숫키와
- 산자 : 서까래 위에 기와를 잇기 위하여 싸리나무, 가는 나무를 새끼로 엮어서 서까래 위에 걸쳐댄 것
- 아귀토 : 숫키와 처마 끝에 막새 대신에 회반죽을 둥글게 바른 것
- 알매흙 : 산자위에 암키와를 깔기 위한 진흙
- 홍두께 흙 : 암기와 널 위에 숫키와를 깔기 위하여 홍두께 모양의 흙

나. 시공순서

- 서까래 위에 산자 엮어대기 → 알매흙 깔기 → 암키와 → 홍두께 흙 → 숫키와 → 착고 → 부고 → 암마루장 → 숫마루장 → 용머리

2. 방수공사

1) 방수공법의 종류

① 자체 수밀법 : 콘크리트 자체를 수밀하게 하여 구조체 자체에 방수기능을 가지게 하는 방법
② 피막방수층법 : 도막, 시트 층의 재료를 이용하여 방수막을 형성하는 방법
③ 방수제 도포 및 침투법 : 시멘트 액체 방수와 같이 얇은 방수막을 형성하는 방법
④ 수밀제 붙임법 : 구조체 수밀한 재료의 타일, 테라조판, 대리석을 붙여 방수층을 형성하는 방법
⑤ 간접 방수법 : 공간 쌓기로 방수층을 형성하는 방법

2) 시공부위별 분류

① 바깥 방수 : 외벽을 방수 모르타르로 피복하는 방법
② 옥상 방수 : 지붕 층의 방수를 말한다.
③ 실내 방수 : 실내에서 물을 사용하는 곳에 방수하는 것
④ 지하실 방수 : 지하실의 방수방법으로 안방수와 바깥방수가 있다.

3) 사용 재료별 분류

(1) 아스팔트 방수

아스팔트와 아스팔트 루핑[47], 아스팔트 펠트[48]를 이용하여 방수층을 형성하며, 방수의 성능이 가장 우수한 공법이다.

47) 유기성 섬유를 펠트 상으로 만든 원지에 가열 용융한 아스팔트를 침투시킨 제품
48) 원지에 아스팔트를 침투시킨 후 그 양면에 아스팔트를 도포하고, 그 위에 광물질 분말을 살포한 제품

① 시공순서

• 제1층 : 아스팔트 프라이커 뿜칠 또는 솔칠
• 제2층 : 브로운 아스팔트 도포
• 제3층 : 아스팔트 펠트를 붙인다.
• 제4층 : 아스팔트 도포
• 제5층 : 아스팔트 루핑을 붙인다.
• 제6층 : 아스팔트 도포
• 제7층 : 아스팔트 루핑을 붙인다.
• 제8층 : 아스팔트 도포

(2) 시멘트 액체 방수

① 시공순서(그림 4-73)

• 1층 : 방수액 침투
• 2층 : 시멘트 풀(페이스트) 도포
• 3층 : 방수액 침투
• 4층 : 시멘트 모르타르
• 5층 : 방수액 침투
• 6층 : 시멘트 풀 도포
• 7층 : 방수액 침투
• 8층 : 시멘트 모르타르

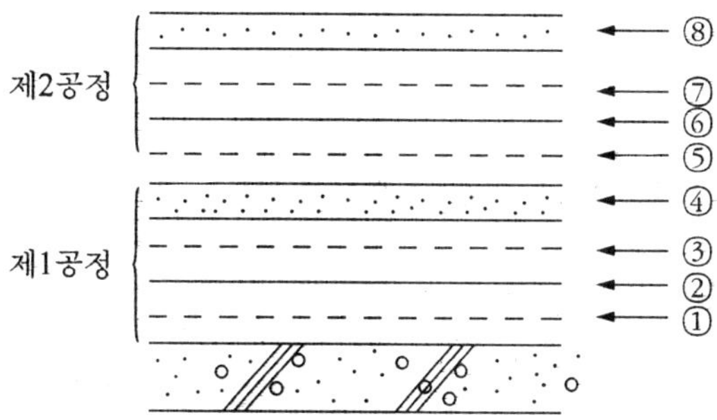

그림 4-73 시멘트 방수

② 방수층 시공 유의사항

• 바탕처리는 수밀하고, 견고 평탄해야 한다.
• 배수로는 물 1/100 정도, 깊이 6 mm, 간격 1 m 내외의 줄눈을 설치한다.
• 원액을 5～10배 정도 희석한 것을 모체에 1～3회 침투시킨다.
• 방수모르타르는 1 : 2 또는 1 : 3 정도로 한다.

(3) 도막방수

① 특징

도막방수는 도료상의 방수제를 여러 번 칠하여 방수막을 형성하는 방법으로 다음과 같은 특징을 가진다.

- 내후, 내약품성이 우수하다.
- 시공이 간단하고 보수가 용이하다.
- 노출공법이 가능하다.
- 균일 두께의 시공이 어렵다.
- 바탕 균열에 의한 파단이 우려된다.
- 방수의 신뢰성이 낮다.

② 재료의 분류

재료는 다음 표 4-43과 같다.

표 4-43 도막방수 재료

구분	내용
유제형 도막방수 (emulasion형)	① 수재, 유지를 여러 번 발라서 0.5～1 mm의 피막 형성 ② 바탕 1/50의 물 흘림 경사 ③ 다소 습기가 있어도 시공가능, 보호층을 둔다.
용제형 도막방수 (solvent형)	① 합성고무를 솔 벤트에 녹여 0.5～0.8 mm의 방수 피막 형성 ② 시트와 같은 피막형성, 고가품, 최상층 마무리에 사용 ③ 시공 간단, 착색이 용이, 충격에 약하므로 보호층이 필요
에폭시계 도막방수	① 에폭시수지를 여러 번 발라 0.1～0.2 mm의 얇은 도막 형성 ② 내약품성, 내마모성 우수, 화학공장 바닥 방수층에 적당

(4) 시트방수(고분자 합성루핑방수)

① 특징

시트방수는 합성고무 또는 합성수지를 주성분으로 하는 시트를 접착제로 바탕에 붙여서 방수층을 형성하는 공법이며, 시공순서는 다음과 그림 4-74와 같다.

가. 일반적 시공순서

- 바탕처리 → 프라이머 도포 → 접착제 칠 → 시트붙이기 → 마무리

나. 단열공법 시공순서

- 바탕처리 → 단열재 깔기 → 접착제 도포 → 시트 붙이기 → 보강붙이기 → 조인트 봉합 → 물채우기 시험

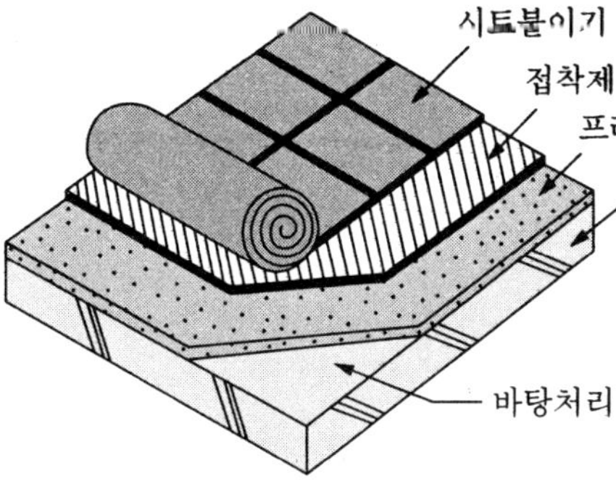

그림 4-74 시트방수

② 시공 일반사항 및 유의사항

- 방수능력이 우수하고 시공이 간단하며 공기단축이 가능하다.
- 방수누름층의 신축줄눈 간격은 4 m 정도이고, 파라펫과 옥탑 등의 모서리 치켜 올림 면에서 0.6～1 m 높이의 위치에 설치한다.
- 현장에서 5 cm 깊이로 24시간 동안 침수시키는 누수시험을 한다.

4-10 창호 및 유리공사

1. 창호공사

(1) 목재 창호공사

• 창호의 종류 : 다음 표 4-44와 같다.

표 4-44 창호의 종류

문의 종류	외여닫이, 쌍여닫이, 미닫이, 미세기, 자재문, 회전문, 접문 등
창의 종류	붙박이, 외영닫이, 쌍여닫이, 미세기, 오르내리, 화전미들창, 젖힘창 등
널합판문	널문, 양판문(한 장, 두 장, 4장, 6장, 프랑스식, 징두리 양판문 등), 합판문, 플러쉬문

(2) 창호 용어

① 박배 : 창문을 창문틀에 다는 일
② 여밈대 : 미세기 또는 오르내리기창이 서로 여며지는 선대
③ 마중대 : 미닫이 또는 여닫이 문짝이 서로 맞닿는 선대
④ 풍소란 : 창호가 닫겨졌을 때 각종 선대 등 접하는 부분에 틈새가 나지 않도록 덧대어주는 것

(3) 강재 창호공사

① 일반사항

• 공장에서 제작하여 현장에서 조립
• 강재 창호는 공정표와 시공요령서 순서에 따른다.

② 제작순서

• 원척도 작성 → 녹제거 → 변형 바로잡기 → 금매김 → **절단** → **구부리기** → 조리 → **용접** → **접합부** 검사

(4) 알루미늄 창호공사

① 장 · 단점

• 알루미늄 창호의 장 · 단점은 다음 표 4-45와 같다.

표 4-45 알루미늄 창호의 장·단점

장 점	단 점
• 비중이 철의 약 1/3 정도로 가볍다. • 녹슬지 않고, 사용연한이 길다. • 내식성이 강하고 착색이 가능하다. • 공작이 자유롭다. • 여닫음이 경쾌하다.	• 철재에 비해 강도가 약하다. • 콘크리트, 모르타르, 회반죽 등 알칼리에 약하다. • 내화성 및 염분에 약하다. • 이질금속과 접하면 부식된다.

② 공사 주의사항

• 모르타르, 회반죽 등은 접촉되지 않도록 유의한다.

• 철재보다 강도가 낮기 때문에 공작, 설치 운반 시 취급에 주의한다.

③ 창호철물의 종류

• 자유정첩 : 스프링힌지, 안팎으로 개폐할 수 있는 정첩, 자재문에 사용

• 플로어 힌지 : 정첩으로 지탱할 수 있는 무거운 자재 여닫이문에 사용

• 도어 클로우저 : 문 위틀과 문짝에 설치하여 자동으로 문을 닫는 장치

• 도어 홀더 : 도어스톱에 고리쇠나 꽂이쇠가 달려서 문 열림이나 닫힘 방지

• 크레센트 : 오르내리창이나 미세기창의 잠금장치

2. 유리공사

(1) 유리의 장·단점

유리의 장 · 단점은 다음 표 4-46과 같다.

표 4-46 유리의 장·단점

장 점	단 점
• 반영구적이며, 내구성이 크다. • 불연재 • 빛의 통과	• 충격에 약하다. • 불에 약하다. • 단열차음효과가 적다.

(2) 유리의 종류

① 건축 창호용 유리

건축용으로 많이 사용되는 유리의 종류는 다음 표 4-47과 같다.

표 4-47 유리의 종류

종류	특 징	용도 및 비고
보통판유리	• 판유리의 두께는 2～5 mm • 박판유리 : 6 mm 미만 • 후판유리 : 6 mm 이상	일반 창유리
망입유리	• 유리판중간에 철선(망)을 넣은 것	방화용
강화유리	• 보통유리에 비해 강도가 3～5배 높다. • 내열성이 우수하다. • 파손 시 안전하다. • 현장가공이 불가능하므로 필요한 가공을 열처리 전에 해야 한다.	
복층유리(이중유리, 페어글래스)	• 건조공기층을 중간에 두고 판유리를 이중으로 설치한 창	단열, 차음
접합유리 (합판유리)	• 2장 이상의 유리판을 합성수지로 겹붙여 댄 것으로 강도가 높다. • 방탄의 효과가 우수하다. • 여러 겹이므로 하중이 크고, 견고하다.	건물의 진열창, 고층 건물
유리블록	• 투명유리로서 열전도가 적고 상자형이다.	계단채광용, 의장용
프리즘유리	• 한 면이 톱날 모양의 홈이 있어 광선을 조절, 확산하여 실내를 밝게 하는 유리	지하실 채광
자외선 투과유리	• 자외선을 투과하는 유리	병원, 온실
자외선 차단유리	• 변색을 방지하기 위한 유리	의류진열장, 박물관진열장

② 안전유리의 종류

안전유리에는 접합유리, 강화유리, 망입유리가 있다. 현장에서 절단하지 못하는 유리로는 강화유리, 복층유리, 유리블록이 있다.

4-11 미장 및 타일공사

1. 미장공사

1) 미장재료

미장에 사용되는 각종 재료 및 특성은 다음 표 4-48과 같다.

표 4-48 미장재료 및 특징

구 분		종 류	구성재료 및 특징
수경성 (팽창성)	석고질	순석고 플라스터	[순석고+모래+여물+물] 중성으로 경화속도가 빠르다.
		혼합(배합)석고 플라스터	[배합석고+모래+여물+물] 약알칼리성으로 경화속도는 보통이다.
		경석고 플라스터 (keen's cement)	[무수석소+모래+여물+물] 강도가 크고 수축균열이 거의 없다.
	시멘트	모르타르	[시멘트+모래+물]
기경성 (수축성)	진흙질	진흙	[진흙+모래+짚여물+물] 외바탕 흙벽으로 초, 재벽바름용
	석회질	회반죽	[소석회+모래+여물+해초풀] 물을 사용 안함
		회사벽	[석회죽+모래(시멘트, 여물 등도 섞는다)] 흙벽의 정벌바름, 회반죽 고름, 재벌바름
		돌로마이트 플라스터 (마그네시아 석회)	[마그네시아 석회+모래+여물] 건조수축이 커서 균열발생, 지하실 사용 안함.

2) 미장공사의 균열과 박리 원인

① 구조체 균열 : 구조적 결함 및 구조체의 변형
② 재료의 원인 : 배합재료 불량, 모르타르 배합비 불량, 재료수축
③ 바탕면 원인 : 바탕면 처리불량
④ 시공불량 : 불균질한 바름 두께, 1회 바름두께량 초과, 혼합재의 불량, 양생불량에 의한 건조, 수축

3) 미장공사의 주의사항

① 양질의 재료를 사용하여 배합을 정확하게 혼합은 충분하게 한다.
② 적당한 물축임과 바탕면을 거칠게 한다.
③ 초벌에서 재벌까지는 충분히 양생시간을 가진다.
④ 급격한 충격, 진동을 피한다.

4) 시멘트 모르타르 바름

(1) 재료의 배합

시공위치에 따른 재료의 배합은 다음 표 4-49와 같다.

표 4-49 재료의 배합비

시공개소	초벌, 라스 벅임 시멘트 : 모래	재벌, 고름질 시멘트 : 모래	정 벌 시멘트 : 모래
바 닥	–	–	1 : 2 : 0
안 벽	1 : 3	1 : 3	1 : 3 : 0.3
천장, 차양	1 : 3	1 : 3	1 : 3 : 0
바깥벽, 기타	1 : 2	–	1 : 2 : 0.5

(2) 모르타르 바름 두께

• 1회 바름 두께 : 바닥을 제외하고 6 mm를 표준으로 한다.
• 외벽, 바닥두께 : 24 mm, 안벽 : 8 mm, 천장, 차양 : 18 mm
• 바닥은 1회 바름, 벽, 기타는 2～3회 바른다.

(3) 모르타르의 종류

용도별 모르타르의 종류는 다음 표 4-50과 같다.

표 4-50 모르타르의 종류

종 류		용 도
보통모르타르	보통시멘트 모르타르	구조용, 일반수잔용
	백시멘트 모르타르	착색, 시장용
특수모르타르	바라이트 모르타르	방사선 차단용
	질석 모르타르	경량 · 단열용
	활석면 모르타르	보온 · 불연용
	합성수지 모르타르	광택용
방수 모르타르		방수용
아스팔트 모르타르		내산 바닥용

(4) 표면마무리 방법

• 뿜칠 마무리 : 플라스터, 돌로마이트, 모래, 방수제 등을 혼합
• 긁어내기 : 최종 바르기를 한 이후에 쇠주걱으로 긁어내기
• 흙손 마무리 : 흙손으로 표면을 평활하게 마무리

(5) 바름 순서

① 일반적인 순서

• 위치상 : 위 → 아래
• 실내면 : 천장 → 벽 → 바닥

(6) 벽체 3회 바름 순서

- 바탕처리 → 바탕청소 →재료비빔 → 초벌 바름 및 라스 먹임 → 초벌 바름 → 방치기간 → 고름질 → 재벌 바름 → 정벌바름 → 마무리 → 보양

(7) 바닥 바름 순서

- 청소 및 물 씻기 → 순 시멘트풀 도포 → 모르타르 바름 → 규준대 밀기 → 나무흙손 고름질 → 쇠흙손 고름질

5) 회반죽 바름

(1) 재료

- 해초풀 + 여물 + 소석회 + 모래
- 해초풀 : 점도, 강도, 부착력의 증대와 점도가 높기 때문에 균열 방지(미역, 해초 등)
- 여물 : 강도의 보강, 균열, 수축 방지(짚여물, 종이여물, 털여물 등)

(2) 일반사항

- 해초풀을 끓인 후 1 ~2회 체로 걸러 사용한다.
- 바름 두께는 벽 15 mm, 천장은 12 mm
- 고름질, 재벌바름은 초벌바름 후 5일 이상 방치한 이후 초벌바름 면이 건조한 이후에 평탄하게 바른다.
- 회반죽은 일사광선을 피하고, 2℃ 이하에서는 작업을 중지하고 5℃ 이상 유지하면서 보양한다.

(3) 시공순서

- 바탕처리 → 재료조정 및 반죽 → 수염붙이기 →초벌바름 → 고름질 및 덧먹임 → 재벌바름 → 정벌바름 → 마무리 → 보양

6) 석고 플라스터 바름

(1) 재료

- 석고 원석 → 소석고 → 무수석고 → 경석고

(2) 시공 시 주의사항

- 수경성이고 경화가 빠르므로 혼합 시 즉시 사용한다.
- 바름 작업 중에는 통풍을 방지하고, 작업 후에는 석고가 굳을 때까지 심한 통풍에 주의한다.
- 실내온도 5℃ 이하에서는 공사를 중단하거나 온풍기 등을 사용하여 온도를 5℃ 이상 유지한다.

7) 인조석, 테라조 바름

인조석은 종석(화강석)을 사용하고, 테라조는 대리석을 종석으로 사용하는 인공 석재이며, 두 석재의 특징은 다음 표 4-51과 같다.

표 4-51 인조석과 테라조의 차이

구분 \ 종류	인 조 석	테 라 초
시 공	주로 현장시공	공장제작 → 현장설치
용 도	바 닥	창대 및 내부 벽
종 석	화강석 부스러기	대리석 부스러기
배합비	시멘트 : 종석 = 1 : 2	시멘트 : 종석 = 1 : 2
보 양	현장시공 → 습윤 보양	공장제작시 → 수증 및 증기보양 현장설치 후 → 진동 및 충격 방지

(1) 인조석 바름

- 바름벽 : 정벌바름은 재벌 바름의 경화정도를 봐서 미리 시멘트풀 또는 배합비 1 : 1 인 모르타르를 3 mm 정도 바르고 실시한다.
- 바닥 : 시멘트 풀을 문질러 칠 한 후에 배합비 1 : 3 모르타르로 15 mm 초벌바름을 하고 정벌바름을 한다.
- 표면 마무리에는 인조석 물갈기, 씻어내기, 잔다듬의 3가지가 있는데, 정벌바름을 한 후 석재 다듬용 공구로 잔다듬으로 마무리한 것을 인조석 잔다듬이라 한다.

(2) 테라죠 바름

- 초벌 바름의 종류 : 접착공법, 절연공법
- 줄눈 나누기는 1.2 m² 이내로 하며, 최대 줄눈 간격은 2 m 이하로 한다.
- 테라죠를 바른 후 손갈기는 2일 후, 기계갈기는 5～7일 경과 후에 실시한다.

(3) 테라죠 현장갈기 순서

- 바탕처리 → 황동줄눈대 설치 → 테라죠 종석 바름 → 양생 및 경화 →초벌갈기 → 정벌갈기 → 왁스칠

(4) 줄눈대 설치 이유

- 바름 구획을 구분하기 위해서
- 균열방지를 위해서
- 용이한 보수를 위해서

2. 타일공사

1) 점토제품의 품질

점토제품의 종류와 특징은 다음 표 4-52와 같다.

표 4-52 점토제품의 종류와 특징

내용 종류		토기(土器)	도기(道器)	석기(石器)	자기(磁器)
흡수성		크다.	적다.	있다.	없다.
색 조		유색, 백색	유색, 백색	유색	백색
시 양		무유	유약사용(시유)	무유, 식염유	유약사용(시유)
소성 온도	1회	500～800	1200～1300	900～1100	900～1200
	2회	600～800	1000～1100	1300～1400	1300～1400
주용도		벽돌, 기와, 토관	내장타일, 위생도기(terracotta tile)	바닥타일, 클링커타일	외장타일, 바닥타일, 모자이크타일
특 성		최저급 원료 취약하다.	다공질 두드리면 탁음 유약 사용	시유약을 사용하지 않고 식염수를 사용한다.	양질토 사용 금속성 청음이 난다.

2) 타일의 종류

(1) 성형방법에 의한 분류

① 건식 : 원재료를 건조 분말하여 프레스 성형한 것(내장, 바닥타일)

② 습식 : 원재료를 물 반죽하여 형틀에 넣고 압출 성형한 것(외장타일)

(2) 용도 및 소지질(재료의 질)에 따른 분류

• 용도에 따른 타일의 분류는 다음 표 4-53과 같다.

표 4-53 용도에 따른 타일의 종류와 특징

용 도	특 징	소지질
외장타일	① 외기에 저항력이 강하고 단단한 것 ② 발생할 수 있는 결점 • 치수, 형태오차	자기질, 석기질

표 4-53 (계속)

용 도	특 징	소지질
	• 색조의 차이 • 공기구멍(기포)혼입	
내장타일	① 건물의 내부용 ② 미려하고 위생적이며 청소가 용이한 것	도기질
바닥타일	① 단단하고 내구성이 강한 것 ② 흡수성이 적은 것 ③ 표면이 미끄럽지 않은 것 ④ 내마모성이 좋고, 충격에 강한 것	도기질
모자이크타일	내외벽용, 바닥용	자기질

3) 타일시공

(1) 바탕처리

• 바탕처리(들뜸, 균열, 불순물 제거, 청소 등)를 한다.

• 흡수성이 있는 타일은 미리 물을 뿌려둔다.

(2) 치장줄눈

• 타일을 붙인 후 3시간 경과 후 줄눈파기를 한다.

• 줄눈파기 후 24시간 경과 후 치장줄눈을 하되 작업 전 줄눈에 물을 뿌려둔다.

(3) 벽타일 붙임공법

① 종류

벽타일 붙임공법의 종류는 다음 표 4-54 및 그림 4-75와 같다.

표 4-54 벽타일 붙임공법의 종류

떠붙임공법	가장 오래된 타일 붙임공법으로 타일 뒷면에 붙임 모르타르를 얹어서 1장씩 붙이는 공법
개량 떠붙임공법	바탕모르타르 바름 후 타일 뒷면에 얇게 붙임모르타르를 얹어서 1장씩 붙이는 공법
압착공법	평평하게 만든 바탕모르타르 위에 붙임모르타르를 바르고, 그 위에 타일을 두드려 누르거나 비벼 넣으면서 붙이는 방법
개량 압착공법	평평하게 만든 바탕모르타르 위에 붙임모르타르를 바르고, 타일 뒷면에 붙인 모르타르를 얇게 발라 두드려 누르거나 비벼 넣으면서 붙이는 방법
밀착(동시줄눈)공법	바탕면에 붙임모르타르를 발라 타일을 눌러 붙인 다음, 충격공구(손진동기)로 타일 면에 충격을 가하는 공법
접착공법	접착제를 바탕에 2~3 mm 두께로 바르고 타일을 붙이는 공법으로 내벽에 사용

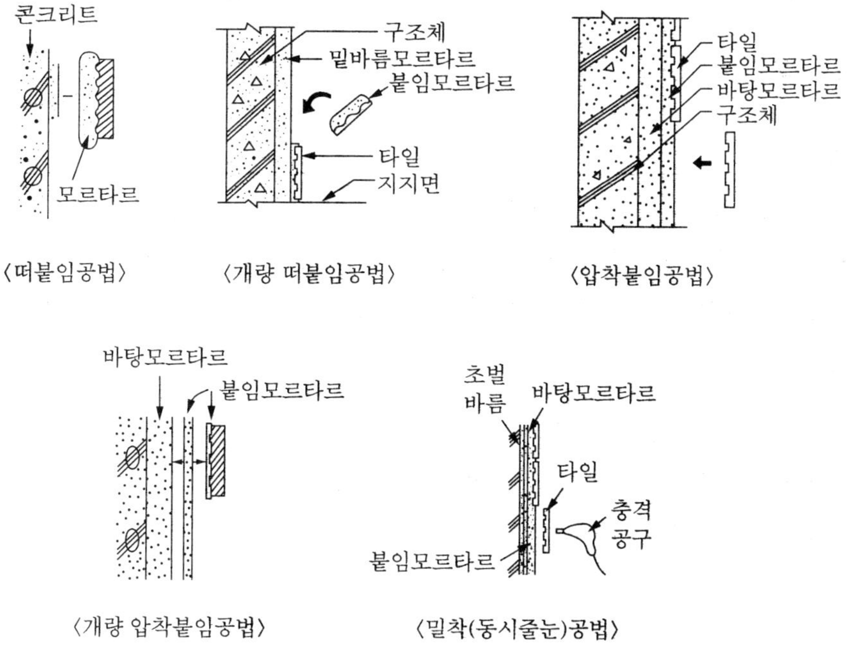

그림 4-75 벽타일 붙암공법의 **종류**

② 떠붙임공법과 압착공법의 특징

가. 떠붙임공법

- 타일과 붙임모르타르의 접착성이 비교적 양호하다.
- 박리하는 경우가 적다.
- 다른 공법에 비해서 시공관리가 용이하다.
- 한 장씩 붙이기 때문에 작업속도가 더디다.

나. 압착공법

- 타일이면에 공극이 적으므로 백화현상이 잘 일어나지 않는다.
- 직접 붙임공법에 비해 숙련도를 요구하지 않는다.
- 작업속도가 빠르고, 능률이 높다.
- 동해의 발생이 적다.

③ 타일 시공순서

- 바탕처리 → 타일나누기 → 벽타일 붙이기 → 치장줄눈 → 보양

④ 보양 및 검사

가. 보양

- 직사광선을 받을 때 또는 비바람 칠 때에는 시트 등으로 잘 덮어 둔다.
- 2℃ 이하일 때는 방동 제를 쓰거나 임시로 난방 보온을 한다.
- 타일을 붙인 후 톱밥으로 보양하고 3일간은 진동, 충격을 주지 않는다.

나. 검사

- 타일의 접착력시험은 600 m^2 당 한 장씩 시험한다.
- 시험은 타일 시공 후 4주 이상일 때 행한다.
- 접착강도는 4 kgf/cm^2 이상이어야 한다.

⑤ 동해방지

타일의 동해 발생원인과 방지대책은 다음 표 4-55와 같다.

표 4-55 타일의 동해 원인과 방지대책

동해의 발생원인	방 지 대 책
① 모르타르의 배합수량이 많은 경우 ② 줄눈 충전상태 불량(물의 침입) ③ 물 · 시멘트비가 클 경유 ④ 부적당한 혼화제 사용 ⑤ 타일 이면의 공극이 클 경우(물의 침투)	① 모르타르의 단위수량을 적게 할 것 ② 물의 침입을 방지하기 위해 물끊기, 물흐름 구배 등을 둠 ③ 초기 보양을 철저히 할 것 ④ 물 · 시멘트 비를 작게 할 것 ⑤ 바탕면과 접착 모르타르의 접착성을 좋게 할 것

⑥ 테라코타

테라코타는 이탈리아어로 구운 흙이란 뜻이며, 진흙을 형틀로 찍어내어 소성한 제품이다.

가. 일반사항

- 테라코타는 속이 빈 대형 점토 소성제품으로 구조용과 장식용이 있다.
- 구조용에는 칸막이벽에 사용되는 공동(空胴)벽돌이 있다.
- 장식용은 난 간벽, 돌림띠, 창대, 주두에 사용된다.
- 제작기간이 길기 때문에 주문 제작한다.

나. 특징

- 석재보다 가볍고, 색이 다양하다.
- 압축강도는 800～900 kgf/cm²이다.
- 외장에 적합하다.

4-12 도장공사

1. 도료의 구분

도료의 성분과 특징은 다음 표 4-56과 같다.

표 4-56 도료의 특징

종 류		도료성분	특 징
수용성	수성페인트	안료+교착제+물 (교착제 : 아교, 전분, 카세인)	내알칼리성, 무광택, 물에 약함.
	에멀젼페인트	수성페인트+유화제+합성수지	내수성, 내구성
유성페인트		안료+건성유+건조제+희석제	내후성, 내마모성, 알칼리에 약함.
바니시	유성바니시	수지+건성유+건조제	건조가 더딤.
	휘발성 바니시	수지+휘발성 용제	레크(lake) : 천연수지 락카(lacquer) : 합성수지
락카	투명락카	수지+휘발성용제+초화면	건조가 빠르고, 뿜칠시공 도막이 얇다. 내수성, 내마모성, 내구성
	락카에나멜	투명락카+안료	
에나멜 페인트		안료+유성 바니시	내수성, 내후성, 도막견고함.
합성수지 도료		염화비닐, 실리콘, 멜라민, 에폭시, 아키드	조기건조, 도막견고, 방화성

- 안료 : 광물질 또는 유기질의 백색 또는 유색의 고체분말로 물에 녹지 않는 착색제
- 건성유 : 건조성이 있는 기름
- 건조제 : 금속 산화물, 공기 중의 수분을 흡수하여 건조를 촉진시키는 물질
- 에멀젼 : 액체의 입자가 그것을 용해하지 않는 다른 액체 속에 분산해서 기름의 모양이 된 상태

- 에나멜 : 금속기구, 자동차부품, 법랑칠기의 도장재로 사용된다.
- 멜라민 수지 : 멜라민과 포르말린을 원료로 하여 만든 혼합수지
  무색투명하여 착색이 우수하다.
  견고하며 내수성, 내열성이 120℃까지 견딘다.
- 에폭시 : 플라스틱의 일종으로 경화된 콘크리트를 서로 접착시키고 또는 구조체를 보수하거나 골재와 혼합하여 고급의 콘크리트를 생산하는데 사용되는 접착제이다.
- 에폭시 수지 : 초기에는 액상이나 경화제를 첨가하면 상온, 상압 하에서 중합체로 되어 갈색을 띠는 투명수지로 경화한다.
  접착제로도 우수하다.

2. 도장공사의 일반사항

- 초벌, 재벌, 정벌의 3공정으로 하고 나중 칠일수록 색을 짙게 한다.
- 1회 바름 두께는 얇게 여러 번 칠한다.
- 급격한 건조는 피해야 한다.
- 일기가 나쁘거나 상대습도가 85% 이상이고, 기온이 0℃ 이하인 날씨에는 도장작업을 하지 않는다.

3. 도장방법

(1) 솔칠

- 진행은 위에서 아래로, 왼쪽에서 오른쪽으로 한다.
- 이음새부터 처리한 후 솔칠을 한다.

(2) 롤러

• 평활하고 넓은 면을 칠하는데 유리하다.

(3) 문지름칠

• 칠의 건조가 진행 중일 때 사용
• 칠의 표면에 적당한 마찰을 주어 도막을 평탄하게하고 광택이 나도록 한다.

(4) 분사

• 초기건조가 빠르다.
• 작업 능률이 좋다.
• 압축공기로 뿜어 칠한다.
• 공장작업으로 유리하다.
• 뿜칠거리는 뿜칠 면에서 30 cm 정도가 적당하다.
• 뿜칠은 1/3 정도 겹쳐지게 하고 뿜칠 방향은 직각이 되게 한다.

4. 칠 공정순서

(1) 목재부재의 유성 페인트칠

• 바탕처리 → 사포질 → 초벌질 → 퍼티 먹임 → 사포질 → 재벌 → 사포질 → 정벌

(2) 금속재 부재의 유성 페인트 칠

• 바탕처리 → 사포질 → 초벌칠 2회 → 퍼티 먹임 → 사포질 → 재벌 → 사포질 → 재벌 2회 → 사포질 → 정벌

(3) 비금속성 부재의 유성 페인트칠

• 초벌은 징크로 메이트 또는 크롬 산염 도포를 바른다.

(4) 수성 페인트 칠

- 바탕처리 → 바탕 누름 → 초벌질 → 사포질 → 마무리

5. 페인트의 종류별 특성

(1) 유성페인트

① 도료성분 : 안료 + 건성유 + 건조제 + 희석재

② 배합 페인트는 현장에서 사용

③ 특징

- 도막이 견고하며 내후성, 내마모성이 있다.
- 내알칼리성이 약하다.
- 열 또는 햇빛에 약하다.
- 시공은 대개 3회 실시한다.

④ 용도 : 목재의 내외부, 철재 등

(2) 수성페인트

① 도료성분 : 안료 + 교착제 + 물

② 교착제로는 카세인이 우수하다.

③ 특성 : 내수성이 부족하므로 습기가 없는 실내에 사용한다.

(3) 아크릴 수지 에멀젼 페인트

① 도료성분 : 물 + 분상안료 + 합성수지 + 유화제

② 용도 : 실내외 콘크리트 면, 모르타르면에 사용

③ 특징

- 내수성, 내알칼리성, 내약품성이 우수하다.
- 에멀젼 도료는 물을 사용하기 때문에 수성 페인트이며, 콘크리트 도장에 적합하다.

(4) 알루미늄 페인트

① 도료성분 : 알루미늄 박편을 미세가루로 분쇄하여 안료로 사용하는 유성 페인트

② 특징

- 은백색의 광택이 있다.
- 광선 및 열선을 잘 반사하며 열을 차단한다.
- 비중이 가볍다.

(5) 락카

① 클리어 락카 : 주로 목재의 내장용에 이용되는 투명도료

② 에나멜 락카 : 클리어 락카(20%) + 안료(80%)

- 가구, 차량 등 목재와 철재의 내외장에 사용된다.

③ 오일락카 : 바탕에 밀착성을 증가시키거나 또는 철재의 방청도료로 사용

④ 특징

- 내후성, 내수성이 좋다.
- 건조가 빠르다.
- 도막이 얇고 견고하며 광택이 좋다.

참고문헌

1) 사단법인 한국콘크리트학회, 콘크리트 표준시방서, 2009

2) 정상진외 , 건축시공 신기술공법, 기문당, 2002

3) 정상진외, 건축시공, 기문당, 2005

4) 송도헌, 초고층건축 시공, 기문당, 2004

5) 건축시공연구회, 건축시공 마감편, 기문당, 2008

6) 이원재, 알기쉬운 건축시공, 기문당, 2005

7) 대한건축학회, 건축시공, 기문당, 2003

8) 양극영 외, 건축시공, 서우, 2006

9) 김창훈 외, 최신 건축시공, 기문당, 2006

찾아보기

나

다

라

마

▌아

▌자

▌차

▌카

· 권인규(權仁奎)
동아대학교 공과대학 건축공학과(공학사, 공학석사)
한양대학교 건축대학 건축공학부(공학박사)
(주)롯데건설 건축부
(재)포항산업과학연구원(RIST) 건축구조연구팀 책임연구원
현) 강원대학교 소방방재학부 교수

건축공학개론 정가 22,000원

인 쇄 2010년 4월 20일 초판 1쇄
발 행 2024년 3월 10일 초판 7쇄
저 자 권인규
발행인 정우용
발행처 도서출판 동화기술
경기도 파주시 광인사길 201(문발동, 파주출판도시)
Tel (031)955-4211~6 donghwapub@nate.com
Fax (031)955-4217 www.donghwapub.co.kr
(등록) 1977년 12월 19일/9-16호

Printed in Korea
ISBN 978-89-425-9118-3